U0623147

高等职业教育路桥工程类专业系列教材

结构设计原理
JIEGOU SHEJI YUANLI

主　编　张　秀
副主编　李书芳　张　丽
主　审　兰国鹏

重庆大学出版社

内容提要

本书根据交通运输部发布的最新规范编写而成,涵盖了钢筋混凝土结构的基本概念、材料的物理力学性能、结构设计原则以及钢筋混凝土受弯构件、钢筋混凝土受压构件、钢筋混凝土受拉构件、预应力混凝土结构、圬工结构等,主要内容包括如何合理选择结构构件截面尺寸及配筋、力学计算图示的拟订以及构件承载力、稳定性、刚度和裂缝的计算。

本书可作为高等职业教育市政工程技术、道路桥梁工程技术、建设工程监理、道路养护与管理及其他相关专业教材,也可供中职相关专业的师生使用,还可作为在职培训或从事公路与桥梁工程设计、施工人员的参考用书。

图书在版编目(CIP)数据

结构设计原理/张秀主编. -- 重庆:重庆大学出版社,2025.8. --(高等职业教育路桥工程类专业系列教材). -- ISBN 978-7-5689-5510-2

Ⅰ. TU318

中国国家版本馆 CIP 数据核字第 2025ED1106 号

高等职业教育路桥工程类专业系列教材

结构设计原理

主 编 张 秀

主 审 兰国鹏

策划编辑:肖乾泉

责任编辑:姜 凤 版式设计:肖乾泉

责任校对:关德强 责任印制:赵 晟

*

重庆大学出版社出版发行

社址:重庆市沙坪坝区大学城西路 21 号

邮编:401331

电话:(023)88617190 88617185(中小学)

传真:(023)88617186 88617166

网址:http://www.cqup.com.cn

邮箱:fxk@cqup.com.cn(营销中心)

全国新华书店经销

重庆正文印务有限公司印刷

*

开本:787mm×1092mm 1/16 印张:17 字数:437 千

2025 年 8 月第 1 版 2025 年 8 月第 1 次印刷

印数:1—2 000

ISBN 978-7-5689-5510-2 定价:49.00 元

前　言

随着我国社会主义市场经济的高速发展和"一带一路"建设的兴起,培养快速适应社会需要的理论基础扎实、实践水平高、创新意识强的高素质技术型人才成为高等职业教育的首要任务。

本书以高等职业教育学生就业为导向,着力贯彻以实践能力为本位,注重技能培养,注重结构的基本概念、基本原理、基本方法和基本构造的介绍;在内容取舍上,注重针对性和实用性,坚持以必需和够用为原则,并努力做到理论联系实际。全书在讲清基本概念、基本设计原则的基础上,介绍了工程设计中实用的设计方法,列举了较多的计算实例,力求对涉及的各个环节做到面面俱到,达到举一反三的效果。本书编写的主要依据为《公路桥涵设计通用规范》(JTG D60—2015)、《公路钢筋混凝土及预应力混凝土桥涵设计规范》(JTG 3362—2018)(简称《公路桥规》)、《公路圬工桥涵设计规范》(JTG D61—2005)、《混凝土结构设计标准》(GB/T 50010—2010)等。

本书共分为10个项目,主要内容包括课程认知,钢筋混凝土结构材料认知,结构设计原则认知,受弯构件正截面承载力计算,受弯构件斜截面承载力计算,受压构件承载力计算,受拉构件截面承载力计算,钢筋混凝土构件的应力、变形和裂缝验算,预应力混凝土结构设计计算,圬工结构简介。各任务均配有同步测试,方便学生及时巩固学习要点;各项目均附有项目导入、项目小结与思考练习题,并提供思考练习题参考答案;重要知识点还配有视频资源,可扫描二维码学习。

本书由重庆工程职业技术学院张秀担任主编,重庆工程职业技术学院交通运输团队教师集思广益合力编写而成。全书由张秀统稿、修改,重庆工程职业技术学院李书芳、张丽参与编写,重庆工程职业技术学院麻文燕提供相关数字资源,重庆承迹景观规划设计有限公司兰国鹏担任主审。

本书在编写过程中,参考了一些公开发表的文献,在此对这些文献的作者们表示衷心的感谢。由于编者的理论水平和实践经验有限,书中疏漏和不足之处在所难免,恳请专家、同仁及广大读者批评指正。

编　者

2025 年 5 月

目　录

项目一　结构设计原理课程认知 ………………………………… 1

　　任务一　课程准备 ………………………………………… 2

　　任务二　掌握混凝土结构的有关概念 …………………… 4

　　任务三　了解混凝土结构的环境类别 …………………… 7

　　项目小结 …………………………………………………… 9

项目二　钢筋混凝土结构材料认知 …………………………… 10

　　任务一　钢筋认知 ………………………………………… 12

　　任务二　混凝土认知 ……………………………………… 20

　　任务三　钢筋与混凝土共同工作的机理分析 …………… 35

　　项目小结 …………………………………………………… 41

项目三　结构设计原则认知 …………………………………… 43

　　任务一　理解结构功能要求 ……………………………… 45

　　任务二　结构的极限状态认知 …………………………… 49

　　任务三　结构极限状态实用设计 ………………………… 52

　　任务四　混凝土结构的耐久性设计 ……………………… 57

　　项目小结 …………………………………………………… 62

项目四　受弯构件正截面承载力计算 ………………………… 64

　　任务一　明确钢筋混凝土受弯构件的构造要求 ………… 67

　　任务二　受弯构件正截面受力全过程和破坏特征认知 … 72

　　任务三　单筋矩形截面梁受弯构件正截面承载力计算 … 76

　　任务四　双筋矩形截面梁受弯构件正截面承载力计算 … 85

　　任务五　T形截面梁受弯构件正截面承载力计算 ……… 89

　　项目小结 …………………………………………………… 94

项目五　受弯构件斜截面承载力计算 ………………………… 96

　　任务一　受弯构件斜截面破坏形态认知 ………………… 97

　　任务二　受弯构件斜截面抗剪承载力计算 ……………… 101

　　任务三　受弯构件斜截面抗弯承载力计算 ……………… 110

任务四　全梁承载力校核 ……………………………………………… 112
项目小结 ……………………………………………………………… 125

项目六　受压构件承载力计算 …………………………………… 127
任务一　明确受压构件的构造要求 …………………………………… 130
任务二　轴心受压构件正截面受压承载力计算 ……………………… 132
任务三　偏心受压构件正截面受压承载力计算 ……………………… 140
任务四　偏心受压构件斜截面受剪承载力计算 ……………………… 156
任务五　型钢混凝土柱和钢管混凝土柱认知 ………………………… 158
项目小结 ……………………………………………………………… 163

项目七　受拉构件截面承载力计算 ……………………………… 164
任务一　受拉构件类型认知 …………………………………………… 165
任务二　轴心受拉构件受弯承载力计算 ……………………………… 166
任务三　偏心受拉构件承载力计算 …………………………………… 167
项目小结 ……………………………………………………………… 172

项目八　钢筋混凝土构件的应力、变形和裂缝验算 …………… 174
任务一　正常使用极限状态验算认知 ………………………………… 176
任务二　换算截面及应力计算 ………………………………………… 177
任务三　钢筋混凝土构件的变形验算 ………………………………… 182
任务四　钢筋混凝土构件的裂缝验算 ………………………………… 192
项目小结 ……………………………………………………………… 199

项目九　预应力混凝土结构设计计算 …………………………… 201
任务一　预应力混凝土结构认知 ……………………………………… 203
任务二　施加预应力的方法、材料和设备认知 ……………………… 208
任务三　张拉控制应力和预应力损失计算 …………………………… 216
任务四　预应力混凝土轴心受拉构件计算 …………………………… 219
任务五　预应力混凝土受弯构件计算 ………………………………… 225
任务六　明确预应力混凝土构件的构造要求 ………………………… 242
任务七　无黏结预应力混凝土认知 …………………………………… 246
项目小结 ……………………………………………………………… 248

项目十　圬工结构简介 …………………………………………… 250
任务一　基本概念认知 ………………………………………………… 251
任务二　圬工结构材料认知 …………………………………………… 253
任务三　砌体的强度与变形认知 ……………………………………… 256
项目小结 ……………………………………………………………… 259

附录 ………………………………………………………………… 260

参考文献 …………………………………………………………… 266

项目一　结构设计原理课程认知

◆ 项目导入

"结构设计原理"内容包括材料性能、设计方法、各类构件(拉、压、弯、剪、扭)的受力性能及其计算方法和配筋构造,是学习结构设计的基本知识,其性质属于专业基础课程。本课程是一门理论性与实践性并重的课程。

本课程的任务是使学生掌握基本原理,具备一般土木建筑结构设计的能力,并为学习后续课程和毕业设计打下基础。

本课程是土木工程专业的专业基础理论课,具有较强的理论性和实践性。在教学方法上采用课堂讲授、课后自学、课堂讨论、课外作业等多种教学形式。

(1)课堂讲授

本课程属于专业基础课程,涉及较多的力学知识。为了联系工程实际,注重工程实践,在教学中,要求学生重点掌握钢筋混凝土及预应力混凝土结构设计的基本原理与方法及有关构造要求,并着重培养学生运用有关知识进行分析问题与解决问题的能力。在课程内容方面,既要保持理论的系统性,又要联系工程实际,同时注重工程思维的培养。

(2)课后自学

为了培养学生整理归纳、综合分析和处理问题的能力,每个项目都安排一部分自学内容。课堂上教师只给出自学提纲,不做详细讲解,课后由学生自学。

(3)课堂讨论

课堂讨论的目的是活跃学习气氛,开拓思路,巩固所学知识。

(4)课外作业

课外作业的选择基于对基本理论及基本方法的理解与巩固,培养学生综合分析和计算能力、判断能力以及使用计算工具的能力。习题以计算与分析性题目为主。实地调研项目侧重联系所学项目知识,深入实地考察,理解本课程与实际的关联度与实践联结的紧密性。

◆ 学习目标

能力目标:会识别各类混凝土;能比较各类混凝土的优缺点;厘清本课程的特点、与其他课程的关联。

知识目标:明确混凝土结构的有关概念;熟悉钢筋和混凝土这两种性质不同的材料共同工作的条件以及混凝土结构的优缺点;了解混凝土结构在房屋建设工程、交通运输工程、水利工程及其他工程中的应用;了解混凝土结构的环境类别划分。

素质目标:培养学生的家国情怀;培养学生理论联系实际的能力。

学习重点:混凝土结构的有关概念;钢筋和混凝土这两种性质不同的材料共同工作的条件;混凝土结构的优缺点。

学习难点:探究本课程的特点与学习方法。

◆ **思维导图**

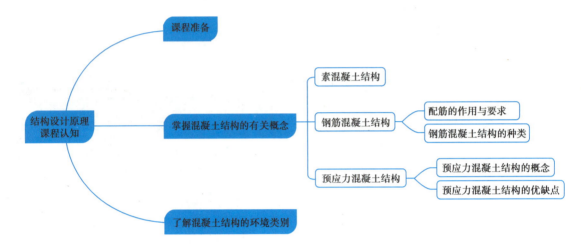

◆ **项目实施**

任务一　课程准备

◆ **学习准备**

①完成课前预习任务,梳理出对应的重难点;
②头脑风暴:本课程与其他课程的关联情况。

◆ **引导问题**

①本课程的专业地位是什么?
②学习本课程应准备哪些工具书?

课程导入

◆ **知识储备**

本课程围绕着工程中常用的钢筋混凝土结构、预应力混凝土结构、圬工结构的设计计算进行理论和实践性的教学。其是兼具理论性和实用性且承前启后,为学好专业课打好基础的课程,也是学生感到比较难学的一门课程。所以,"结构设计原理"及其系列课程一直是土木工程专业的主干课,从专业基础课到专业核心课再到毕业设计都渗透着结构设计的理论,课程贯穿土木工程专业教学的所有环节。

本课程从学习钢筋混凝土材料的力学性能和极限状态设计方法开始,然后对各种钢筋混凝土受力构件的受力性能、设计计算方法及配筋构造进行研究。其主要内容包括如何合理选择构件截面尺寸及配筋计算,并根据承载情况验算构件的承载力、稳定性和刚度等问题,是介于基础课和专业课之间的专业基础课。它是在学习建筑材料、工程力学等先导课程的基础上,结合道路桥梁工程中实际构件的工作特点来研究结构构造设计的一门课程。学好该门课程将为今后桥梁工程和其他道路构造物的设计与计算奠定坚实的理论基础。

①本书主要内容结合《公路桥涵设计通用规范》(JTG D60—2015)、《公路圬工桥涵设计规范》(JTG D61—2005)、《公路桥规》等规范编写而成,学习时应熟悉上述规范。对规范条文不必强加记忆,只有充分理解规范条文的概念、实质,才能正确使用,从而发挥设计者的主动性和创造性。

②与以往力学中单一理想的弹性材料不同,钢筋混凝土是由两种力学性能不同的材料组合而成的复合材料,故在材料力学中可直接使用的公式不多。因此,必须对钢筋混凝土结构的受力性能和破坏特征进行充分的理解。

③如前所述,钢筋混凝土是一种复合材料,两种材料的数量比例和强度搭配将会直接影响结构的受力性能。因此,许多公式都是在大量试验资料的基础上用统计分析方法得出的半理论半经验公式,使用时应特别注意计算公式的适用条件。

④学习本课程的目的是进行混凝土结构的设计计算,包括材料选择、截面形式尺寸计算、配筋计算、构造措施等。同一构件在相同荷载下,可以有不同的截面形式尺寸、不同的配筋方法。设计时要学会对多种因素进行综合分析,结合具体情况确定最佳方案,尽量做到安全适用、技术先进和经济合理。

学习本课程时,应注意以下问题:

1. 加强实验、实践性教学环节并注意扩大知识面

混凝土结构的基本理论相当于钢筋混凝土及预应力混凝土的材料力学,它是以实验为基础的,因此,除课堂学习外,还应到现场参观,了解实际工程,加强试验的教学环节,积累感性认识,以进一步理解学习内容和训练实验的基本技能。当具备条件时,可进行简支梁正截面受弯承载力、简支梁斜截面受剪承载力、偏心受压短柱正截面受压承载力的试验。

混凝土结构课程的实践性很强,因此要加强课程作业、课程设计和毕业设计等实践性教学环节的学习,并在学习过程中逐步熟悉和正确运用我国颁布的一些设计规范和设计规程,如《混凝土结构设计标准》(GB/T 50010—2010)、《建筑结构可靠度设计统一标准》(GB 50068—2018)、《建筑结构荷载规范》(GB 50009—2012)、《建筑抗震设计标准》(GB/T 50011—2010)、《高层建筑混凝土结构技术规程》(JGJ 3—2010)等。

混凝土结构是一种发展很快的结构,学习时要多注意它的新动向和新成就,以扩大知识面。

2. 突出重点,并注意难点的学习

本课程的内容多、符号多、计算公式多、构造规定多,学习时要遵循教学大纲的要求,贯彻"少而精"的原则,突出重点内容的学习。例如,项目四是本书中的重点内容,学好它,就能为后续各项目的学习打下良好的基础。对学习中的难点要找出它的根源,以利于化解。例如,项目五中弯起、截断梁内纵向受力钢筋,通常是难点。如果知道了斜截面承受的弯矩设计值就是斜截面末端剪压区正截面的弯矩设计值,以及截断负钢筋的两个控制条件,难点也就基本化解。

3. 深刻理解重要的概念,熟练掌握设计计算的基本功

切忌死记硬背,教学大纲中对要求深刻理解的一些重要概念作了具体规定。注意,深刻理

解往往不是一步到位的,而是随着学习内容的展开和深入,逐步加深的。

　　要求熟练掌握的内容已在教学大纲中有明确的规定,它们是本课程的基本功。熟练掌握是指正确、快捷地掌握所学内容。为此,本书在各项目后面给出的习题要求认真完成。应先复习教学内容,弄懂例题后再做习题,切忌边做题边看例题。习题的正确答案往往不是唯一的,这也是本课程与一般的数学、力学课程的不同之处。

　　对于构造规定,也要着眼于理解,切忌死记硬背。事实上,不理解的东西也是难以记住的。当然,常识性的构造规定是应该知道的。

◆拓展提高

针对本课程的性质和特点,制订学习计划。

同步测试

任务二　掌握混凝土结构的有关概念

◆学习准备

准备和熟悉教材、教辅等资料。

◆引导问题

①什么是混凝土?组成混凝土的原材料有哪些?
②混凝土在土木结构中的适用场合有哪些?

混凝土结构的受力特点　混凝土结构的基本概念

◆知识储备

　　以混凝土为主要材料制成的结构称为混凝土结构。混凝土结构包括素混凝土结构、钢筋混凝土结构、预应力混凝土结构。素混凝土结构通常没有或不配置受力钢筋;钢筋混凝土结构通常配置受力的普通钢筋、钢筋网或钢筋骨架;预应力混凝土结构是由配置预先张拉的钢筋制成的混凝土结构。

一、素混凝土结构

　　混凝土是一种人造石料,其抗压能力很强,而抗拉能力很弱。采用素混凝土制成的构件(指无筋或不配置受力钢筋的混凝土构件),当它承受竖向荷载作用时[图1.1(a)],在梁的垂直截面(正截面)上受到弯矩作用,截面中性轴以上受压、以下受拉。当荷载达到某一数值$F_。$时,梁截面的受拉边缘混凝土的拉应变达到极限拉应变,即出现竖向弯曲裂缝。这时,裂缝处截面的受拉区混凝土退出工作。该截面处受压高度减小,即使荷载不增加,竖向弯曲裂缝也会急速向上发展,导致梁骤然断裂[图1.1(b)]。这种破坏是很突然的,也就是说,当荷载达到$F_。$的瞬间时,梁立即发生破坏。$F_。$为素混凝土梁受拉区出现裂缝的荷载,一般称为素混凝土梁的抗裂荷载,也是素混凝土梁的破坏荷载。由此可见,素混凝土梁的承载能力是由混凝土的抗拉强度控制的,而受压混凝土的抗压强度远未被充分利用。

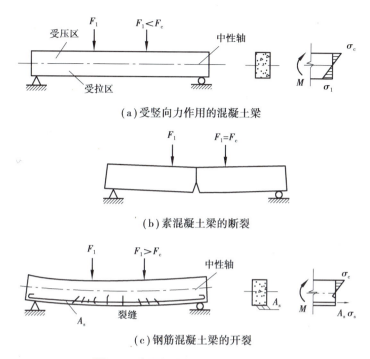

（a）受竖向力作用的混凝土梁

（b）素混凝土梁的断裂

（c）钢筋混凝土梁的开裂

图1.1 素混凝土梁和钢筋混凝土梁

二、钢筋混凝土结构

（一）配筋的作用与要求

在制造混凝土梁时，若在梁的受拉区配置适量的纵向受力钢筋，就构成钢筋混凝土梁。试验表明，和素混凝土梁有相同截面尺寸的钢筋混凝土梁承受竖向荷载作用时，荷载略大于 F_c 时，受拉区混凝土仍会出现裂缝。在出现裂缝的截面处，虽然受拉区混凝土已退出工作，但配置在受拉区的钢筋将承担几乎全部的拉力。这时，钢筋混凝土梁不会像素混凝土梁那样立即裂断，而能继续承受荷载作用[图1.1（c）]，直至受拉钢筋的应力达到屈服强度，继而截面受压区的混凝土也被压碎，梁才破坏。破坏前，变形较大，有明显预兆，属于延性破坏类型，是工程中所希望和要求的。可见，在素混凝土梁内合理配置受力钢筋构成钢筋混凝土梁以后，不仅改变了破坏类型，而且梁的承载能力和变形能力都有很大提高，钢筋与混凝土两种材料的强度也得到了较充分的利用。因此，在英语中，钢筋混凝土结构被称为加强了的混凝土结构（Reinforced Concrete Structure）。

在钢筋混凝土结构和构件中，受力钢筋的布置和数量都应由计算和构造要求确定。

（二）钢筋混凝土结构的种类

钢筋混凝土结构由一系列受力类型不同的构件组成，这些构件称为基本构件。钢筋混凝土基本构件按其主要受力特点的不同分为以下几种：

①受弯构件，如梁、板及由梁组成的楼盖、屋盖（图1.2）等。

②受压构件，如柱、剪力墙（图1.2）、屋架的压杆等。

③受拉构件，如屋架的拉杆、水池的池壁等。

④受扭构件，如带有悬挑雨篷的过梁、框架边梁等，如图1.3所示。

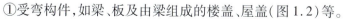

素混凝土梁破坏试验

钢筋混凝土梁加荷破坏过程

⑤其他复杂构件,如弯扭构件、压弯构件、拉弯构件等。

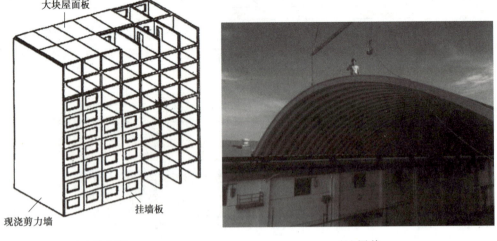

（a）剪力墙　　　　　　　　　（b）屋盖

图1.2　剪力墙与屋盖

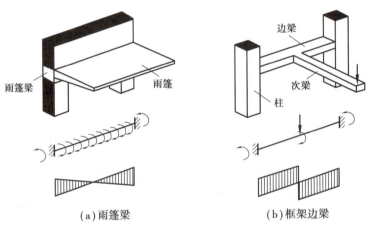

（a）雨篷梁　　　　　　　　　（b）框架边梁

图1.3　受扭构件

三、预应力混凝土结构

1.预应力混凝土结构的概念

预应力混凝土结构是指在结构构件受到外力荷载作用前,先人为地对钢筋施加拉力,由此对混凝土产生预加压应力,以减小或抵消外荷载所引起的拉应力,这样可以借助混凝土较高的抗压强度来弥补其抗拉强度的不足,达到推迟受拉区混凝土开裂的目的(图1.4)。以预应力混凝土制成的结构,因以张拉钢筋的方法来达到预压应力,所以也称为预应力钢筋混凝土结构。

2.预应力混凝土结构的优缺点

与钢筋混凝土结构相比,预应力混凝土结构采用了高强度钢材和高强度混凝土,预应力混凝土构件具有抗裂能力强、抗渗性能好、刚度大、强度高、抗剪能力和抗疲劳性能好的特点,对节约钢材(可节约钢材40%~50%、节约混凝土20%~40%)、减小结构截面尺寸、减轻结构自重、防止混凝土开裂和减少结构挠度都十分有效,可以使结构设计得更为经济、轻巧与美观。

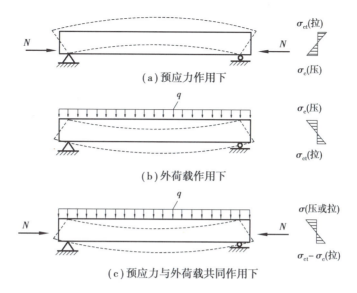

（a）预应力作用下

（b）外荷载作用下

（c）预应力与外荷载共同作用下

图 1.4　预应力混凝土简支梁

预应力混凝土结构的缺点：预应力混凝土结构的生产工艺比钢筋混凝土结构复杂，技术要求高，需要有专门的张拉设备、灌浆机械和生产台座等，以及专业的技术操作人员；预应力混凝土结构的开工费用较大，对构件数量少的工程成本较高。

预应力混凝土箱梁如图 1.5 所示。

图 1.5　预应力混凝土箱梁

详细的预应力混凝土结构施工工艺及受力特点可参见本书项目九。

同步测试

◆拓展提高

用思维导图绘制混凝土分类及各自的特点。

任务三　了解混凝土结构的环境类别

◆学习准备

①拓展任务成果展示；
②预习重难点。

◆ 引导问题

① 为什么要研究混凝土的环境类别？
② 混凝土的生存环境是怎样的？

◆ 知识储备

混凝土结构的耐久性设计、混凝土保护层厚度、裂缝控制等级和最大裂缝宽度限值等都与混凝土结构所处的环境有关。《混凝土结构设计标准》（GB/T 50010—2010）中规定，混凝土结构的环境类别按表 1.1 划分。

环境类别是指混凝土结构暴露表面所处的环境条件，设计时可根据实际情况确定适当的环境类别。

由表 1.1 可知，一类环境是指室内正常环境条件；二类环境主要是指处于露天或室内潮湿环境；三类环境主要是指严寒、近海海风、盐渍土及使用除冰盐作用环境；四类和五类环境分别是指海水环境和受人为或自然侵蚀性的环境。

表 1.1 混凝土结构的环境类别

环境类别		条件
一		室内干燥环境 永久的无侵蚀性静水浸没环境
二	a	室内潮湿环境 非严寒和非寒冷地区的露天环境 非严寒和非寒冷地区与无侵蚀性的水或土直接接触的环境 严寒和寒冷地区的冰冻线以下与无侵蚀性的水或土直接接触的环境
	b	干湿交替环境 水位频繁变动区环境 严寒和寒冷地区的露天环境 严寒和寒冷地区冰冻线以上与无侵蚀性的水或土壤直接接触的环境
三	a	严寒和寒冷地区冬季水位变动区环境 受除冰盐影响环境 海风环境
	b	盐渍土环境 受除冰盐作用环境 海岸环境
四		海水环境
五		受人为或自然的侵蚀性物质影响的环境

注：① 室内潮湿环境是指构件表面经常处于结露或湿润状态的环境。
　　② 严寒和寒冷地区的划分应符合《民用建筑热工设计规范》（GB 50176—2016）的有关规定。
　　③ 海岸环境和海风环境宜根据当地情况，考虑主导风向及结构处迎风、背风部位等因素的影响，由调查研究和工程经验确定。
　　④ 受除冰盐影响环境为受到除冰盐盐雾影响的环境；受除冰盐作用环境是指被除冰盐溶液溅射的环境以及使用除冰盐地区的洗车房、停车楼等建筑。
　　⑤ 暴露的环境是指混凝土结构表面所处的环境。

同步测试

◆ **拓展提高**

梳理总结规范中与本节相关的知识点。

项目小结

　　钢筋混凝土结构作为一种复合材料,充分发挥了两种材料的各自优点。在混凝土中配置一定数量的钢筋后,构件的承载力大大提高,构件的使用性能也得到显著改善。

　　钢筋混凝土结构的主要优点是强度高、耐久性好、耐火性好、整体性好、可模性好、易于就地取材等。其主要缺点是自重大、易开裂、修复困难、施工受季节影响较大等。应用时,应扬长避短,避开不良因素,充分发挥其结构特点。

　　混凝土结构的耐久性设计、混凝土保护层厚度、裂缝控制等级和最大裂缝宽度限值等都与混凝土结构所处的环境有关。弄清混凝土所处的环境类别,才能选取相应的参数值。

　　本课程的特点决定了结构设计方案的多样性。只要满足结构设计要求,答案常常也不是唯一的,而且设计工作也不可能一次成功,设计中可能需要多次演练计算。因此,必须很好地认识它,并通过不断实践才能掌握本课程的内容。

◆ **思考练习题**

收集混凝土在实际生活与工程中的应用案例,浅谈初步认识。

项目二 钢筋混凝土结构材料认知

◆项目导入

1. 工程概况

广东省惠州市某学校教学楼工程为六层框架结构,建筑面积为 9 080 m²,抗震等级三级。基础采用静压预应力管桩,基础及主体均采用强度等级为 C30 的商品混凝土,由本地一家商品混凝土厂提供,运距约为 5 km。外墙采用 MU10 孔砖,内墙采用 MU2.5 空心砖,合同约定基础以上总工期为 140 d。

2. 事故的发现

结构封顶后,施工单位对第四层竖向构件混凝土强度等级用回弹法进行检测,发现回弹值不符合设计要求。根据混凝土试块抗压强度检测报告,该层柱 28 d 龄期的立方体抗压强度代表值为 24 ~ 27 N/mm²,不满足混凝土强度验收要求。经计算,截面为 500 mm×500 mm 的中柱存在一定安全隐患,部分边柱承载力也不够。

3. 事故原因调查分析

对此次施工质量问题的主要调查结果如下:

①出现质量问题的混凝土于 7 月某日浇筑,当日气温为 24 ~ 30 ℃,排除气候因素的影响。

②混凝土运输过程与施工操作规范,无异常情况。

③事故混凝土颜色与正常混凝土颜色无差别,可排除粉煤灰完全替代水泥的可能性;据现场检测和厂家对该批混凝土配合比记录,该批混凝土配合比满足要求。

④据施工人员回忆,该批混凝土的流动性特别强,混凝土凝结缓慢,混凝土强度发展缓慢,养护过程中出现异常颜色的液体。

⑤厂家反映其采用了缓凝减水外加剂,该外加剂具有缓凝和减水两种效应。

根据各方专家勘察和讨论,认定第四层柱混凝土外加剂超量引起了强度严重降低,柱承载能力无法满足设计要求,属于施工质量事故,需要进行加固处理。

4. 加固处理

（1）处理原则

本工程采用的外加剂为缓凝型减水剂,在混凝土中只是暂时阻碍了水泥水化反应的进行,延长了混凝土拌合物的凝结时间,并未从本质上改变水泥水化反应及其产物的性质,对混凝土构件强度的损害并不严重,无须拆毁重建,且四层结构柱的外观完好,混凝土具有一定承载力,宜进行加固处理。由于本工程工期限制较严,故在制订处理方案时充分考虑了工期因素,并按照结构安全、施工可行、费用经济的原则,决定对事故混凝土采用外包加强的处理方案。

（2）处理方案

本工程采用螺旋筋约束和附加钢筋法对第四层所有 37 根柱进行加固。按配置螺旋式间接钢筋的钢筋混凝土柱的受压承载能力，计算螺旋筋的用量；同时，按构件应有的抗弯承载力计算需增设纵筋。

（3）处理措施

为妥善解决好新旧混凝土接缝处的结合和尽量减少处理过程对其他部位的扰动，加固施工主要采用以下工艺：

①原柱表面凿毛，将柱棱角凿成圆弧，用清水配合钢丝刷将柱表面清洗干净。

②从上向下往一个方向旋转，将 φ4 钢筋紧紧地缠绕在柱核心上，螺距必须符合前述要求绕几圈后，将 φ4 钢筋点焊在 ⏀25 纵向钢筋上，要防止 φ4 钢筋被烧熔或截面削弱。

③检查缠绕后的螺旋筋，发现有不紧固处，用钢楔楔紧。

④在柱核心与螺旋筋表面抹一层高强度水泥浆，然后自下向上按螺距填塞高强度细石混凝土，边填边仔细捣实。

⑤检查合格后，应抹水泥砂浆保护层，并压实抹光。

5. 处理效果

①本次事故的处理方法工艺简单、费用低廉，投入使用后经一年多时间观察，使用状况良好。

②本次事故是商品混凝土质量问题导致的，因此在施工过程中应注意加强对商品混凝土质量的观察和检测，及时发现问题，避免日后进行复杂的加固处理。

◆学习目标

能力目标：掌握混凝土各种强度指标的测试方法；会分析钢筋拉伸的应力-应变曲线。

知识目标：熟悉钢筋和混凝土两种材料的特点；明确钢筋混凝土结构的受力特征；了解钢筋的种类、混凝土的变形特点；明确钢筋与混凝土各自的受力特点以及共同工作的机理。

素质目标：培养学生严谨细致的学习态度；培养学生理论联系实际的能力。

学习重点：钢筋与混凝土的强度指标和变形机理。

学习难点：钢筋与混凝土的强度指标。

◆ **思维导图**

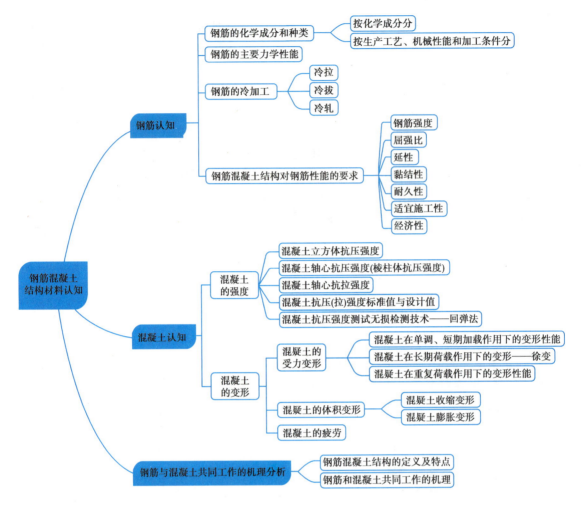

◆ **项目实施**

任务一　钢筋认知

◆ **学习准备**

①考察学校工地,课前收集钢筋图片,上传并分享;
②提前学习钢筋牌号及符号。

◆ **引导问题**

①钢筋的化学成分是什么?
②钢筋的种类有哪些?

混凝土结构的
组成材料——
钢筋

◆知识储备

钢筋混凝土结构由钢筋和混凝土两种不同的材料组合而成,两种材料的性能有着本质区别。熟悉掌握两种材料的特点及力学性能是理解钢筋混凝土结构的受力特征、进行结构设计与计算的基础。

一、钢筋的化学成分和种类

钢筋是由铁、碳、锰、硅、硫、磷等元素组成的合金,其主要成分是铁元素。碳元素含量越高,钢筋的强度越高,但塑性和可焊性越低。

1.按化学成分分

钢材按化学成分,可分为碳素钢和普通低合金钢两大类。

(1)碳素钢

碳素钢为铁碳合金(图2.1)。根据含碳量的多少,可分为低碳钢(俗称"软钢")、中碳钢和高碳钢(俗称"硬钢")。一般把含碳量小于0.25%的钢称为低碳钢;含碳量为0.25%~0.6%的钢称为中碳钢;含碳量大于0.6%的钢称为高碳钢。

(2)普通低合金钢

在碳素钢的成分中加入少量合金元素就成为普通低合金钢,如20MnSi、20MnSiV、20MnTi等,其中名称前面的数字代表平均含碳量(以万分之一计)(图2.2)。由于加入了合金元素,普通低合金钢虽然含碳量高、强度高,但其拉伸应力-应变曲线仍具有明显的流幅。

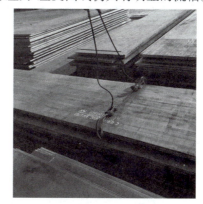

图2.1　碳钢无缝钢管　　　　图2.2　Mn13耐磨钢板

2.按生产工艺、机械性能和加工条件分

按生产工艺、机械性能和加工条件的不同分,可分为热轧钢筋、余热处理钢筋、冷轧带肋钢筋及钢丝。热轧钢筋按照外形特征可分为热轧光圆钢筋和热轧带肋钢筋(图2.3)。

(1)热轧光圆钢筋

热轧光圆钢筋是一种经过热轧成型并自然冷却的表面平整、截面为圆形的钢筋[图2.3(a)]。其牌号为Q235,强度等级代号为R235。

(2)热轧带肋钢筋

热轧带肋钢筋是经热轧成型并自然冷却且其圆周表面通常带有两条纵肋和沿长度方向有均匀分布横肋的钢筋。其中,横肋斜向一个方向而成螺纹形的,称为螺纹钢筋[图2.3(b)];横肋斜向不同方向而成"人"字形的,称为人字形钢筋[图2.3(c)];纵肋与横肋不相交且横肋为月牙形状的,称为月牙纹钢筋[图2.3(d)]。

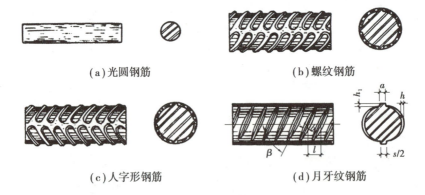

(a)光圆钢筋　　　　　　　　　　　(b)螺纹钢筋

(c)人字形钢筋　　　　　　　　　　(d)月牙纹钢筋

图2.3　热轧钢筋的外形

热轧带肋钢筋根据屈服强度按牌号分为 HRB400、HRB500、HRB600 三种(图2.4)。H、R、B 分别是热轧(Hot-rolled)、带肋(Ribbed)、钢筋(Bars)3 个词的英文首字母。钢筋的牌号由 HRB 和钢筋的下屈服点组成。在普通钢筋牌号后加"E"(如 HRB400E、HRB500E),表示满足抗震性能要求。

图2.4　钢筋牌号

(3)冷轧带肋钢筋

冷轧带肋钢筋是用热轧盘条经多道冷轧减径,一道压肋并消除内应力后形成的一种带有两面或三面月牙形的钢筋。冷轧带肋钢筋在预应力混凝土构件中,是冷拔低碳钢丝的更新换代产品;在现浇混凝土结构中,则可代换Ⅰ级钢筋,以节约钢材,是同类冷加工钢材中较好的一种。

冷轧带肋钢筋的牌号由 CRB 和钢筋的抗拉强度最小值组成。C、R、B 分别为冷轧(Cold-rolled)、带肋(Ribbed)、钢筋(Bars)3 个词的英文首字母。冷轧带肋钢筋分为 CRB550、CRB650、CRB800 和 CRB970 共 4 个牌号。CRB550 为普通钢筋混凝土用钢筋,其他牌号为预应力混凝土用钢筋。

(4)余热处理钢筋

余热处理钢筋是利用热处理原理进行表面控制冷却,并利用芯部余热自身完成回火处理所得的成品钢筋。

余热处理钢筋的表面形状同热轧带肋钢筋;其化学成分也与 20MnSi 钢筋相同。热轧是用连铸板坯或初轧板坯作原料,经步进式加热炉加热,高压水除磷后进入粗轧机,粗轧料经切头、切尾再进入精轧机,实施计算机控制轧制,终轧后即经过层流冷却(计算机控制冷却速率)和卷取机卷取,成为直发卷。直发卷的头、尾往往呈舌状及鱼尾状,厚度、宽度精度较差,边部常存在浪形、折边、塔形等缺陷。热轧的缺点是经过高温热轧的钢材,其内部的一些硫化物以及氧化物、硅酸盐等都会被挤压变薄,出现不熔合、分层的情况。

与其他钢筋比较:

生产工艺:热处理钢筋是在生产加工后对钢筋进行加热处理,而余热处理钢筋则是在钢材冶炼、轧制等高温工艺中利用产生的余热对钢筋进行加热处理。

性能表现:热处理钢筋的强度和延伸性等物理性质的改变是通过加热过程中的相变来实现的,而余热处理钢筋是通过加热过程中钢筋的热形变来同时改变钢筋的力学性能和物理性质。

使用范围:热处理钢筋多用于一些机械加工的领域,如制造桥梁、机械设备、汽车、轮船、钢铁结构等。而余热处理钢筋则常用于建筑和水利工程等领域,这些工程在选择材料时更注重钢筋的抗冲击性和韧性表现。

(5)钢丝

钢丝是钢材的板、管、型、丝四大品种之一,是用热轧盘条经冷拉制成的再加工产品。

钢丝按外形分为光圆、螺旋肋、刻痕 3 种,代号分别为 P、H、I。

钢丝按照加工状态可分为冷拉钢丝和消除应力钢丝两类。消除应力钢丝按照松弛性能又分为低松弛级钢丝和普通松弛级钢丝。钢丝的直径越小,极限强度越高,钢丝均可用于预应力混凝土结构。

钢筋符号对比如表 2.1 所示。

表 2.1　钢筋符号对比表

种类	牌号	符号	软件代号
热轧光圆钢筋	HPB300	Φ	A
普通热轧带肋钢筋	HRB400	Φ	C
余热处理带肋钢筋	RRB400	Φ^R	D
普通热轧带肋钢筋	HRB500	Φ	E
细晶粒热轧带肋钢筋	HRBF400	Φ^F	CF
细晶粒热轧带肋钢筋	HRBF500	Φ^F	EF
普通热轧抗震钢筋	HRB400E	Φ^E	CE
普通热轧抗震钢筋	HRB500E	Φ^E	EE
细晶粒热轧抗震钢筋	HRBF400E	Φ^{FE}	CFE
细晶粒热轧抗震钢筋	HRBF500E	Φ^{FE}	EFE
冷轧带肋钢筋	CRB550	Φ^R	L
高延性冷轧带肋钢筋	CRB600H	Φ^{RH}	暂无
冷轧扭钢筋		Φ^I	N
预应力钢丝		Φ^s	
消除应力钢丝、预应力钢绞线		Φ^P　Φ^H	
热处理带肋高强钢筋	T63/E/G	Φ^{HI}	E
热处理带肋高强抗震钢筋	T63E/E/G		E

二、钢筋的主要力学性能

钢筋的力学性能有强度和变形(包括弹性变形和塑性变形)等。单向拉伸试验是确定钢筋力学性能的主要方法。通过试验可以看到,钢筋的拉伸应力-应变关系曲线可分为两大类,即有明显流幅(图2.5)和没有明显流幅(图2.6)。

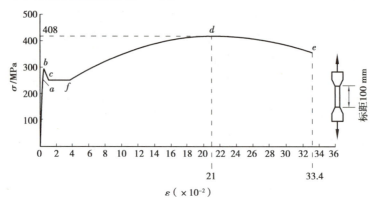

图2.5　有明显流幅的钢筋拉伸应力-应变曲线

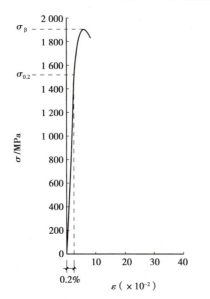

图2.6　没有明显流幅的钢筋拉伸应力-应变曲线

图2.5为有明显流幅的钢筋拉伸应力-应变曲线。在达到比例极限 a 点之前,材料处于弹性阶段,应力与应变的比值为常数,即为钢筋的弹性模量 E_s。此后应变比应力增加快,到达 b 点进入屈服阶段,即应力不增加,应变却继续增加很多,应力-应变曲线图形接近水平线,称为屈服台阶(或流幅)。对于有屈服台阶的钢筋来说,有两个屈服点,即屈服上限(b 点)和屈服下限(c 点)。屈服上限受试验加载速度、表面光洁度等因素影响而波动;屈服下限则较稳定,故一般以屈服下限为依据,称为屈服强度。过了 f 点后,材料又恢复部分弹性进入强化阶段,应力-应变关系表现为上升的曲线,到达曲线最高点 d,d 点的应力称为极限强度。过了 d 点后,试件的薄弱处发生局部"颈缩"现象,应力开始下降,应变仍继续增加,到 e 点后发生断裂,e 点所对应的应变(用百分数表示)称为延伸率,用 δ_{10} 或 δ_5 表示(分别对应于量测标距为 $10d$ 或 $5d$,d 为钢筋直径)。

有明显流幅的钢筋拉伸应力-应变曲线显示了钢筋主要物理力学指标,即屈服强度、抗拉极限强度和延伸率。屈服强度是钢筋混凝土结构计算中钢筋强度取值的主要依据,屈服强度与抗拉极限强度的比值称为屈强比。屈强比可以代表材料的强度储备,一般要求不大于0.8。延伸率是衡量钢筋拉伸时的塑性指标。

表2.2为我国国家标准对钢筋混凝土结构所用普通热轧钢筋(具有明显流幅)的机械性能作出的规定。

钢筋拉伸试验

表 2.2　普通热轧钢筋机械性能规定

性能参数	HRB400	HRB500	HRB600	抗震钢筋（带"E"）
屈服强度/MPa	≥400	≥500	≥600	同左
抗拉强度/MPa	≥540	≥630	≥730	同左+强屈比≥1.25
断后伸长率 A_s	≥16%	≥15%	≥15%	同左
最大力总伸长率 A_{gt}	≥7.5%	≥7.5%	≥7.5%	≥9.0%
弯曲试验（弯芯直径）	4d	6d	7d	同左

在拉伸试验中没有明显流幅的钢筋，其应力-应变曲线如图 2.6 所示。高强度碳素钢丝、钢绞线的拉伸应力-应变曲线没有明显的流幅。钢筋受拉后，应力与应变按比例增长，其比例（弹性）极限约为 $\sigma_e = 0.75\sigma_b$。此后，钢筋应变逐渐加快发展，曲线的斜率渐减。当曲线达到顶点极限强度 f_b 后，曲线稍有下降，钢筋出现少量颈缩后立即被拉断，极限延伸率较小，为 5% ~ 7%。

这类钢筋拉伸曲线上没有明显的流幅，在结构设计时，需对这类钢筋定义一个名义上的屈服强度作为设计值。一般地，将对应于残余应变为 0.2% 时的应力 $\sigma_{0.2}$ 作为屈服点（又称为"条件屈服强度"），《公路桥规》取 $\sigma_{0.2} = 0.85\sigma_b$。

三、钢筋的冷加工

机械冷加工可使钢筋产生塑性变形从而提高钢筋的屈服强度和抗拉极限强度，同时降低塑性和弹性模量，这种现象被称为钢筋的冷加工硬化（冷作硬化或变形硬化）。冷加工后的钢材随着时间的延长逐渐硬化，这种现象被称为时效。常温下产生的时效称为自然时效，人工加热后产生的时效称为人工时效。相较自然时效，人工时效的时间大大缩短。冷加工钢筋经人工时效后，不仅强度得到提高，而且弹性模量也可恢复到冷加工之前的数值。

对有明显流幅的钢筋进行冷加工，可以改善钢材内部组织结构，提高钢材强度。

1. 冷拉

冷拉是在常温条件下，以超过原来钢筋屈服点强度的拉应力，强行拉伸钢筋，使钢筋产生塑性变形，以达到提高钢筋屈服点强度和节约钢材的目的。

冷拉可提高屈服强度节约材料，将热轧钢筋用冷拉设备加力进行张拉，经冷拉时效后，钢筋可伸长，屈服强度可提高 20% ~ 25%，同时可节约钢材 10% ~ 20%。

2. 冷拔

冷拔是细光圆钢筋通过带锥形孔的拔丝模的强力拉拔工艺。细光圆钢筋在常温下通过钨合金的拔丝模受到兼有拉伸与压缩的强力冷拔，钢筋内晶格变形而产生塑性变形，提高强度但塑性降低，呈硬钢性质。光圆钢筋冷拔后称为冷拔低碳钢丝。

此工艺比纯拉伸作用强烈，钢筋不仅受拉，而且同时受到挤压作用。经过一次或多次冷拔后得到的冷拔低碳钢丝，其屈服强度可提高 40% ~ 60%，抗拉强度高，塑性低，脆性大，具有硬质钢材的特点。

相对而言，冷拉只能提高钢筋的抗拉强度，冷拔则可同时提高抗拉及抗压强度。

钢筋冷拉

钢筋冷拔

3.冷轧

冷轧是将圆钢在轧钢机上轧成断面形状规则的钢筋,可提高其强度及与混凝土的黏结力。通常有冷轧带肋钢筋和冷轧扭钢筋两种。

（1）冷轧扭钢筋

将低碳热轧盘圆条经钢筋冷轧扭机组调直、冷轧扁、冷扭转一次成型、具有规定截面尺寸和节距的连续螺旋状钢筋。经过冷轧扭后钢筋强度比原材料强度提高近一倍,但延性较差,主要用于钢筋混凝土板的受力钢筋。

（2）冷轧带肋钢筋

冷轧带肋钢筋是指热轧圆盘条经冷轧后,在其表面带有沿长度方向均匀分布的三面或两面横肋的钢筋。

与冷轧扭工艺相比少了冷扭转,其在钢筋表面形成肋状条纹,外形有两面肋和三面肋,黏结力增强,多用于板的受力钢筋,也适用于预应力混凝土构件的配筋。

冷轧带肋钢筋是一种带有月牙形横肋的钢筋,因此被称为轧带肋钢筋。轧带肋钢筋普遍采用普通低碳钢,具有强度高、韧性好,并且与混凝土的黏结强度大的特点而被广泛应用。通常,冷轧带肋钢筋应用于预应力空心板中,可以使一些质量问题得到有效解决与改善。

冷轧带肋钢筋与混凝土之间的黏结和锚固性能良好。因此,其用于构件中,从根本上杜绝了构件锚固区开裂、钢丝滑移而破坏的现象,且提高了构件端部的承载能力和抗裂能力;在钢筋混凝土结构中,裂缝宽度也比光圆钢筋小,甚至比热轧螺纹钢筋还小。

冷轧带肋钢筋的延伸率比同类的冷加工钢材高,广泛用于住宅和各类公共建筑的现浇混凝土结构中。建筑工程中大量使用的钢筋采用冷加工强化具有明显的经济效益,但冷加工后钢筋的屈强比较大,安全储备较小,尤其是冷拔钢丝,因此在强调安全性的重要建筑物的施工现场,已越来越难见到钢筋的冷加工车间。

四、钢筋混凝土结构对钢筋性能的要求

1.钢筋强度

普通钢筋的抗拉强度标准值f_{sk}和预应力钢筋的抗拉强度标准值f_{pk},应分别按表2.3和表2.4采用。

表2.3　普通钢筋抗拉强度标准值

钢筋种类	符号	公称直径 d/mm	F_{sk}/MPa
HPB300	φ	6 ~ 22	300
HRB400 HRBF400 RRB400	Φ Φ^F Φ^R	6 ~ 50	400
HRB500	Φ	6 ~ 50	500

表 2.4　预应力钢筋抗拉强度标准值

钢筋种类		符号	公称直径 d/mm	f_{pk}/MPa
钢绞线	1×7	ϕ^S	9.5、12.7、15.2、17.8	1 720、1 860、1 960
			21.6	1 860
消除应力钢丝	光面 螺旋肋	ϕ^P ϕ^H	5	1 570、1 770、1 860
			7	1 570
			9	1 470、1 570
预应力螺纹钢筋		ϕ^T	18、25、32、40、50	785、930、1 080

注:抗拉强度标准值为 1 960 MPa 的钢绞线作为预应力钢筋使用时,应有可靠工程经验或充分试验验证。

普通钢筋的抗拉强度设计值 f_{sd} 和抗压强度设计值 f'_{sd} 应按表 2.5 采用;预应力钢筋的抗拉强度设计值 f_{pd} 和抗压强度设计值 f'_{pd} 应按表 2.6 采用。

表 2.5　普通钢筋抗拉、抗压强度设计值

钢筋种类	f_{sd}/MPa	f'_{sd}/MPa
HPB300	250	250
HRB400、HRBF400、RRB400	330	330
HRB500	415	400

注:①钢筋混凝土轴心受拉和小偏心受拉构件的钢筋抗拉强度设计值大于 330 MPa 时,应按 330 MPa 取用;在斜截面抗剪承载力、受扭承载力和冲切承载力计算中垂直于纵向受力钢筋的箍筋或间接钢筋等横向钢筋的抗拉强度设计值大于 330 MPa 时,应取 330 MPa。

②构件中配有不同种类的钢筋时,每种钢筋应采用各自的强度设计值。

表 2.6　预应力钢筋抗拉、抗压强度设计值

钢筋种类	f_{pk}/MPa	f_{pd}/MPa	f'_{pd}/MPa
钢绞线 1×7(七股)	1 720	1 170	390
	1 860	1 260	
	1 960	1 330	
消除应力钢丝	1 470	1 000	410
	1 570	1 070	
	1 770	1 200	
	1 860	1 260	
预应力螺纹钢筋	785	650	400
	930	770	
	1 080	900	

2.屈强比

设计中应选择适当的屈强比,对于抗震结构,钢筋应力在地震作用下可考虑进入强化段,

为了保证结构在强震下"裂而不倒",对钢筋的极限抗拉强度与屈服强度的比值有一定的要求,一般不应小于1.25。

3. 延性

在工程设计中,要求钢筋混凝土结构承载能力极限状态为具有明显预兆,避免脆性破坏;抗震结构则要求具有足够的延性,钢筋的应力-应变曲线上屈服点至极限应变点之间的应变值反映了钢筋延性的大小。

4. 黏结性

黏结性是指钢筋与混凝土的黏结性能。黏结力是钢筋与混凝土共同工作的基础,其中钢筋凹凸不平的表面与混凝土间的机械咬合力是黏结力的主要组成部分。因此,变形钢筋与混凝土的黏结性能最好,设计中应优先选用变形钢筋。

5. 耐久性

混凝土结构耐久性是指材料、构件、结构在外部环境下随时间的退化,主要包括钢筋锈蚀、冻融循环、碱-骨料反应、化学作用等的机理及物理、化学和生化过程。混凝土结构耐久性的降低会导致承载力的降低,进而影响结构安全。

6. 适宜施工性

施工时,钢筋需要进行弯转成型,因此需具备一定的冷弯性能。钢筋弯钩、弯折加工时,应避免出现裂缝和折断。热轧钢筋的冷弯性能很好,而冷加工钢筋的脆性较差。预应力钢丝、钢绞线不能弯折,只能以直条形式使用。同时,要求钢筋具备良好的焊接性能,焊接后不应产生裂纹及过大的变形,以保证焊接接头性能良好。

7. 经济性

衡量钢筋经济性的指标是强度价格比,即每一元钱可购得的单位钢筋的强度。强度价格比高的钢筋比较经济,不仅可以减少配筋率,方便施工,还可减少加工、运输、施工等一系列附加费用。

闪光对焊

◆ 拓展提高

钢筋牌号与强度等级符号归纳汇总。

同步测试

任务二　混凝土认知

◆ 学习准备

①考察学校工地,课前收集混凝土图片,上传并分享;
②提前学习混凝土强度等级及符号。

混凝土结构的
组成材料——
混凝土

◆ 引导问题

①制作混凝土的原材料有哪些?
②混凝土有哪些种类?

◆ 知识储备

一、混凝土的强度

混凝土是以水泥、骨料和水为主要原材料，根据需要加入矿物掺合料和外加剂等材料，按一定配合比，经拌和、成型、养护等工艺制作，硬化后具有强度的工程材料。混凝土的种类是根据混凝土的强度等级划分的。混凝土的强度除与所选水泥等级、混凝土配合比、水灰比大小、骨料质量有关外，还与试件制作方法、养护条件、试件尺寸、试验方法等有密切关系。在实际工程中，常用的混凝土强度包括立方体抗压强度、轴心抗压强度、轴心抗拉强度等。

1. 混凝土立方体抗压强度

混凝土立方体抗压强度是通过规定的标准试件和标准试验方法得到的混凝土强度基本代表值。我国采用的标准试件为边长相等的混凝土立方体（图 2.7）。这种试件的制作和试验均比较简便，而且离散性较小。

图 2.7　立方体混凝土试块制作

《混凝土物理力学性能试验方法标准》（GB/T 50081—2019）规定，以边长为 150 mm 的立方体为标准试件，温度在（20±2）℃，相对湿度为 95% 以上的标准养护室中养护，或在温度为（20±2）℃的不流动的氢氧化钙饱和溶液中养护 28 d，依照标准制作方法和试验方法测得的抗压强度值（以 N/mm² 为单位）作为混凝土的立方体试件抗压强度，用符号 f_{cc} 表示（图 2.8）。按这样的规定，就可以排除不同制作方法、养护环境等因素对混凝土立方体强度的影响。影响混凝土强度等级的因素主要与水泥等级、水灰比、骨料、龄期、养护温度和湿度有关。依照标准实验方法测得的具有 95% 保证率的抗压强度作为混凝土强度等级，并冠以"C"。例如，C25 释义为 25 级混凝土，该级混凝土立方体抗压强度标准值为 25 MPa。用于公路桥梁承重部分的混凝土强度等级有 C25、C30、C35、C40、C45、C50、C55、C60、C65、C70、C75、C80。根据《混凝土结构设计标准》（GB/T 50010—2010）规定，素混凝土构件中混凝土强度等级不宜低于 C20，钢筋混凝土构件中混凝土强度等级不宜低于 C25，采用强度等级 500 MPa 及以上钢筋时，混凝土的强度等级不应低于 C30。预应力混凝土楼板结构的混凝土强度等级不应低于 C30；其他预应力混凝土结构构件的混凝土强度等级不应低于 C40。

混凝土立方体的抗压强度与试验方法密切相关（图 2.9）。通常情况下，试件的上下表面与试验机承压板之间将产生阻止试件向外自由变形的摩擦阻力，阻滞了裂缝的发展［图 2.10（a）］，从而提高了试块的抗压强度。破坏时，远离承压板的试件中部混凝土所受的约束最少，混凝土也剥落得最多，形成两个对顶叠置的截头方锥体［图 2.10（b）］。若在承压板和试件上下

（a）恒温恒湿控制器　　　　（b）试块保温保湿养护

（c）恒温恒时养护箱　　　　（d）试块放置架体

图2.8　凝土试块的养护

表面之间涂以油脂润滑剂，则试验加压时摩阻力将大为减少，所测得的抗压强度较低，其破坏形态为开裂破坏［图2.10（c）］。规定采用不加油脂润滑剂的试验方法。

图2.9　混凝土立方体抗压强度试验

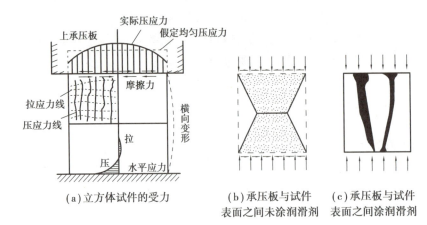

（a）立方体试件的受力　　（b）承压板与试件　　（c）承压板与试件
　　　　　　　　　　　表面之间未涂润滑剂　　表面之间涂润滑剂

图2.10　立方体抗压强度试件

水泥混凝土抗压
强度试验方法

　　混凝土的抗压强度还与试件尺寸有关。试验结果表明，立方体试件尺寸越小，受摩阻力的影响就越大，测得的强度也越高。在实际工程中，也有采用边长为200 mm和边长为100 mm的混凝土立方体试件。如果所测得的立方体强度分别乘以换算系数 1.05 和 0.95,则可折算成边长为 150 mm 的混凝土立方体的抗压强度。

2. 混凝土轴心抗压强度(棱柱体抗压强度)

混凝土的抗压强度与试件的形状有关,采用棱柱体比立方体能更好地反映混凝土结构的实际抗压能力。用混凝土棱柱体试件测得的抗压强度称为轴心抗压强度,如图 2.11 所示。

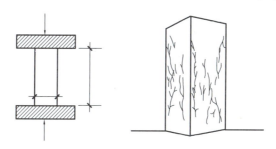

图 2.11　混凝土棱柱体抗压试验和破坏情况

通常,钢筋混凝土构件的长度比它的截面边长要大得多,因此棱柱体试件(高度大于截面边长的试件)的受力状态更接近于实际构件中混凝土的受力情况。按照与立方体试件相同条件下制作和试验方法所得的棱柱体试件的抗压强度值,称为混凝土轴心抗压强度,用符号 f_{cp} 表示。

试验表明,棱柱体试件的抗压强度比立方体试块的抗压强度低。棱柱体试件的高度 h 与边长 b 之比越大,则强度越低。当 h/b 由 1 增至 2 时,混凝土强度降低得很快。当 h/b 由 2 增至 4 时,其抗压强度变化不大(图 2.12)。因为,在此范围内既可消除垫板与试件接触面间的摩阻力对抗压强度的影响,又可以避免试件因纵向初弯曲而产生的附加偏心距对抗压强度的影响,故所测得的棱柱体抗压强度较稳定。因此,《混凝土物理力学性能试验方法标准》(GB/T 50081—2019)规定,混凝土的轴心抗压强度试验以 150 mm×150 mm×300 mm 的试件为标准试件。棱柱体试件与立方体试件的制作条件相同,试件上、下表面不涂润滑剂。棱柱体的抗压试验和试件破坏情况,如图 2.10 所示。通常情况下,棱柱体试件的抗压强度低于同等立方体的抗压强度。

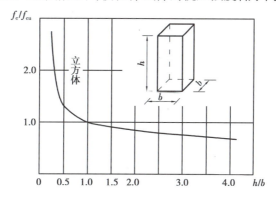

图 2.12　h/b 对抗压强度的影响

《混凝土结构设计标准》(GB/T 50010—2010)规定,以上述棱柱体试件试验测得的具有95% 保证率的抗压强度为混凝土轴心抗压强度标准值。该标准值用符号 f_{ck} 表示,下标 c 表示受压,k 表示标准值。

图 2.13 是我国所做的混凝土棱柱体与立方体抗压强度对比试验的结果。由图可知,试验

值 f_{ck}^0 与 $f_{cu,k}$ 的统计平均值大致呈一条直线,它们的比值在 0.70 ~ 0.92 变化,强度大的比值更大。这里的上标 0 表示试验值。

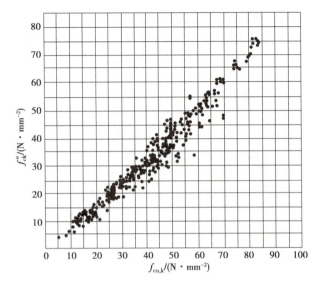

图 2.13　混凝土轴心抗压强度与立方体抗压强度的关系

3. 混凝土轴心抗拉强度

混凝土抗拉强度和抗压强度相同,都是混凝土的基本强度指标,用符号 f_t 表示。但是混凝土的抗拉强度比抗压强度低得多,它与同龄期混凝土抗压强度的比值为 1/8 ~ 1/18。这项比值随着混凝土抗压强度等级的增加而减少,即混凝土抗拉强度的增加慢于抗压强度的增加。

混凝土轴心受拉试验的试件可采用在两端预埋钢筋的混凝土棱柱体(图 2.14)。试验时,用试验机夹具夹紧试件两端外伸的钢筋施加拉力,破坏时试件在没有钢筋的中部截面被拉断,其平均拉应力即为混凝土的轴心抗拉强度。

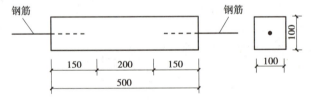

图 2.14　混凝土抗拉强度试验试件(单位:mm)

在用前述方法测定混凝土的轴心抗拉强度时,保持试件轴心受拉很重要,但也不容易完全做到。由于混凝土内部结构不均匀,钢筋预埋和试件安装都难以对中,而偏心又对混凝土抗拉强度测试有很大的干扰,因此,目前国内外常采用立方体或圆柱体的劈裂试验来测定混凝土的轴心抗拉强度。劈裂试件平放在压力机上,通过垫条施加集中力,破坏时在破裂面上产生与该面垂直且均匀分布的拉应力。当拉应力达到混凝土的抗拉强度时,试件被劈裂成两半。

4. 混凝土抗压(拉)强度标准值与设计值

材料强度的标准值是通过试验取得统计数据后,根据其概率分布,并结合工程经验,取其中的某一分位值(不一定是最大值)确定的。而设计值是在标准值的基础上乘以一个分项系数确定的,《建筑结构可靠性设计统一标准》(GB 50068—2018)中有说明。混凝土的材料分项系数是 1.4。

不同强度等级的混凝土强度设计值与标准值见表 2.7、表 2.8。

表 2.7　混凝土强度标准值

强度等级	C25	C30	C35	C40	C45	C50	C55	C60	C65	C70	C75	C80
f_{ck}/MPa	16.7	20.1	23.4	26.8	29.6	32.4	35.5	38.5	41.5	44.5	47.4	50.2
f_{tk}/MPa	1.78	2.01	2.20	2.40	2.51	2.65	2.74	2.85	2.93	3.00	3.05	3.10

表 2.8　混凝土强度设计值

强度等级	C25	C30	C35	C40	C45	C50	C55	C60	C65	C70	C75	C80
f_{cd}/MPa	11.5	13.8	16.1	18.4	20.5	22.4	24.4	26.5	28.5	30.5	32.4	34.6
f_{cd}/MPa	1.23	1.39	1.52	1.65	1.74	1.83	1.89	1.96	2.02	2.07	2.10	2.14

5. 混凝土抗压强度测试无损检测技术——回弹法

随着人们对工程质量的关注,以及无损检测技术的迅速发展和日臻成熟,无损检测技术在建设工程中的应用日益增加。它不但正在成为工程质量控制和建筑物使用过程中可靠的监控工具,而且已成为工程事故的检测和分析手段之一。可以说,在工程的施工、验收及使用中都有其用武之地。

混凝土强度值是指在一定的受力状态和工作条件下,混凝土所能承受的最大应力。要准确测量混凝土的强度,必须把混凝土试块加载至破坏极限,取得试验值后发现试件已破坏。而结构混凝土强度的无损检测方法就是要在不破坏结构和构件的情况下,取得破坏应力值,因此只能寻找一个或几个与混凝土强度具有相关性,而又无损测试混凝土的受力功能值,实际上是一个间接推算值,它和混凝土实际强度的吻合程度,取决于该物理量与混凝土强度之间的相关性。我们常用的混凝土无损检测技术通常用回弹法测强度。

自从 1948 年瑞士发明回弹仪以来,回弹法的应用已有 70 多年的历史,回弹仪是依据回弹法的基本原理工作的。回弹法是用弹簧驱动的重锤,通过弹击杆和传力杆弹击混凝土表面,并测出重锤被反弹回来的距离以回弹值和反弹距离与弹簧初始长度之比作为强度相关的指标,来推定混凝土强度的一种方法。虽然其他无损检测方法不断出现,但由于回弹法所用仪器构造简单、方法简便、测试值在一定条件下与混凝土强度有较好的相关性、测试费用低廉等特点,至今仍未失去现场应用的优越性,被国际学术界公认为混凝土无损检测的基本方法之一。

回弹仪的分类有以下 6 种:

①按冲击动能分类:回弹仪有重型、中型、轻型和特轻型之分。

②按检测对象分类:有测砖回弹仪、砂浆回弹仪、混凝土回弹仪等。

③按工作原理分类:回弹仪主要分为两种类型,即定向反弹式和自由反弹式。定向反弹式回弹仪需要将材料放置在一个固定的位置,同时金属球也需要以一个特定的方向撞击样品。而自由反弹式则不需要放置特定的位置,我们只需要将金属球轻松地从一个位置丢向材料表面,然后记录所反弹的高度就可以得到测试结果。

④按读数方式分类:回弹仪有机械式和数字式之分(图2.15),早期的回弹仪为机械式,后来人们在此基础上,首先是日本利用数字显示和微处理机新技术发展成为数字式回弹仪系列1。

⑤按品牌和型号分类:如 SilverSchmidt、OriginalSchmidt、Schmidt OS-120(PT 型和 PM 型)等。

⑥按是否配备特殊功能分类:如是否配备蓝牙打印机、触摸液晶屏等功能。

(a)机械式回弹仪　　　　　　　(b)数字式回弹仪

图2.15　按读数方式回弹仪分类

回弹法测试如图2.16、图2.17所示。

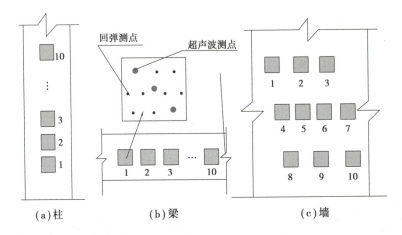

(a)柱　　　　(b)梁　　　　(c)墙

图2.16　不同结构的回弹法测区布置

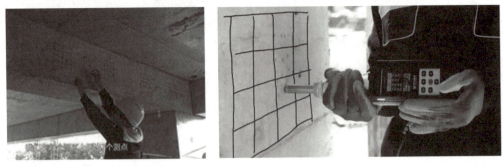

图2.17　梁的抗压强度回弹法测区布置

二、混凝土的变形

混凝土的变形可分为两类:一类是在荷载作用下的受力变形,如单调短期加载的变形、荷载长期作用下的变形以及多次重复加载的变形;另一类与受力无关,称为体积变形,如混凝土收缩以及温度变化引起的变形。

1.混凝土的受力变形

（1）混凝土在单调、短期加载作用下的变形性能

①混凝土的应力-应变曲线。混凝土的应力-应变关系是混凝土力学性能的一个重要方面，它是研究钢筋混凝土构件的截面应力分布，建立承载能力和变形计算理论所必不可少的依据。特别是近代采用计算机对钢筋混凝土结构进行非线性分析时，混凝土的应力-应变关系已成为数学物理模型研究的重要依据。

一般取 $h/b=3/4$ 的棱柱体试件来测试混凝土的应力-应变曲线。在试验时，需使用刚度较大的试验机，或者在试验中用控制应变速度的特殊装置来控制应变加载，或者在普通压力机上用高强弹簧（或油压千斤顶）与试件共同受压，测得混凝土试件受压时典型的应力-应变曲线，如图2.18所示。

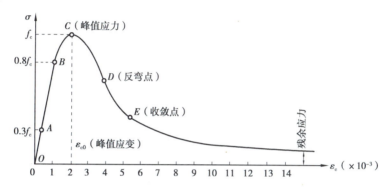

图2.18　混凝土受压时应力-应变曲线

完整的混凝土轴心受压应力-应变曲线由上升段 OC、下降段 CD 和收敛段 DE 3个阶段组成。

上升段：当压应力 $\sigma<0.3f_c$ 左右时，应力-应变关系接近直线变化（OA 段），混凝土处于弹性阶段。在压应力 $\sigma\geqslant0.3f_c$ 后，随着压应力的增大，应力-应变关系越来越偏离直线。任一点的应变 ε 可分为弹性应变 ε_{ce} 和塑性应变 ε_{cp} 两部分。原有的混凝土内部微裂缝开始发展，并在孔隙等薄弱处产生新的个别的微裂缝。当应力达到 $0.8f_c$（B 点）左右时，混凝土塑性变形显著增大，内部裂缝不断延伸扩展，并有几条贯通，应力-应变曲线斜率急剧减小。如果不继续加载，裂缝也会发展，即内部裂缝处于非稳定发展阶段。当应力达到最大应力 $\sigma=f_c$ 时（C 点），应力-应变曲线的斜率已接近于水平，试件表面出现不连续的可见裂缝。

下降段：到达峰值应力点 C 后，混凝土的强度并不完全消失，随着应力 σ 的减少（卸载），应变仍然增加，曲线下降坡度较陡，混凝土表面裂缝逐渐贯通。

收敛段：在反弯点 D 之后，应力下降的速率减慢，残余应力趋于稳定。表面纵向裂缝把混凝土棱柱体分成若干个小柱，外载力由裂缝处的摩擦咬合力及小柱体的残余强度承受。

对于没有侧向约束的混凝土，收敛段没有实际意义，所以通常只注意混凝土轴心受压应力-应变曲线的上升段 OC 和下降段 CD，而最大应力值 f_c、相应的应变值 ε_{c0} 以及 D 点的应变值（称极限压应变值 ε_{cu}）成为曲线的3个特征值。对于均匀受压的棱柱体试件，其压应力达到 f_c，混凝土就不能承受更大的压力，这是结构构件计算时混凝土强度的主要指标。与 f_c 相对应的应变 ε_{c0} 随混凝土强度等级而异，在 $(1.5\sim2.5)\times10^{-3}$ 间变动，通常取其平均值为 $\varepsilon_{c0}=2.0\times10^{-3}$。

在应力-应变曲线中相应 D 点的混凝土极限压应变 ε_{cu} 为 $(3.0 \sim 5.0) \times 10^{-3}$。

从应力-应变曲线可以看出,混凝土是一种弹塑性材料。当压应力很小时,可将其视为弹性材料。曲线既有上升段也有下降段,说明混凝土在破坏过程中承载力先增加后减少,当混凝土压应力达到最大时并不意味着立即被破坏。因此,混凝土最大压应变对应的应力不是最大压应力,最大压应力对应的应变也不是最大压应变。对于不同强度等级的混凝土,混凝土应力-应变曲线相似却不相同。如图 2.19 所示,随着混凝土强度的提高,曲线上升段和峰值的变化不如下降段显著。强度越高,下降段越陡,应变变化越显著,表明材料的延性越差。

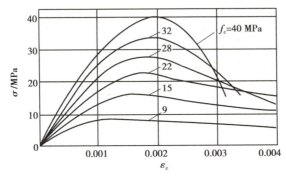

图 2.19　不同强度等级混凝土的应力-应变曲线

②混凝土的弹性模量、变形模量。在实际工程中,为了计算结构的变形,必须要求一个材料常数——弹性模量。而混凝土的应力-应变的比值并非一个常数,是随着混凝土的应力变化而变化的,所以混凝土弹性模量的取值比钢材复杂得多。

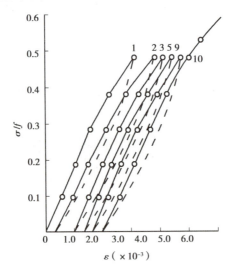

图 2.20　测定混凝土弹性模量的方法

目前,《公路桥规》中给出的弹性模量 E_c 值是用下述方法测定的:试验采用棱柱体试件,取应力上限为 $\sigma = 0.5f_c$,然后卸荷至零,再重复加载卸荷 $5 \sim 10$ 次。由于混凝土的非弹性性质,每次卸荷至零时,变形不能完全恢复,存在残余变形。随着荷载重复次数的增加,残余变形逐渐减小,重复 $5 \sim 10$ 次后,变形已基本趋于稳定,应力-应变曲线接近于直线(图 2.20),该直线的斜率即作为混凝土弹性模量的取值。因此,混凝土弹性模量是根据混凝土棱柱体标准试件,用标准的试验方法所得的规定压应力值与其对应的压应变值的比值。

根据不同等级混凝土弹性模量试验值的统计分析,给出 E_c 的经验公式为:

$$E_c = \frac{10^5}{2.2 + \frac{34.74}{f_{cu,k}}}$$ (2.1)

式中　$f_{cu,k}$——混凝土立方体抗压强度标准值,MPa。

《公路桥规》给出 E_c 的取值见表2.9。

表 2.9　混凝土弹性模量 E_c

单位:×10⁴ MPa

混凝土强度等级	C25	C30	C35	C40	C45	C50	C55	C60	C65	C70	C75	C80
E_c	2.80	3.00	3.15	3.25	3.35	3.45	3.55	3.60	3.65	3.70	3.75	3.80

根据试验资料,混凝土的受拉弹性模量与受压弹性模量之比为0.82~1.12,平均为0.995,故可认为混凝土的受拉弹性模量与受压弹性模量相等。

混凝土的剪切弹性模量 G_c,一般可根据试验测得的混凝土弹性模量 E_c 和泊松比按式(2.2)确定:

$$G_c = \frac{E_c}{2(1+\mu_c)}$$ (2.2)

式中　μ_c——混凝土的横向变形系数(泊松比)。取 $\mu_c = 0.2$ 时,代入式(2.2)得到 $G_c \approx 0.4 E_c$。

(2)混凝土在长期荷载作用下的变形——徐变

在荷载的长期作用下,混凝土的变形将随时间而增加,即在应力不变的情况下,混凝土的应变随时间继续增长,这种现象被称为混凝土的徐变。混凝土徐变是混凝土结构在持久作用下随时间推移而增加的应变。混凝土徐变测试如图2.21、图2.22所示。

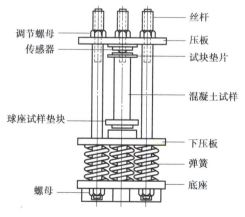

图 2.21　弹簧式混凝土徐变仪结构图

图 2.22　混凝土的徐变测试

混凝土的徐变会对结构或构件的受力性能产生显著影响。如局部应力集中可因徐变得到缓和,支座沉陷引起的应力及温度湿度力,也可由于徐变得到松弛,这对水工混凝土结构是有利的。

徐变会导致结构变形增大对结构不利的方面也不可忽视。例如,徐变可使受弯构件的挠度增大2~3倍,使长柱的附加偏心距增大,从而导致预应力构件的预应力损失。

图2.23所示为100 mm×100 mm×400 mm棱柱体试件在相对湿度为65%、温度为20 ℃、承

受 $\sigma = 0.5f_c$ 压应力并保持不变的情况下变形与时间的关系曲线。

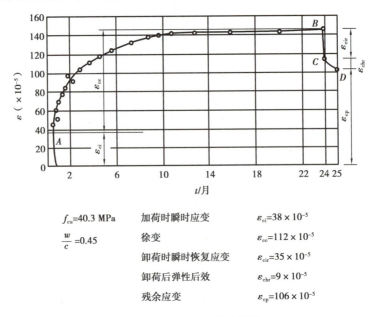

$f_{cu}=40.3$ MPa	加荷时瞬时应变	$\varepsilon_{ci}=38 \times 10^{-5}$
$\dfrac{w}{c}=0.45$	徐变	$\varepsilon_{cc}=112 \times 10^{-5}$
	卸荷时瞬时恢复应变	$\varepsilon_{cir}=35 \times 10^{-5}$
	卸荷后弹性后效	$\varepsilon_{chr}=9 \times 10^{-5}$
	残余应变	$\varepsilon_{cp}=106 \times 10^{-5}$

图 2.23　混凝土的徐变曲线

从图 2.23 可知,24 个月的徐变变形 ε_{cc} 为加荷时立即产生的瞬时弹性变形 ε_{ci} 的 2~4 倍;前期徐变变形增长很快,6 个月可达到最终徐变变形的 70%~80%,以后徐变变形增长逐渐缓慢;第一年内可完成 90% 左右,其余部分在以后几年内逐渐完成,经过 2~5 年可认为徐变基本结束。从图中可以看出,在 B 点卸荷后,应变会恢复一部分,其中立即恢复的一部分应变称为混凝土瞬时恢复弹性应变 ε_{cir};再经过一段时间(约 20 d)后才逐渐恢复的那部分应变称为弹性后效 ε_{chr};最后剩下的不可恢复的应变称为残余应变 ε_{cp}。

混凝土徐变的主要原因是混凝土在长期荷载作用下,混凝土凝胶体中的水分逐渐被压出,水泥石逐渐黏性流动,微细空隙逐渐闭合,结晶体内部逐渐滑动,微细裂缝逐渐发生等。

在进行混凝土徐变试验时,需注意观测到的混凝土变形中还含有混凝土的收缩变形,故需用同批浇筑同样尺寸的试件在同样环境下进行收缩试验。这样,从量测的徐变试验试件总变形中扣除对比的收缩试验试件的变形,便可得到混凝土的徐变变形。

影响混凝土徐变的因素很多,其主要因素有:

①混凝土在长期荷载作用下产生的应力大小。由图 2.24 可知,当压应力 $\sigma \leqslant 0.5f_c$ 时,徐变大致与应力成正比,各条徐变曲线的间距差不多相等,被称为线性徐变。线性徐变在加荷初期增长很快,一般在 2 年左右徐变趋于稳定,3 年左右徐变基本终止。

当压应力 σ 为 $(0.5~0.8)f_c$ 时,徐变的增长较应力的增长快,这种情况称为非线性徐变。当压应力 $\sigma > 0.8f_c$ 时,混凝土的非线性徐变往往不收敛。

②加荷时混凝土的龄期。加荷时混凝土龄期越短,则徐变越大(图 2.25)。

③混凝土的组成成分和配合比。混凝土中骨料本身没有徐变,它的存在约束了水泥胶体的流动,约束作用的大小取决于骨料的刚度(弹性模量)和骨料所占的体积比。当骨料的弹性模量小于 7×10^4 N/mm² 时,随着骨料弹性模量的降低,徐变显著增大。骨料的体积比越大,徐变越小。试验表明,当骨料含量由 60% 增大至 75% 时,徐变可减少 50%。混凝土的水灰比越小,徐变也越小。在常用的水灰比范围(0.4~0.6)内,单位应力的徐变与水灰比呈近似直线关系。

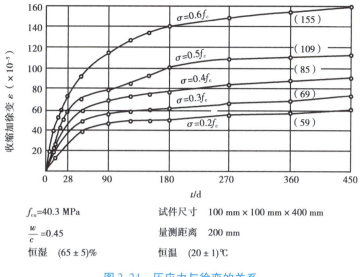

$f_{cu}=40.3$ MPa　　　　　试件尺寸　100 mm×100 mm×400 mm

$\dfrac{w}{c}=0.45$　　　　　　量测距离　200 mm

恒湿　(65±5)%　　　　　恒温　(20±1)℃

图 2.24　压应力与徐变的关系

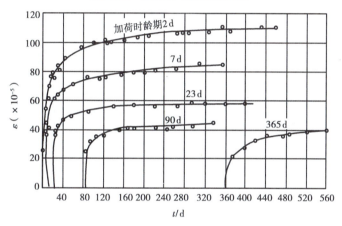

图 2.25　加荷时混凝土龄期对徐变大小的影响

④养护及使用条件下的温度与湿度。混凝土养护时温度越高,湿度越大,水泥水化作用就越充分,徐变就越小。混凝土的使用环境温度越高,徐变越大;环境的相对湿度越低,徐变也越大,因此高温干燥环境将使徐变显著增大。

当环境介质的温度和湿度保持不变时,混凝土内水分的逸失取决于构件的尺寸和体表比(构件体积与表面积之比)。构件的尺寸越大,体表比越大,徐变就越小(图 2.26)。

应当注意的是,混凝土的徐变与塑性变形不同。塑性变形主要是由混凝土中骨料与水泥石结合面之间裂缝的扩展延伸引起的,通常只有当应力超过一定值(如 $0.3f_c$ 左右)时才会发生,而且是不可恢复的。混凝土徐变变形不仅可部分恢复,而且在较小的应力作用时就能发生。

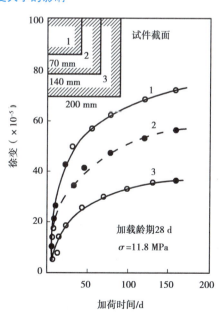

图 2.26　构件尺寸对徐变的影响

（3）混凝土在重复荷载作用下的变形性能

对棱柱体试件加载,当压力达到某一数值（一般不超过 $0.5f_c$）,卸载至 0,如此重复循环加载卸载,称为多次重复加载。混凝土在经过一次加载、卸载后部分塑性变形是不可恢复的。多次循环加载、卸载,塑性变形将逐渐积累,但随着循环次数的增加,每次加载循环时的塑性变形将逐渐减少。如图 2.27（a）所示,单次加载卸载后可以恢复的应变 BB' 称为混凝土的弹性后效,OB' 称为试件残余应变。图 2.27（b）表示混凝土棱柱体在多次重复荷载下的应力-应变曲线。当最大应力 σ_1 或 σ_2 不超过 $0.5f_{cd}$ 时,随着加载次数的增加,加载曲线的曲率也逐渐减小。经 4~10 次循环后,塑性变形基本完成,且只有弹性变形,混凝土的应力-应变曲线逐渐趋近于直线,并大致平行于一次加载曲线通过原点的切线。当最大应力 σ_3 超过 $0.5f_{cd}$ 时,开始也是经过若干次循环后,应力-应变曲线趋于直线。但若继续循环下去,将重复出现塑性变形,曲线向相反方向弯曲直至循环到一定次数,塑性变形不断扩展导致构件破坏,这种破坏称为"疲劳破坏"。混凝土材料达到疲劳破坏时所能承受的最大应力值称为疲劳强度。疲劳破坏是混凝土内部应力集中,微裂缝发展,塑性变形积累造成的。通常取加载应力 $0.5f_c$ 并能使构建循环次数不低于 $2×10^6$ 次时发生破坏的压应力作为混凝土疲劳抗压强度的计算指标,以 f_p 表示疲劳强度,约为棱柱体强度的 50%,即 $f_p \approx 0.5f_{cd}$。

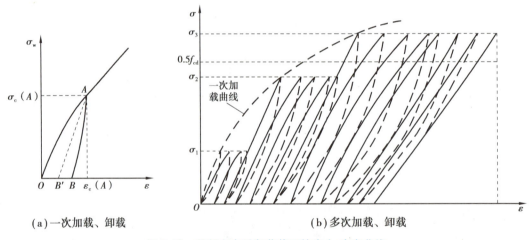

（a）一次加载、卸载　　　　　　　　（b）多次加载、卸载

图 2.27　混凝土在重复荷载下的应力-应变曲线

2. 混凝土的体积变形

混凝土的体积变形包括收缩和膨胀。混凝土在水中结硬时体积膨胀,一般来说,膨胀是有利的,且膨胀值比收缩值小得多,因此在计算中不予考虑。

（1）混凝土收缩变形

混凝土凝结硬化时,在空气中体积收缩,在水中体积膨胀。通常,收缩值比膨胀值大很多。混凝土在不受力情况下的自由变形,在受到外部或内部（钢筋）约束时,将产生混凝土拉应力,甚至使混凝土开裂。

混凝土收缩值的试验结果相当分散。图 2.28 所示为混凝土自由收缩的试验结果。可以看出,混凝土的收缩值随着时间而增长,蒸汽养护混凝土的收缩值要小于常温养护下的收缩值。这是因为混凝土在蒸汽养护过程中,高温、高湿的条件加速了水泥的水化和凝结硬化,一部分游离水由于水泥水化作用被快速吸收,使脱离试件表面蒸发的游离水减小,因此其收缩变形减小。

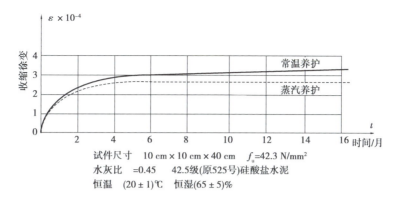

图 2.28 混凝土的收缩

养护不好以及混凝土构件的四周受约束从而阻止混凝土收缩时,会使混凝土构件表面或水泥地面出现收缩裂缝。混凝土收缩是一种随着时间推移而增长的变形。结硬初期收缩变形发展很快,两周可完成全部收缩的 25% ,一个月可完成约 50% ,3 个月后增长缓慢。一般两年后趋于稳定,最终收缩值为 $(2 \sim 6) \times 10^{-4}$ 。

影响混凝土收缩的因素有:

①水泥的品种:水泥强度等级越高,制成的混凝土收缩越大。

②水泥的用量:水泥越多,收缩越大;水灰比越大,收缩也越大。

③骨料的性质:骨料的弹性模量大,收缩小。

④养护条件:在结硬过程中周围温、湿度越大,收缩越小。

⑤混凝土制作方法:混凝土越密实,收缩越小。

⑥使用环境:使用环境温度、湿度大时,收缩小。

⑦构件的体积与表面积的比值:比值大时,收缩小。

引起混凝土收缩的原因,初期主要是水泥石在水化凝固结硬过程中产生的体积变化,即凝缩;后期主要是混凝土内自由水分蒸发而引起的干缩,如图 2.29 所示。

图 2.29 混凝土收缩

收缩会对钢筋混凝土构件产生不利影响。对于一般构件来说,当混凝土不能自由收缩时,会在混凝土内部产生拉应力,甚至产生收缩裂缝。特别是长度大但截面尺寸小的构件或薄壁结构,如果制作养护不当,严重者在交付使用前就因收缩裂缝而破坏。因此,应采取措施减少混凝土的收缩,具体办法如下:

①加强养护。在养护期内尽量保持混凝土处于潮湿状态。

②减小水灰比。水灰比越大,混凝土的收缩量越大。

③减少水泥用量。水泥含量减少,骨料含量相对增加,骨料的体积稳定性比水泥浆要好,从而减少了混凝土的收缩。

④加强施工振捣,以提高混凝土的密实性。混凝土内部孔隙越少,收缩就越小。

(2)混凝土膨胀变形

混凝土膨胀是由多种原因引起的。一般来说,主要存在以下3种原因:

①水泥水化反应引起的膨胀。混凝土硬化后,水泥会与水反应,形成水化产物。这种水化过程是伴随着热释放的,且水化反应需要较长时间才能完成。因此,如果混凝土内部没有足够的空间,水泥水化反应产生的体积变化就会导致混凝土膨胀。

②气体吸附与排放引起的膨胀。混凝土浇筑完成后,内部可能存在一些沉积物和杂质。这些杂质中可能含有大量的气体,当混凝土中的气体无法排放或扩散时就会导致混凝土膨胀。

③混凝土材料选择不当引起的膨胀。混凝土中的材料种类和配比可能会对其结构和性能产生影响,而不同的材料之间的相互作用也可能导致膨胀。例如,使用含铁量高的河砂或质量较差的骨料等原材料会导致混凝土体积变化,并引起混凝土膨胀。

应对混凝土膨胀的方法如下:

①材料选择。在混凝土施工前,应选择优质的原材料。选择合适的水泥、砂、骨料等,确保不同原材料配比的合理性,降低混凝土膨胀的发生率。

②施工方案。在进行混凝土施工前,应制订相应的施工方案。对于容易发生膨胀的混凝土结构,应根据实际情况选择不同的施工方案。例如,可以采用分层施工或综合利用地基应力等方法来降低混凝土膨胀的风险。

③后期养护。混凝土硬化后,应及时进行养护工作。加强混凝土润湿和防止干燥,可有效地避免混凝土产生干缩裂缝,降低混凝土膨胀的风险。

④施工质量控制。混凝土施工过程中,应加强对施工质量的控制。通过控制混凝土浇筑质量、养护质量、施工环境等方面,降低混凝土膨胀的发生率。

总之,混凝土膨胀是一种普遍存在的问题,但只要采取相应的应对方法,就可以有效降低膨胀风险,提高混凝土结构的使用寿命和安全性。

三、混凝土的疲劳

混凝土的疲劳是在荷载重复作用下产生的。疲劳现象大量存在于工程结构中,钢筋混凝土吊车梁、钢筋混凝土桥以及港口海岸的混凝土结构等都要受到吊车荷载、车辆荷载以及波浪冲击等几百万次的作用。混凝土在重复荷载作用下的破坏称为疲劳破坏。

图2.30是混凝土棱柱体在多次重复荷载作用下的受压应力-应变曲线。从图2.30中可以看出,当一次加载压应力 q_1 小于混凝土疲劳抗压强度 f 时,其加载、卸载应力-应变曲线 OAB 形成了一个环状。在多次加载、卸载的作用下,应力-应变环会越来越密合,经过多次重复,这个曲线就会密合成一条直线。如果再选择一个较高的加载压应力 σ_2,但 σ_2 仍小于混凝土疲劳强度 f 时,其加载、卸载的规律同前,多次重复后密合成直线。如果选择一个高于混凝土疲劳强度 f 的加载压应力 σ_3,开始,混凝土应力-应变曲线凸向应力轴,在重复荷载过程中逐渐变成直线,再经过多次重复加载、卸载后,其应力-应变曲线由凸向应力轴而逐渐凸向应变轴,以致加载、卸

载不能形成封闭环,这标志着混凝土内部微裂缝的发展加剧,趋近破坏。随着重复荷载次数的增加,应力-应变曲线倾角不断减小,直至荷载重复到某一定次数时,混凝土试件会因严重开裂或变形过大而导致破坏。

混凝土的疲劳强度可通过疲劳试验测定。疲劳试验采用 100 mm×100 mm×300 mm 或 150 mm×150 mm×450 mm 的棱柱体,把能使棱柱体试件承受 200 万次或其以上循环荷载而发生破坏的压应力值称为混凝土的疲劳抗压强度。

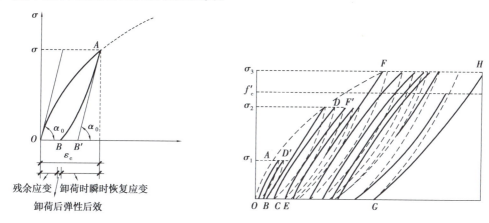

图 2.30　混凝土在重复荷载作用下的受压应力-应变曲线

混凝土的疲劳强度与重复作用时应力变化的幅度有关。在相同的重复次数下,疲劳强度随着疲劳应力比值的减小而增大。疲劳应力比值按式(2.3)计算:

$$\rho_c^f = \frac{\rho_{c,\min}^f}{\rho_{c,\max}^f} \tag{2.3}$$

式中　$\rho_{c,\min}^f$, $\rho_{c,\max}^f$——截面在同一纤维上的混凝土最小应力及最大应力。

◆ **拓展提高**

混凝土强度等级符号归纳汇总。

同步测试

任务三　钢筋与混凝土共同工作的机理分析

◆ **学习准备**

①总结任务二的拓展提高成果;
②根据课前发布的学习任务,明晰本任务的学习重难点。

◆ **引导问题**

①钢筋混凝土概念回顾;
②课前讨论:钢筋和混凝土两种材料的特点总结,特性如此不同如何工作?

◆ 知识储备

一、钢筋混凝土结构的定义及特点

钢筋混凝土结构是由配置受力的普通钢筋或钢筋骨架的混凝土制成的结构。

混凝土的抗压强度高,常用于受压构件。若在构件中配置钢筋则构成钢筋混凝土受压构件。试验结果表明,和素混凝土受压构件截面尺寸及长细比相同的钢筋混凝土受压构件,不仅承载能力大为提高,而且受力性能得到改善(图2.31)。在这种情况下,钢筋的作用主要是协助混凝土共同承受拉力。

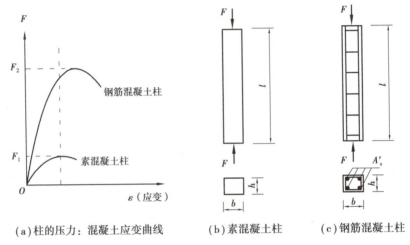

(a)柱的压力:混凝土应变曲线　　(b)素混凝土柱　　(c)钢筋混凝土柱

图2.31　素混凝土和钢筋混凝土轴心受压构件的受力性能比较

综上所述,根据构件受力状况配置钢筋构成钢筋混凝土构件,可以充分利用钢筋和混凝土各自的材料特点,把它们有机地结合在一起共同工作,从而提高构件的承载能力、改善构件的受力性能。钢筋的作用是代替混凝土受拉(受拉区混凝土出现裂缝后)或协助混凝土受压。

钢筋混凝土结构能在土木工程结构中得到广泛应用,主要是因为它具有以下优点:

①强度高。和传统的木结构、砌体结构相比,在一定强度下可代替钢结构,节约钢材、降低造价。

②耐久性好。由于其结构密实,且有一定厚度的混凝土保护层,钢筋不易生锈,维护费用较少,耐久性也好。

③耐火性好。由于有混凝土层的包裹,发生火灾时钢筋不会很快软化破坏,因此相比木结构和钢结构,耐火性较好。

④便于就地取材。混凝土结构用到的钢筋和水泥两大工程材料占比低,所用砂、石材料虽然占比大但属于地方材料,可就地取材,且矿渣、粉煤灰等工业废料也能被充分利用。

⑤整体性好。整体式现浇和整装时,混凝土结构具有很好的整体性,抗震、抗爆能力强(图2.32)。

⑥可模性好。可根据需要浇筑成不同形状和尺寸的结构。

但是钢筋混凝土结构也存在一些缺点:

①钢筋混凝土构件的截面尺寸一般比相应的钢结构大,自重较大,这对大跨度结构不利。

②抗裂性能较差,在正常使用时往往带裂缝工作。

图 2.32　大体积混凝土底板浇筑

③施工受气候条件的影响较大。

④修补或拆除较困难等。

　　钢筋混凝土结构虽有缺点,但毕竟有其独特的优点,所以其应用极为广泛,无论是桥梁工程、隧道工程、房屋建筑、铁路工程,还是水工结构工程、海洋结构工程等都已广泛采用。随着钢筋混凝土结构的不断发展,上述缺点已经或正在逐步得到改善。

　　针对上述缺点,可采用轻质混凝土减轻结构自重;采用预应力混凝土提高结构的抗裂性能,延缓其开裂和破坏的时间。对于已经发生破坏的混凝土结构或构件可采用植筋或粘钢等技术进行修复。"植筋"技术又称为钢筋生根技术,在原有混凝土结构上钻孔,注结构胶,把新的钢筋旋转插入孔洞中(图 2.33)。此技术广泛用于设计变更,增加梁、柱、悬挑梁、板等加固和变更工程。粘钢加固也称为粘贴钢板加固(图 2.34),是指将钢板采用高性能的环氧类黏结剂黏结在混凝土构件的表面,使钢板与混凝土形成统一的整体,从而增强构件的承载能力和刚度。

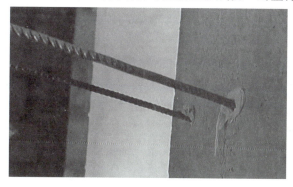

粘钢加固施工操作流程

图 2.33　植筋加固　　　　图 2.34　粘贴钢板加固

二、钢筋和混凝土共同工作的机理

　　钢筋和混凝土这两种力学性能不同的材料之所以能有效地结合在一起而共同工作,主要有以下原因:

　　①混凝土和钢筋之间有着良好的黏结力,两者能可靠地结合成一个整体,在荷载作用下能够很好地共同变形,完成其结构功能。

　　②钢筋和混凝土的温度线膨胀系数也较为接近,钢筋为 $1.2 \times 10^{-5}/℃$,混凝土为 $(1.0 \sim$

$1.5)\times10^{-5}/℃$。因此,当温度变化时,不会产生较大的温度应力,从而破坏两者之间的黏结。

③包裹在钢筋上的混凝土,起着保护钢筋免遭锈蚀的作用,保证钢筋与混凝土共同作用。

(1)钢筋与混凝土之间的黏结

钢筋与混凝土的黏结是指钢筋与周围混凝土之间的相互作用,主要包括沿钢筋长度的黏结和钢筋端部的锚固两种情况。混凝土与钢筋的黏结是钢筋和混凝土形成整体、共同工作的基础。

黏结作用可以用图2.35所示的钢筋与其周围混凝土之间产生的黏结应力来说明。根据受力性质的不同,钢筋与混凝土之间的黏结应力可分为裂缝间的局部黏结应力和钢筋端部的锚固黏结应力两种。裂缝间的局部黏结应力是在相邻两个开裂截面之间产生的,它使得相邻两条裂缝之间的混凝土参与受拉,造成裂缝间的钢筋应变不均匀(详见项目八)。局部黏结应力的丧失会导致构件的刚度降低和裂缝的出现。钢筋伸进支座或在连续梁中承担负弯矩的上部钢筋在跨中截断时,需要伸出一段长度,即锚固长度。要使钢筋承受所需的拉力,就要求受拉钢筋有足够的锚固长度以积累足够的黏结力,否则,将发生锚固破坏。同时,常用钢筋端部加弯钩、弯折,或在锚固区贴焊短钢筋、贴焊角钢等来提高锚固能力。受拉的光圆钢筋末端均需设置弯钩。

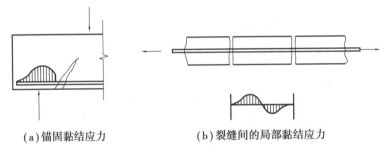

(a)锚固黏结应力　　　　　　　(b)裂缝间的局部黏结应力

图2.35　钢筋和混凝土之间的黏结应力示意图

钢筋与混凝土属于性质不同的两种材料,两者共同工作的前提是两者之间具有足够的黏结应力。所谓黏结应力,是指分布在钢筋与混凝土接触面上的剪应力。它起到传递应力、阻止钢筋与混凝土两者之间产生相对滑移的作用,从而有效地保证钢筋与混凝土能够共同工作。

钢筋与混凝土之间的黏结力,主要由以下3个方面组成:

①钢筋与混凝土接触面上的胶结力。这种胶结力来自水泥浆体对钢筋表面氧化层的渗透以及水化过程中水泥晶体的生长和硬化。这种胶结力一般很小,仅在受力阶段的局部无滑移区域起作用,当接触面发生相对滑移时消失。

②混凝土收缩因握裹钢筋而产生摩阻力。混凝土凝固时收缩,对钢筋产生垂直于摩擦面的压应力。这种压应力越大,接触面的粗糙程度越大,摩阻力就越大。

③钢筋表面凹凸不平与混凝土之间产生的机械咬合力。对于光圆钢筋来说,这种咬合力来自表面的粗糙不平。

对于变形钢筋,咬合力是由于变形钢筋肋间嵌入混凝土而产生的。虽然也存在胶结力和摩擦力,但变形钢筋的黏结力主要来自钢筋表面凸出的肋与混凝土的机械咬合作用。变形钢筋的横肋对混凝土的挤压如同一个楔子,会产生很大的机械咬合力。变形钢筋与混凝土之间的这种机械咬合作用,改变了钢筋与混凝土间相互作用的方式,显著提高了黏结强度。图2.36给出了变形钢筋对周围混凝土的斜向挤压力,导致周围混凝土产生内裂缝的示意图。

可见,光圆钢筋的黏结机理与变形钢筋的主要差别是,光圆钢筋的黏结力主要来自胶结力和摩阻力,而变形钢筋的黏结力主要来自机械咬合作用。这种差别可用类似于钉入木料中的普

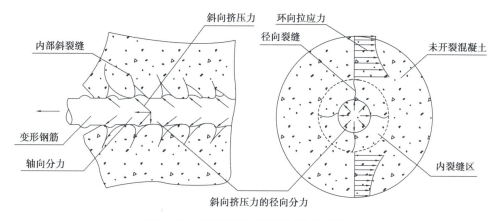

图 2.36　变形钢筋周围混凝土的内裂缝

通钉与螺丝钉的差别来理解。

（2）黏结破坏的过程

当荷载较小时，钢筋与混凝土接触面上由于荷载产生的剪应力完全由化学胶结力承担，随着荷载的增加，胶结力被破坏，钢筋与混凝土之间产生相对滑移，此时剪应力转由摩阻力承担。

对于光面钢筋和变形钢筋，整个黏结破坏的过程有所不同。

对于光面钢筋，外力较小时，黏结力以化学胶结力为主，两者接触面之间无相对滑移。随着外力的加大，胶结力被破坏，钢筋与混凝土之间产生相对滑移，此时，黏结力主要是钢筋与混凝土之间的摩阻力。如果继续加载，钢筋表面的混凝土将被剪碎，最后可能会把钢筋拔出而破坏。试验表明，光面钢筋黏结力的大小主要取决于混凝土的强度与钢筋的表面形状。

对于变形钢筋，黏结力主要是摩阻力和机械咬合力。钢筋表面突出的肋与混凝土之间形成楔状结构。其径向分力使混凝土环向受拉，水平分力和摩阻力共同构成了黏结力；随着抗拔力的增加，机械咬合力的径向分力增加，混凝土的环向分力增加产生径向或斜向锥形裂缝；继续加载，混凝土开始出现纵向劈裂裂缝，出现明显的相对滑移，最后钢筋被拔出而破坏。试验表明，影响变形钢筋黏结力的主要因素如下：

①混凝土的强度等级。混凝土的强度等级越高，钢筋与混凝土之间的黏结力就越强。

②混凝土的保护层厚度。混凝土的保护层越厚，黏结力就越大。

③钢筋的外形特征。钢筋表面越粗糙，黏结力就越大。

④其他因素。如配箍率、混凝土浇筑状况、锚固受力情况等。

（3）确保黏结强度的措施

为保证钢筋与混凝土能够共同有效地工作，两者之间应具有足够的黏结力。由于黏结破坏机理复杂，影响黏结力的因素众多，目前尚无比较完整的黏结力计算理论。《混凝土结构设计标准》（GB/T 50100—2010）采用不计算而用合理选材和构造措施来保证钢筋与混凝土之间的黏结力。具体来说，有以下 7 个方面：

①选用适宜的混凝土强度等级。混凝土强度等级越高，黏结作用就越强。

②采用带肋钢筋。带肋钢筋表面凹凸不平，会提供较大的机械咬合作用，黏结力大大增加，抗滑性也更好。

③光圆受拉钢筋的端部应做成弯钩。端部应做成半圆弯钩，能有效增强钢筋在混凝土内部的抗滑移能力及钢筋端部的锚固作用。

④保证最小搭接长度。钢筋之间采用绑扎接头的方法连接,则钢筋的内力是依靠钢筋和混凝土之间的黏结力来传递的。因此,必须保证它们之间具有足够的搭接长度(图2.37)。

图 2.37 钢筋的搭接

⑤保证最小的锚固长度。为了避免钢筋在混凝土中滑移,埋入混凝土内的钢筋必须具有足够的锚固深度,使钢筋牢固地锚固在混凝土中(图2.38)。

非框架梁上部钢筋弯钩外包长度15d

非框架梁下部钢筋锚固长度12d

图 2.38 钢筋的锚固(d 为钢筋直径)

⑥钢筋周围的混凝土应有足够的厚度。保护层厚度过小或钢筋净间距过小,混凝土沿钢筋纵向易产生劈裂裂缝,从而降低黏结强度。

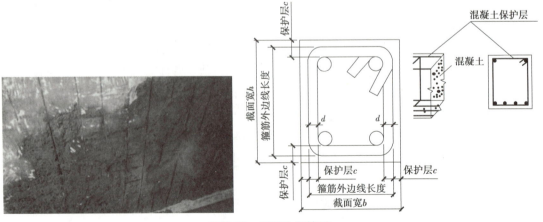

图 2.39 混凝土保护层

⑦设置一定数量的横向钢筋。横向钢筋[如箍筋(图2.40)]可以延缓劈裂裂缝的发展、限制裂缝的开展,从而提高黏结应力。因此,在较大直径钢筋搭接或锚固范围内或单排并列钢筋数量较多时,均应设置一定数量的附加箍筋,以防止混凝土保护层的劈裂剥落。

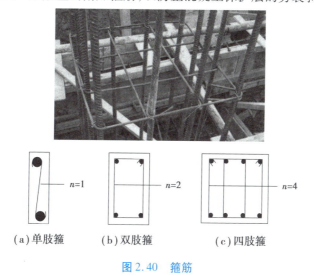

(a)单肢箍   (b)双肢箍   (c)四肢箍

图2.40 箍筋

◆拓展提高

绘制知识图谱,总结本项目的学习要点。

同步测试

项目小结

本项目介绍了钢筋混凝土的基本概念、混凝土和钢筋两种材料的物理力学性能及指标,简要讲解了钢筋与混凝土共同工作的机理。

1. 混凝土的强度指标有立方体抗压强度、棱柱体抗压强度和轴心抗拉强度3种。

2. 混凝土的变形:受力变形与体积变形。受力变形包括一次短期荷载下的变形、多次重复荷载下的变形——疲劳破坏、长期荷载下的变形——徐变;体积变形包括收缩与膨胀,收缩不利,膨胀有利。

3. 钢筋受力的应力-应变曲线图显示,钢筋的力学性能指标有屈服强度、延伸率和冷弯性能3种。

4. 钢筋与混凝土之间的黏结力组成:化学胶结力、摩阻力、机械咬合力。

◆思考练习题

2.1 配置在混凝土截面受拉区的钢筋的作用是什么?

2.2 试解释以下名词:混凝土立方体抗压强度、混凝土轴心抗压强度、混凝土轴心抗拉强度、混凝土劈裂抗拉强度。

2.3 混凝土轴心受压的应力-应变曲线有何特点?影响混凝土轴心受压应力-应变曲线的因素有哪些?

2.4 什么是混凝土的徐变?影响徐变的主要原因有哪些?

2.5　混凝土的徐变和收缩变形都是随时间而增长的变形,两者有何不同之处?

2.6　什么是钢筋和混凝土之间的黏结应力和黏结强度?为保证钢筋和混凝土之间有足够的黏结力,应采取哪些措施?

2.7　以简支梁为例,说明素混凝土与钢筋混凝土受力性能的差异。

2.8　钢筋和混凝土共同工作的基础条件是什么?

2.9　混凝土结构有哪些优缺点?

2.10　软钢和硬钢的区别是什么?二者的应力-应变曲线有什么不同?设计时,分别采用什么值作为依据?

2.11　我国用于钢筋混凝土结构的钢筋有几种?我国热轧钢筋的强度分为几个等级?

2.12　钢筋冷加工的目的是什么?冷加工的方法有哪几种?并简述冷拉方法。

2.13　钢筋混凝土结构对钢筋的性能有哪些要求?

2.14　混凝土的强度等级是如何确定的?

项目三　结构设计原则认知

◆项目导入

2024 年 5 月 1 日凌晨,广东梅大高速大埔往福建方向发生了一起严重的路面塌陷事故,造成 1 人死亡,30 人受伤,18 辆车被困。这场突如其来的灾难,导致的伤亡让人惋惜,给受害者及其家庭带来了巨大的悲痛。这也引发了公众对高速公路安全问题的关注。

是什么原因导致了高速公路坍塌呢?

1. 地质因素

广东地区多山,地质结构复杂,加之近期连续降雨,土壤饱和度增加,可能导致了地质结构的不稳定。此外,地下水位的变化也可能对路基的稳定性产生影响。如果高速公路的建设没有充分考虑这些地质条件,就可能存在安全隐患。

2. 施工质量问题

高速公路的施工质量会直接关系到其安全性。比如,施工过程中存在偷工减料、监管不力等问题,就可能导致路面结构强度不足,无法承受长时间的重载交通压力,最终导致塌陷。

3. 维护保养不足

即使在建设过程中质量过硬,如果后期维护保养不到位,也可能导致高速公路出现各种问题。例如,路面裂缝、坑洼等小问题如果得不到及时修复,就可能逐渐演变成大问题,最终导致坍塌。定期的检查和维护,是确保高速公路安全的重要环节,不能忽视。

4. 极端天气影响

广东地区雨量较大,极端天气事件频发。长时间的降雨可能会导致土壤侵蚀、路基软化,从而影响高速公路的稳定性。此外,洪水、泥石流等自然灾害也可能直接导致路面塌陷。因此,对于极端天气的应对措施也是保障高速公路安全的重要方面。

5. 技术与设计缺陷

随着科技的发展,高速公路的设计和施工技术也在不断进步。然而,如果设计存在缺陷,或者采用了不成熟的新技术,就可能导致高速公路在使用过程中出现问题。因此,对于新技术的采用需要谨慎,以确保其安全性和可靠性。

高速公路的设计荷载都是有限制的,如果长期存在超载车辆通行,就可能导致路面结构的疲劳损伤,进而引发塌陷。设计中是否存在遗漏的结构荷载? 是否有一定的结构设计富余度(结构安全系数)?

虽然建成的结构质量和地质状况无法改变,但可以转换一下思路,从结构安全监测方面着手,加大结构安全的监测力度,采用先进的自动化监测设备,实时掌握结构的安全状态,发现细微的结构变化时,应尽早采取补救加固措施。

◆学习目标

能力目标:会进行结构极限状态的判断;会进行结构极限状态的设计与计算。

知识目标:理解结构的功能要求;了解结构的耐久性和使用要求;明晰结构的极限状态分类。

素质目标:培养学生严谨细致的学习态度和一丝不苟的工作作风。培养学生认真制图、精益求精的大国工匠精神。

学习重点:结构极限状态的定义与分类;结构极限状态的判别和设计方法;结构极限状态的实用设计。

学习难点:结构极限状态的实用设计。

◆思维导图

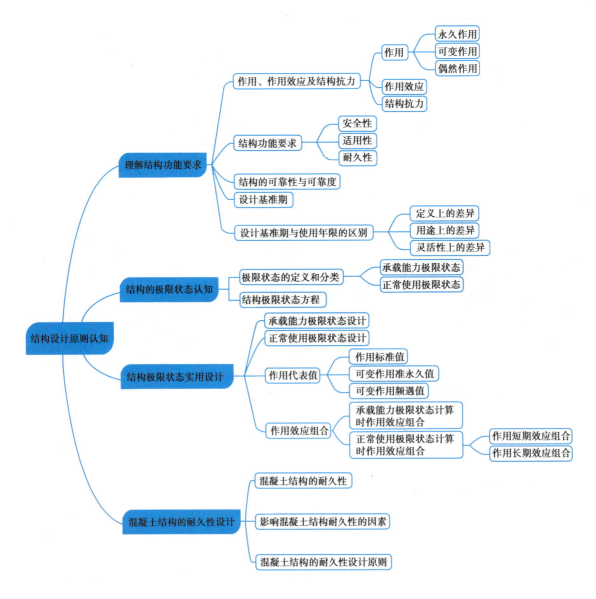

◆**项目实施**

钢筋混凝土结构构件的"设计"是指在预定的作用及材料性能条件下,确定钢筋混凝土结构构件按功能要求所需要的截面尺寸、配筋和构造要求的过程。

自19世纪末钢筋混凝土结构在土木建筑工程中出现以来,随着生产实践的经验积累和科学研究的不断深入,钢筋混凝土结构的设计理论在不断地发展和完善。

最早的钢筋混凝土结构设计理论,是以弹性理论为基础的容许应力计算法。这种方法要求在规定的标准荷载作用下,按弹性理论计算得到的构件截面任一点的应力应不大于规定的容许应力,而容许应力是由材料强度除以安全系数求得的,安全系数则依据工程经验和主观判断来确定。然而,由于钢筋混凝土并不是一种弹性匀质材料,而是表现出明显的塑性性能,因此,这种以弹性理论为基础的计算方法不可能如实地反映构件截面破坏时的应力状态并正确计算出结构构件的承载能力。

20世纪30年代,苏联首先提出了考虑钢筋混凝土塑性性能的破坏阶段计算方法。它以充分考虑材料塑性性能的结构构件承载能力为基础,使按材料标准极限强度计算的承载能力大于计算的最大荷载产生的内力。计算的最大荷载是由规定的标准荷载乘以单一的安全系数得出的。安全系数仍是依据工程经验和主观判断来确定。

随着对荷载和材料强度的变异性的进一步研究,苏联在20世纪50年代又率先提出了极限状态计算法。极限状态计算法是破坏阶段计算法的发展,它规定了结构的极限状态,并把单一安全系数改为3个分项系数,即荷载系数、材料系数和工作条件系数,从而把不同的外荷载、不同的材料以及不同构件的受力性质等,都用不同的安全系数区别开来,使不同的构件具有比较一致的安全度,而部分荷载系数和材料系数基本上是根据统计资料用概率方法确定的。因此,这种计算方法被称为半经验、半概率的"三系数"极限状态设计法。原《公路桥规》(1985)采用的就是这种设计方法。

任务一　理解结构功能要求

◆**学习准备**

收集极限状态设计方法课前资料。

◆**引导问题**

①结构功能要求有哪些?
②如何衡量结构功能的好坏?

◆**知识储备**

一、作用、作用效应及结构抗力

(一)作用

作用,一般指施加在结构上的集中力或者均布荷载,如汽车自重、结构自重等,或引起结构

结构功能要求

变形的原因,如地震、温度变化、基础不均匀沉降、混凝土收缩、焊接沉降等。前者为直接作用,也称为荷载;后者为间接作用,不宜称为荷载。

按随时间的变异性和出现的可能性,结构上的作用可分为3类:

①永久作用(恒载):在结构使用期间,其量值不随时间变化,或其变化值与平均值比较可忽略不计的作用。

②可变作用:在结构使用期间,其量值随时间变化,且其变化值与平均值相比较不可忽略的作用。

③偶然作用:在结构使用期间出现的概率很小,一旦出现,其值很大且持续时间很短的作用。

将各类作用列于表3.1。

表 3.1　作用分类

编　号	作用分类	作用名称
1	永久作用(恒载)	结构重力(包括结构附加重力)
2		预加力
3		土的重力
4		土侧压力
5		混凝土收缩及徐变作用
6		水的浮力
7		基础变位作用
8	可变作用	汽车荷载
9		汽车冲击力
10		汽车离心力
11		汽车引起的土侧压力
12		人群荷载
13		汽车制动力
14		风力
15		流水压力
16		冰压力
17		温度(均匀温度和梯度温度)作用
18		支座摩阻力
19	偶然作用	地震作用
20		船舶或漂流物的撞击作用
21		汽车撞击作用

(二)作用效应

作用效应是作用在结构上引起的反应,如弯矩、挠度、扭矩等。若作用为直接作用,则其效

应称为荷载效应。在线弹性结构中,荷载 Q 与荷载效应 S 近似为线性关系:

$$S = cQ \tag{3.1}$$

式中　c——荷载效应系数,如受均布荷载作用的简支梁,跨中弯矩值为 $M = 0.125ql_0^2$。此处,M 相当于荷载效应 S,q 相当于荷载 Q,$0.125l_0^2$ 相当于荷载效应系数 c。

(三)结构抗力

结构抗力 R 是指整个结构或结构构件承受作用效应(即内力和变形)的能力,如构件的承载能力、刚度等。混凝土结构构件的截面尺寸、混凝土强度等级以及钢筋的种类、配筋的数量及方式等确定后,构件截面便具有一定的抗力。抗力可按一定的计算模式确定。影响抗力的主要因素有材料性能(如强度、变形模量等)、几何参数(如构件尺寸)等和计算模式的精确性(如抗力计算所采用的基本假设和计算公式不够精确等)。这些因素都是随机变量,因此由这些因素综合而成的结构抗力 R 也是一个随机变量。

二、结构功能要求

结构设计的目的是在规定的时间内使所设计的结构满足安全可靠、经济合理、适用耐久的要求。

(1)安全性

在正常施工和使用条件下,结构应能承受可能出现的各种荷载作用和变形而不发生破坏;在偶然事件发生后,结构仍能保持必要的整体稳定性。

(2)适用性

结构在正常使用条件下应具有良好的工作性能,不会发生过大的变形或振动。

(3)耐久性

在正常维护的条件下,结构应能在预计的使用年限内满足各项功能要求。例如,房屋不会因为混凝土的老化、腐蚀或钢筋的锈蚀等而影响结构的使用寿命。

上述功能被概括为结构的可靠性。

三、结构的可靠性与可靠度

结构设计的目的,就是要使所设计的结构在规定的时间内具有足够可靠性的前提下,完成全部预定功能的要求。结构的功能是由其使用要求决定的,具体有以下4个方面:

①结构应能承受在正常施工和正常使用期间可能出现的各种荷载、外加变形、约束变形等作用。

②结构在正常使用条件下具有良好的工作性能,即不会发生影响正常使用的过大变形或局部损坏。

③结构在正常使用和正常维护的条件下,在规定的时间内,具有足够的耐久性。例如,不发生开展过大的裂缝宽度,不发生混凝土保护层因碳化导致钢筋的锈蚀。

④在偶然荷载(如地震、强风)作用下或偶然事件(如爆炸)发生时和发生后,结构仍能保持整体稳定性,不发生倒塌。

上述要求中,第①④两项通常是指结构的承载能力和稳定性,关系到人身安全,称为结构的安全性;第②项是指结构的适用性;第③项是指结构的耐久性。结构的安全性、适用性和耐久性三者总称为结构的可靠性。可靠性的数量描述一般用可靠度,安全性的数量描述则用安全度。由此可见,结构可靠度是结构可完成"预定功能"的概率度量。它建立在统计数学的基础上经计算分析确定,从而给结构的可靠性一个定量的描述。因此,可靠度比安全度的含义更广泛,更能反映结构的可靠程度。

根据当前国际上的一致看法,结构可靠度是指结构在规定的时间内,在规定的条件下,完成预定功能的概率。这里所说的"规定时间"是指对结构进行可靠度分析时,结合结构使用期,考虑各种基本变量与时间的关系所取用的基准时间参数;"规定的条件"是指结构正常设计、正常施工和正常使用的条件,即不考虑人为过失的影响;"预定功能"是指上面提到的 4 项基本功能。

结构不满足或满足其功能要求的事件是随机的。一般把出现前一事件的概率称为结构的"失效概率",记为 P_f;把出现后一事件的概率称为"可靠概率",记为 P_r。由概率论可知,这两者是互补的,即 $P_f + P_r = 1.0$。

四、设计基准期

可靠度概念中的"规定时间"即设计基准期,是在进行结构可靠性分析时,考虑持久设计状况下各项基本变量与时间关系所采用的基准时间参数。可参考结构使用寿命的要求适当选定,但不能将设计基准期简单地理解为结构的使用寿命,两者是有联系的,然而又不完全等同。结构的使用年限超过设计基准期,表明它的失效概率可能会增大,不能保证其达到目标可靠指标,但不等于结构丧失所要求的功能甚至报废。设计基准期通常用于确定可变荷载的统计参数以及与时间有关的材料性能取值。例如,在结构设计中,设计基准期通常定为 50 年;桥梁结构的设计基准期定义为 $T = 100$ 年,但到了 100 年时不一定该桥梁就不能使用了。

设计基准期是结构设计中的一个重要参数,不仅影响荷载的取值,还涉及材料性能的确定。正确选择设计基准期对于确保结构的安全性和经济性至关重要。设计基准期的确定需要基于大量实测数据的统计分析,并且需要考虑建筑物的使用要求和重要性。

一般来说,使用寿命长,设计基准期应长一些;使用寿命短,设计基准期应短一些。通常设计基准期应该小于寿命期。影响结构可靠度的设计基本变量,如车辆作用、人群作用、风作用、温度作用等,都是随时间变化的。设计变量取值大小与时间长短有关,从而直接影响结构可靠度。因此,必须参照结构的预期寿命、维护能力和措施等因素规定结构的设计基准期。目前,国际上对设计基准期的取值尚不统一,但大多取 50 ~ 120 年。根据我国公路桥梁的使用现状和以往的设计经验,我国公路桥梁结构的设计基准期统一取为 100 年,属于适中时域。

五、设计基准期与使用年限的区别

设计使用年限也称为设计工作年限,是指设计规定的结构或结构构件在正常设计、施工、使用和维护条件下,不需进行大修即可按其预定目的使用的时间。设计使用年限反映了建筑结构在预期使用期内保持安全、适用和耐久性的能力。

设计基准期与使用年限的区别:

(一)定义上的差异

设计基准期:主要关注于确定荷载和材料性能的时间参数,是一个固定的时间框架。

设计使用年限:关注的是结构或构件在正常维护条件下能够持续使用的期限,是一个与结构性能相关的指标。

(二)用途上的差异

设计基准期:主要用于计算和评估荷载效应和材料性能,是设计过程中的一个基本参数。

设计使用年限:用于评估结构在整个生命周期内的可靠性和经济性,是结构设计和维护决策的重要依据。

(三)灵活性上的差异

设计基准期:一般情况下不可随意更改,因为它涉及标准和规范的统一性。

设计使用年限:可以根据具体项目的使用要求和重要性进行调整,如普通房屋的设计使用年限可能为 50 年,而重要建筑可能设定为 100 年。

总之,虽然设计基准期和设计使用年限都是结构设计中的关键参数,但它们在定义、用途和灵活性方面存在显著差异。设计基准期主要服务于设计过程中的技术计算,而设计使用年限则更多地关注结构在整个生命周期内的性能和维护。理解这两者的区别有助于更好地进行结构设计和管理。

◆ 拓展提高

用思维导图绘制作用类别框图。

同步测试

任务二　结构的极限状态认知

◆ 学习准备

①分享上一任务拓展提高成果;
②班课预习盲点笔记。

◆ 引导问题

①什么是结构极限状态?
②列举结构达到极限状态。

◆ 知识储备

结构极限状态

一、极限状态的定义和分类

结构是否满足结构功能要求,结构工作状态是可靠还是失效,要有一个明确的标准,这个标准用"极限状态"来衡量。当整个结构或结构的一部分超过某一特定状态(可靠和失效的界限)而不能满足设计规定的某一要求时,此状态称为结构的极限状态。《工程结构可靠性设计统一标准》(GB 50153—2008)将结构的极限状态分为承载能力极限状态和正常使用极限状态两类。

(一)承载能力极限状态

承载能力极限状态是指结构或构件达到最大承载能力,或达到不适于继续承载的变形的极限状态。对应于结构或结构件达到最大承载能力或不适于继续承载的变形,它包括结构件或连接因强度超过而破坏,结构或其一部分作为刚体而失去平衡(倾覆或滑移),在反复荷载下构件或连接发生疲劳破坏等。

当结构或结构构件出现下列状态之一时,应认为超过了承载能力极限状态:

(1)整个结构或结构的一部分作为刚体失去平衡(如倾覆、滑移等)

结构倾覆是指结构失去平衡,导致其重心超出其基础或支撑范围,从而导致结构倒塌的现象。通常,外部荷载(如风荷载、地震荷载)或内部荷载(如自重、设备重量)的作用,使结构的抗倾覆力矩小于倾覆力矩,从而导致结构倾覆。

结构滑移是指结构沿着某个方向移动的现象。滑移通常发生在结构与基础或支撑之间,由于摩擦力不足或其他原因,致使结构在水平方向上发生移动。滑移可能会导致结构的位移、变形甚至倾覆。

(2)结构构件或连接因超过材料强度而破坏(包括疲劳破坏),或因过度变形而不适于继续承载

钢结构疲劳破坏如图 3.1 所示。

图 3.1　钢结构疲劳破坏

(3)结构转变为机动体系

结构转变为机动体系是指结构从一个几何稳定的不变体系转变为一个灵活可变的体系。结构的主要作用是承受荷载,正常的结构需要是几何稳定的,而机动体系不符合结构的这一特征,它是相对于固定不变体系而言的。例如,跷跷板就是一种可以转动的常变体系,在结构力学中,如果构件发生三铰共线的情况,就属于瞬变体系,这些都属于机动体系的不同类型。

在桥梁建设中,如先简支后连续结构体系桥梁涉及结构体系转换。先简支后连续箱梁结构体系转换包括永久支座安装、钢筋安装、安装预应力束道、立侧模等施工内容,这种转换是为了优化桥梁结构的受力性能等。

(4)结构或结构构件丧失稳定(如压屈等)

结构构件丧失稳定的具体表现形式多样,主要包括:

①局部失稳:构件局部区域失去稳定性,如局部区域的屈曲(图 3.2)。

②整体失稳:整个结构或主要部分失去稳定性,可能导致结构倒塌(图 3.3)。

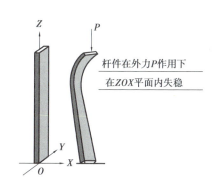

杆件在外力P作用下
在ZOX平面内失稳

图 3.2　结构局部失稳:轴心受压构件屈曲

图 3.3　结构整体失稳:倒塌

(5)地基丧失承载能力而破坏(如失稳等)

地基丧失承载能力是指地基土不能满足上部结构物强度或变形要求,或受动力荷载作用产生液化、失稳,其上的结构物会发生急剧沉降(图 3.4)、倾斜,导致结构物失去使用功能的状态。

图 3.4　地基不均匀沉降

承载能力极限状态涉及结构的安全问题,可能导致人员伤亡和财产重大损失,因此必须具有较高的可靠度。

(二)正常使用极限状态

正常使用极限状态对应于结构或构件达到正常使用或耐久性能的某项规定的限值。

当结构或结构构件出现下列状态之一时,应认为超过了正常使用极限状态:

①影响正常使用或外观的变形,如梁挠度过大影响观瞻或导致非结构构件的开裂等;

②影响正常使用或耐久性能的局部损坏(包括裂缝);

③影响正常使用的振动;

④影响正常使用的其他特定状态,如沉降量过大等。

正常使用极限状态涉及结构适用性和耐久性问题,可以理解为对结构使用功能的损害导致结构质量的恶化,但对人身伤害较小,相比承载能力极限状态其可靠度可适当降低,即使如此,设计中仍需重视。例如,结构构件出现过大的裂缝,不但会引起人们心理不适,也会加剧钢筋锈蚀,间接带来更大的工程事故;再如,桥梁主梁挠度过大将会造成桥面不平整,行车不平顺,行车时冲击和振动过大。

二、结构极限状态方程

所有结构或结构构件中都存在着对立的两个方面:作用效应 S 和结构抗力 R。

如前所述,作用是指使结构产生内力、变形、应力和应变的所有原因,它分为直接作用和间接作用两种。直接作用是指施加在结构上的集中力或分布力,如汽车、人群、结构自重等;间接作用是指引起结构外加变形和约束变形的原因,如地震、基础不均匀沉降、混凝土收缩、温度变化等。作用效应 S 是指结构对所受作用的反应,如由于作用产生的结构或构件内力(如轴力、弯矩、剪力、扭矩等)和变形(如挠度、转角等)。结构抗力 R 是指结构构件承受内力和变形的能力,如构件的承载能力和刚度等,它是结构材料性能和几何参数等的函数。

作用效应 S 和结构抗力 R 都是随机变量,因此,结构不满足或满足其功能要求的事件也是随机的。一般把出现前一事件的概率称为结构的失效概率,记为 P_f;把出现后一事件的概率称为可靠概率,记为 P_r。由概率论可知,这二者是互补的,即 $P_f+P_r=1.0$。

如前所述,当只有作用效应 S 和结构抗力 R 两个基本变量时,则功能函数为:

$$Z=g(R,S)=R-S \tag{3.2}$$

相应的极限状态方程可写作:

$$Z=g(R,S)=R-S=0 \tag{3.3}$$

式(3.3)为结构或构件处于极限状态时,各有关基本变量的关系式。它是判别结构是否失效和进行可靠度分析的重要依据。

当 $Z>0$ 时,结构处于可靠状态;当 $Z<0$ 时,结构处于失效状态;当 $Z=0$ 时,结构处于极限状态。

当结构按极限状态设计时,应满足下式要求:

$$Z=g(R,S)\geqslant 0 \tag{3.4}$$

◆拓展提高

结构达到极限状态的案例收集。

同步测试

任务三 结构极限状态实用设计

◆学习准备

①预习【例3.1】;
②拓展提高成果分享。

◆引导问题

结构极限状态组合设计分为哪几种情形?

作用效应组合

◆ 知识储备

一、承载能力极限状态设计

公路桥涵承载能力极限状态是指桥涵及其构件达到最大承载能力后,出现不适于继续承载的变形或变位的状态。

按照《工程结构可靠性设计统一标准》(GB 50153—2008)的规定,公路桥涵进行持久状况承载能力极限状态设计时,为使桥涵具有合理的安全性,应根据桥涵结构破坏所产生后果的严重程度,按表3.2划分的3个安全等级进行设计,以体现不同情况的桥涵的可靠度差异。在计算中,不同安全等级是通过使用结构重要性系数(对不同安全等级的结构,为使其具有规定的可靠性而采用的作用效应附加的分项系数)γ_0来体现的。γ_0的取值见表3.2。

表 3.2　公路桥涵结构的安全等级

安全等级	破坏后果	桥涵类型	结构重要性系数 γ_0
一级	很严重	特大桥、重要大桥	1.1
二级	严重	大桥、中桥、重要小桥	1.0
三级	不严重	小桥、涵洞	0.9

桥梁的等级主要依据桥梁的跨径进行分类。

小桥:跨径在 8 m 到 20 m 之间,或总跨径在 30 m 以下;

中桥:跨径在 20 m 到 100 m 之间,或总跨径在 20 m 到 100 m 之间;

大桥:跨径在 100 m 到 500 m 之间,或总跨径在 100 m 到 500 m 之间;

特大桥:跨径在 500 m 以上,或总跨径在 1 000 m 以上。

表 3.2 中所列特大、大、中桥等按《公路桥涵设计通用规范》(JTG D60—2015)的单孔跨径确定,对多跨不等跨桥梁,以其中最大跨径为准;表中冠以"重要"的大桥和小桥,指高速公路、国防公路及城市附近交通繁忙的城郊公路上的桥梁。

一般情况下,同一座桥梁只宜取一个设计安全等级,但对个别构件,也允许在必要时作安全等级的调整,但调整后的级差不应超过一个等级。

公路桥涵的持久状态设计应按承载能力极限状态的要求,对构件进行承载力及稳定计算,必要时还应对结构的倾覆和滑移进行验算。进行承载能力极限状态计算时,作用(或荷载)的效应(其中汽车荷载应计入冲击系数)应采用其组合设计值;结构材料性能应采用其强度设计值。

《公路桥规》规定桥梁构件的承载能力极限状态的计算以塑性理论为基础,设计的原则是作用效应最不利组合(基本组合)的设计值必须小于或等于结构抗力的设计值,其基本表达式为:

$$\gamma_0 S_d \leq R \tag{3.5}$$

$$R = R(f_d, a_d) \tag{3.6}$$

式中　γ_0—— 桥梁结构的重要性系数,按表 3.2 取用;

　　　S_d—— 作用(或荷载)效应(其中汽车荷载应计入冲击系数)的基本组合设计值;

　　　R —— 构件承载力设计值;

　　　f_d—— 材料强度设计值;

a_d——几何参数设计值,当无可靠数据时,可采用几何参数标准值 a_k,即设计文件规定值。

二、正常使用极限状态设计

公路桥涵正常使用极限状态是指对应于桥涵及其构件达到正常使用或耐久性的某项限值的状态。正常使用极限状态计算在构件持久状况设计中占有重要地位,虽然不像承载能力极限状态计算那样直接涉及结构的安全可靠问题,但如果设计不好,也有可能间接引发结构的安全问题。

公路桥涵的持久状态设计按正常使用状态的要求进行计算,是以结构弹性理论或弹塑性理论为基础,混凝土结构构件应分别按荷载的准永久组合、标准组合并考虑长期作用的影响,对构件的抗裂、裂缝宽度和挠度进行验算,并使各项计算值不超过《公路桥规》规定的各相应限值。采用下列极限状态设计表达式进行验算:

$$S \leqslant C \tag{3.7}$$

式中　S——正常使用极限状态下的作用(或荷载)效应设计值;

　　　C——结构构件达到正常使用要求所规定的限值,如变形、应力、裂缝宽度等的限值。

三、作用代表值

结构或结构构件设计时,针对不同设计目的所采用的作用代表值不同,它包括作用标准值、可变作用准永久值和可变作用频遇值等。

(一)作用标准值

作用标准值是指结构或结构构件设计时,采用各种作用的基本代表值。其值可根据作用在设计基准期内最大概率分布的某一分值确定;若无充分资料时,可根据工程经验,经分析后确定。

永久作用采用标准值作为代表值。对结构自重,永久作用的标准值可按结构构件的设计尺寸与材料单位体积的自重(重力密度)计算确定。

承载能力极限状态设计及按弹性阶段计算结构强度(应力)时采用标准值作为可变作用的代表值,可变作用的标准值可按《公路桥涵设计通用规范》(JTG D60—2015)规定采用。

(二)可变作用准永久值

在设计基准期间,可变作用超越的总时间约为设计基准期作用值的一半。它是对在结构上经常出现的且量值较小的荷载作用取值。结构在正常使用极限状态按长期效应(准永久)组合设计时采用准永久值作为可变作用的代表值,实际上是考虑可变作用的长期作用效应而对标准值的一种折减,可计为 $\psi_2 Q_k$。其中,折减系数 ψ_2 被称为准永久值系数。

(三)可变作用频遇值

在设计基准期间,可变作用超越的总时间为规定的较小比率或超越次数为规定次数的作用值。它是指结构上较频繁出现的且量值较大的荷载作用取值。

正常使用极限状态按短期效应(频遇)组合设计时,采用频遇值为可变作用的代表值。可变作用频遇值为可变作用标准值乘以频遇值系数,《公路桥规》将频遇值系数用 ψ_1 表示。

四、作用效应组合

公路桥涵结构设计时,应考虑结构上可能出现的多种作用。例如,桥涵结构构件上除构件永久作用(如自重等)外,可能同时出现汽车荷载、人群荷载等可变作用。按《公路桥规》要求,这时应按承载能力极限状态和正常使用极限状态,结合相应的设计状况,进行作用效应组合,并取其最不利组合进行设计。

作用效应组合是结构上几种作用分别产生的效应的随机叠加,而作用效应最不利组合是指所有可能的作用效应组合中对结构或结构构件产生总效应最不利的一组作用效应组合。

(一)承载能力极限状态计算时作用效应组合

《公路桥规》规定,按承载能力极限状态设计时,应根据各自的情况选用基本组合和偶然组合中的一种或两种作用效应组合。下面介绍作用效应的基本组合表达式。

基本组合是指承载能力极限状态设计时,永久作用标准值效应与可变作用标准值效应的组合,基本表达式为:

$$\gamma_0 S_d = \gamma_0 \left(\sum_{i=1}^{m} \gamma_{Gi} S_{Gik} + \gamma_{Q1} S_{Q1k} + \psi_c \sum_{j=2}^{n} \gamma_{Qj} S_{Qjk} \right) \tag{3.8}$$

式中　γ_0——桥梁结构的重要性系数,按结构设计安全等级采用,对于公路桥梁,安全等级分一级、二级和三级,分别为 1.1、1.0 和 0.9;

γ_{Gi}——第 i 个永久作用效应的分项系数,当永久作用效应(结构重力和预应力作用)对结构承载力不利时,$\gamma_G = 1.2$;对结构的承载能力有利时,其分项系数 γ_G 的取值为1.0;其他永久作用效应的分项系数详见《公路桥规》;

S_{Gik}——第 i 个永久作用效应的标准值;

γ_{Q1}——汽车荷载效应(含汽车冲击力、离心力)的分项系数,$\gamma_{Q1} = 1.4$;当某个可变作用在效应组合中超过汽车荷载效应时,则该作用取代汽车荷载效应,其分项系数应采用汽车荷载的分项系数;对于专为承受某作用而设置的结构或装置,设计时该作用的分项系数取与汽车荷载相同值;

S_{Q1k}——汽车荷载效应(含汽车冲击力、离心力)的标准值;

γ_{Qj}——在作用效应组合中除汽车荷载效应(含汽车冲击力、离心力)、风荷载外的其他第 j 个可变作用效应的分项系数,取 $\gamma_{Qj} = 1.4$,但风荷载的分项系数取 $\gamma_{Qi} = 1.1$;

S_{Qjk}——在作用效应组合中除汽车荷载效应(含汽车冲击力、离心力)外的其他第 j 个可变作用效应的标准值;

ψ_c——在作用效应组合中除汽车荷载效应(含汽车冲击力、离心力)外的其他可变作用效应的组合系数;当永久作用与汽车荷载和人群荷载(或其他一种可变作用)组合时,人群荷载(或其他一种可变作用)的组合系数 $\psi_c = 0.80$;当其除汽车荷载(含汽车冲击力、离心力)外尚有两种可变作用参与组合时,其组合系数取 $\psi_c = 0.70$;尚有 3 种其他可变作用参与组合时,$\psi_c = 0.60$;尚有 4 种及多于 4 种的可变作用参与组合时,$\psi_c = 0.50$。

(二)正常使用极限状态计算时作用效应组合

《公路桥规》规定,按正常使用极限状态设计时,应根据不同结构不同的设计要求,选用以下一种或两种效应组合：

（1）作用短期效应组合

作用短期效应组合是永久作用标准值效应与可变作用频遇值效应的组合，其基本表达式为：

$$S_{sd} = \sum_{i=1}^{m} S_{Gik} + \sum_{j=1}^{n} \psi_{1j} S_{Qjk} \qquad (3.9)$$

式中 S_{sd}——作用短期效应组合设计值；

　　　ψ_{1j}——第 j 个可变作用效应的频遇值系数，汽车荷载（不计冲击力）$\psi_1 = 0.7$，人群荷载 $\psi_1 = 1.0$，风荷载 $\psi_1 = 0.75$，温度梯度作用 $\psi_1 = 0.8$，其他作用 $\psi_1 = 1.0$；

　　　$\psi_{1j} S_{Qjk}$——第 j 个可变作用效应的频遇值。

其他符号意义同前。

（2）作用长期效应组合

作用长期效应组合是永久作用标准值效应与可变作用准永久值效应的组合，其基本表达式为：

$$S_{ld} = \sum_{i=1}^{m} S_{Gik} + \sum_{j=1}^{n} \psi_{2j} S_{Qjk} \qquad (3.10)$$

式中 S_{ld}——作用长期效应组合设计值；

　　　ψ_{2j}——第 j 个可变作用效应的准永久值系数，汽车荷载（不计冲击力）$\psi_2 = 0.4$，人群荷载 $\psi_2 = 0.4$，风荷载 $\psi_2 = 0.75$，温度梯度作用 $\psi_2 = 0.8$，其他作用 $\psi_2 = 1.0$；

　　　$\psi_{2j} S_{Qjk}$——第 j 个可变作用效应的准永久值。

其他符号意义同前。

【例3.1】钢筋混凝土简支梁桥主梁在结构重力、汽车荷载和人群荷载作用下，分别得到在主梁的 $\frac{1}{4}$ 跨径处截面的弯矩标准值为：结构重力产生的弯矩 $M_{Gk} = 552\ \text{kN} \cdot \text{m}$；汽车荷载弯矩 $M_{Q1k} = 459.7\ \text{kN} \cdot \text{m}$（已计入冲击系数）；人群荷载弯矩 $M_{Q2k} = 40.6\ \text{kN} \cdot \text{m}$。进行设计时的作用效应组合计算。

【解】（1）承载能力极限状态设计时作用效应的基本组合

钢筋混凝土简支梁桥主梁现按结构的安全等级为二级，取结构重要性系数为 $\gamma_0 = 1.0$。永久作用效应的分项系数，因恒载作用效应对结构承载能力不利，故取 $\gamma_{G1} = 1.2$。汽车荷载效应的分项系数为 $\gamma_{Q1} = 1.4$。人群荷载或其他可变作用效应的分项系数 $\gamma_{Qj} = 1.4$。本组合为永久作用与汽车荷载和人群荷载组合，故取人群荷载的组合系数 $\psi_c = 0.80$。

按承载能力极限状态设计时，作用效应值基本组合的设计值为：

$$\gamma_0 M_d = \gamma_0 \left(\sum_{i=1}^{m} \gamma_{Gi} S_{Gik} + \gamma_{Q1} S_{Q1k} + \psi_c \sum_{j=2}^{n} \gamma_{Qj} S_{Qjk} \right)$$

$$= 1.0 \times (1.2 \times 552 + 1.4 \times 459.7 + 0.80 \times 1.4 \times 40.6)$$

$$= 1\ 351.452 (\text{kN} \cdot \text{m})$$

（2）正常使用极限状态设计时作用效应组合

①作用短期效应组合。根据《公路桥规》规定，汽车荷载作用效应应不计入冲击系数，计算得到不计冲击系数的汽车荷载弯矩标准值 $M_{Q1k} = 385.98\ \text{kN} \cdot \text{m}$。汽车荷载作用效应的频遇值

系数 $\psi_{11} = 0.7$，人群荷载作用效应的频遇值系数 $\psi_{12} = 1.0$。由式（3.9）可得到作用短期效应组合的设计值为：

$$
\begin{aligned}
M_{sd} &= M_{Gk} + \psi_{11}M_{Q1k} + \psi_{12}M_{Q2k} \\
&= 552 + 0.7 \times 385.98 + 1.0 \times 40.6 \\
&= 862.786(\text{kN} \cdot \text{m})
\end{aligned}
$$

②作用长期效应组合。不计冲击系数的汽车荷载弯矩标准值 $M_{Q1k} = 385.98$ kN·m，汽车荷载作用效应的准永久值系数 $\psi_{21} = 0.4$，人群荷载作用效应的准永久值系数 $\psi_{22} = 0.4$。由式（3.10）可得到作用长期效应组合的设计值为：

$$
\begin{aligned}
M_{ld} &= \sum_{i=1}^{m} S_{Gik} + \sum_{j=1}^{n} \psi_{2j}S_{Qjk} \\
&= 552 + 0.4 \times 385.98 + 0.4 \times 40.6 \\
&= 722.632(\text{kN} \cdot \text{m})
\end{aligned}
$$

在后面各项目中，本书对于作用效应的标准值符号的下角标均略去"k"，以使表达简洁。

◆**拓展提高**

绘制【例3.1】的计算流程图。

同步测试

任务四 混凝土结构的耐久性设计

◆**学习准备**

①复习混凝土环境类别知识点；
②提前收集混凝土病害案例。

◆**引导问题**

①什么是结构的耐久性？
②影响混凝土结构的耐久性的因素有哪些？

◆**知识储备**

一、混凝土结构的耐久性

混凝土结构的耐久性是指结构或构件在设计使用年限内，在正常维护条件下，不需要进行大修就可以满足正常使用和安全功能要求的能力。一般建筑结构的设计使用年限为50年。纪念性建筑和特别重要的建筑结构为100年及以上。

在这方面，世界上的经济发达国家是有经验的。这些国家的工程建设大体上经历了3个阶段：大规模建设阶段，新建与改建、维修并重阶段，重点转向既有建筑物和结构物的维修改造阶段。我国在改革开放后才真正开始大规模建设，因此必须重视混凝土结构的耐久性，避免重蹈发达国家的覆辙。

所谓混凝土结构的耐久性，是指结构对气候作用、化学侵蚀、物理作用或任何其他破坏过程的抵抗能力。由于混凝土的缺陷(如裂隙、孔道、气泡等)存在,环境中的有害介质可能渗入混凝土内部,产生碳化、冻融、锈蚀等作用而影响混凝土的受力性能,且结构在使用年限内还会受到各种机械物理损伤(如磨损、撞击等)及冲刷、侵蚀的作用。混凝土的耐久性问题表现为结构损伤(如裂缝、破碎、磨损、熔溶蚀等),钢筋的锈蚀、疲劳、脆化、应力腐蚀,钢筋和混凝土之间黏结锚固作用的削弱等3个方面。从短期来看,这些问题会影响结构的外观和使用性能;从长远来看,则会降低结构的安全性,成为发生事故的隐患,影响结构的耐久性,缩短使用寿命。

二、影响混凝土结构耐久性的因素

影响混凝土结构耐久性的因素十分复杂,主要取决于以下4个方面的因素:
①混凝土材料的自身特性;
②混凝土结构的设计和施工质量;
③混凝土结构所处的环境;
④混凝土结构的使用条件与防护措施。

其中,混凝土材料的自身特性和混凝土结构的设计与施工质量是决定混凝土结构耐久性的内因。混凝土是由水泥、水、粗细集料和某些外加剂,经搅拌、浇筑、振捣和养护硬化等过程而形成的人工复合材料,如水灰比(水胶比)、水泥品种和用量集料的种类与级配等都直接影响混凝土结构的耐久性。此外,混凝土的缺陷(如裂缝、气泡、孔穴)都会造成水分和侵蚀性物质渗入混凝土内部,与混凝土发生物理化学作用,从而影响混凝土结构的耐久性。

混凝土结构所处的环境、使用条件和防护措施是影响混凝土结构耐久性的外因。外界环境因素对混凝土结构的破坏是环境因素对混凝土结构化学作用的结果。环境因素引起的混凝土结构损伤或破坏主要有以下5个方面。

(一)混凝土碳化

大气环境中的 CO_2 引起混凝土中性化的过程称为混凝土的碳化。

溶液有酸性、碱性和中性3种类型。当溶液中氢离子的浓度指数 pH 值小于7时呈酸性;大于7时呈碱性;等于7时呈中性。

当大气环境中的 CO_2 不断向混凝土内部扩散时,它与混凝土中的碱性水化物,主要是与 $Ca(OH)_2$ 发生中和反应,使 pH 值下降并中性化。因此,混凝土的碳化是指混凝土的中性化。

碳化对混凝土本身是无害的,但碳化会破坏钢筋表面的氧化膜,为钢筋锈蚀创造了前提条件;同时,碳化会加剧混凝土的收缩,可导致混凝土开裂,使钢筋容易锈蚀(图3.5)。

图3.5 混凝土碳化导致钢筋锈蚀及保护层剥落   图3.6 混凝土碳化测试

在硅酸盐水泥混凝土中,初始碱度较高,pH 值常达到 12.5 ~ 13.5,从而使得混凝土中的碱性物质 Ca(OH)$_2$ 在钢筋表面生成氧化膜,它是致密的,可保护钢筋不被腐蚀,故也称氧化膜为钝化膜。然而,当碳化使混凝土的 pH 值降至 10 以下时,当碳化从构件表面开始向内发展,使保护层完全碳化直至钢筋表面时,氧化膜就被破坏了,这被称为脱钝。

混凝土碳化深度可用碳酸试液测定(图 3.6)。当敲开混凝土滴上试液后,碳化的混凝土保持原色,未碳化部分混凝土呈浅红色。

影响混凝土碳化的因素很多,可归结为环境因素与材料本身因素。环境因素主要是空气中 CO$_2$ 的浓度,通常室内的浓度较高,故室内混凝土的碳化比室外快。试验表明,混凝土周围相对湿度为 50% ~ 70% 时,碳化速度快些;温度交替变化有利于 CO$_2$ 的扩散,可加速混凝土的碳化。

混凝土材料本身的影响是不可忽视的。混凝土强度等级越高,内部结构越密实,孔隙率越低,孔径也越小,碳化速度越慢。此外,水灰比大也会加速碳化反应。针对混凝土自身的影响因素,减小、延缓其碳化的主要措施有:

①合理设计混凝土配合比,规定水泥用量的低限值和水灰比的高限值,合理采用掺合料;
②提高混凝土的密实性和抗渗性;
③规定钢筋保护层的最小厚度;
④采用覆盖面层(水泥砂浆或涂料等)。

(二)化学侵蚀

水可以渗入混凝土结构内部,当其中溶入有害化学物质时,会对混凝土的耐久性产生影响。各种有害介质中,酸性介质对水泥水化物的侵蚀作用最为明显。被酸性介质侵蚀过的混凝土呈黄色,水泥剥落、集料外露。工业污染、酸雨、酸性土壤及地下水均有可能对混凝土构成酸性腐蚀。

此外,浓碱溶液渗入混凝土结构后,混凝土会发生胀裂和剥落;硫酸盐类溶液渗入后与水泥发生化学反应导致结构体积膨胀也会造成混凝土破坏。

(三)碱集料反应

碱集料反应(简称"AAR")是指混凝土原材料中的碱性物质与活性成分发生化学反应,生成膨胀物质(或吸水膨胀物质),从而引起混凝土产生内部自膨胀应力并开裂的现象。碱集料反应可分为碱硅酸反应(ASR)和碱碳酸盐反应(ACR)两类。我国部分地区因 AAR 引起的破坏工程实例如表 3.3 所示。

表 3.3 我国部分地区因 AAR 引起的破坏工程实例

编号	地区	受损害的工程	AAR 的类型
1	北京	立交桥、预应力钢筋混凝土铁路桥梁和轨枕、工业及民用建筑	ASR
2	天津	立交桥	ASR、ACE
3	山东兖石线	预应力钢筋混凝土铁路桥梁[1]	ASR
4	河北京秦线	预应力钢筋混凝土铁路桥梁[1]	ASR
5	陕西三源铁路工务段	预应力钢筋混凝土铁路桥梁[1]	ASR
6	江西景德镇	预应力钢筋混凝土铁路桥梁[1]	ASR
7	山东济南	机场跑道	ASR、ACR

续表

编号	地区	受损害的工程	AAR 的类型
8	山东潍坊	机场跑道	ASR、ACR
9	陕西临潼	机场跑道	ASR、ACR
10	吉林长春	机场跑道	ASR、ACR
11	北京通县	机场跑道	ASR
12	上海火车站	铁路轨枕[1]	ASR
13	贵阳火车站	铁路轨枕[1]	ASR
14	山西太原	铁路轨枕、电线杆	ACR、ASR
15	内蒙古通辽	冷却水塔	ASR
16	河南平顶山	铁路轨枕	ASR、ACR

碱集料反应一般是在混凝土成型后的若干年后逐渐发生的,其结果是造成混凝土耐久性下降,严重时还会使混凝土丧失使用价值。由于反应发生在整个混凝土结构中,反应造成的破坏既难以预防,又难以阻止,更不易修补和挽救,故被称为混凝土的"癌症"。

(四)冻融循环破坏

渗入混凝土结构内部的水在低温下结冰体积膨胀,从而破坏混凝土的微观结构,经多次冻融循环后,结构损伤积累最终导致混凝土剥落酥裂,强度降低(图3.7)。

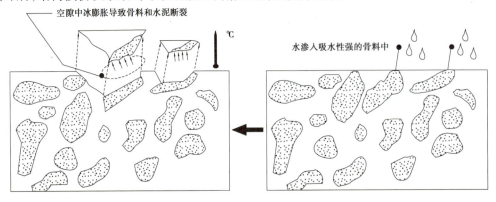

图 3.7 冻融循环破坏机理

(五)钢筋腐蚀

钢筋腐蚀是影响钢筋混凝土结构耐久性和使用寿命的重要因素。混凝土中钢筋腐蚀的首要因素是混凝土的碳化与剥落;钢筋腐蚀的同时伴有体积膨胀,混凝土出现沿钢筋的纵向裂缝,造成混凝土与钢筋之间的黏结力减弱,钢筋截面面积减小,构件承载力降低、变形和裂缝扩展等一系列不良后果,并且随着时间推移,腐蚀会逐渐恶化,最终可能导致结构的完全破坏。

钢筋的腐蚀一般可分为电化学腐蚀、化学腐蚀和应力腐蚀3种。值得注意的是,几乎所有腐蚀都需要水作为介质。另外,几乎所有的侵蚀作用对混凝土结构的破坏,都会引起混凝土膨胀、最终导致混凝土结构开裂,且混凝土结构开裂后,侵蚀速度将大大加快,混凝土结构的耐久性将进一步降低。在影响混凝土结构耐久性的诸多因素中,钢筋腐蚀的危害最大。钢筋腐蚀与混凝土的碳化、氯盐的侵蚀以及水分、氧气的存在等条件是分不开的。

当然,钢筋锈蚀是一个相当长的过程,先是在裂缝较宽的个别点上形成"坑蚀",继而逐渐形成"环蚀",同时向两边扩展,形成锈蚀面,使钢筋截面削弱。锈蚀严重时,体积膨胀,导致沿钢筋长度的混凝土产生纵向裂缝,并使混凝土保护层剥落,习称"暴筋"。通常可把大范围内出现沿钢筋的纵向裂缝作为判别混凝土结构构件寿命终结的标准。

防止钢筋锈蚀的主要措施有:

①降低水灰比,增加水泥用量,提高混凝土的密实度。

②要有足够的混凝土保护层厚度。

③严格控制氯离子的含量。

④采用覆盖层,防止 CO_2、O_2、Cl^- 的渗入。

三、混凝土结构的耐久性设计原则

混凝土结构的耐久性取决于混凝土材料的自身特性和结构的使用环境,与结构设计、施工及养护管理密切相关。综合国内外研究成果,结合工程经验,针对桥梁结构,提出以下 3 个提高混凝土结构耐久性的措施:

①采用高耐久性混凝土,可提高混凝土自身的抗破损能力。

②加强桥面排水和防水层设计,以改善桥梁环境作用条件。

③进一步改进桥梁结构设计,如采用具有防腐保护的钢筋(如无黏结预应力筋、环氧涂层钢筋、体外预应力筋等),加强构造配筋、控制裂缝发展,加大混凝土保护层厚度等。

由于影响混凝土结构材料性能的因素比较复杂,其规律不确定性很大,一般混凝土结构的耐久性设计只能采用经验性的定性方法解决。参考《混凝土结构耐久性设计标准》(GB/T 50476—2019)的规定,根据调查研究及我国国情,《混凝土结构设计标准》(GB/T 50100—2010)规定了混凝土结构耐久性设计的基本内容如下:

①确定结构所处的环境类别。

②提出对混凝土材料的耐久性的基本要求。

对设计年限为 50 年的混凝土结构,其混凝土材料的耐久性基本要求应符合表 3.4 的规定。

表 3.4　结构混凝土材料的耐久性基本要求

环境类别	最大水胶比	最低强度等级	水溶性氯离子最大含量/%	最大碱含量/$(kg \cdot m^{-3})$
一	0.60	C25	0.30	不限制
二 a	0.55	C25	0.20	3.0
二 b	0.50(0.55)	C30(C25)	0.15	
三 a	0.45(0.50)	C35(C30)	0.15	
三 b	0.40	C40	0.10	

注:①氯离子含量是指其占胶凝材料用量的质量的百分比,计算时辅助胶凝材料的量不应大于硅酸盐水泥的量。

②预应力构件混凝土中的水溶性氯离子最大含量为 0.06%,其最低混凝土强度等级宜按表中的规定提高不少于两个等级。

③素混凝土结构的混凝土最大水胶比及最低强度等级的要求可适当放松,但混凝土强度最低强度等级应符合本标准的有关规定。

④有可靠工程经验时,二类环境中的最低混凝土强度等级可为 C25。

⑤处于严寒和寒冷地区二 b、三 a 类环境中的混凝土应使用引气剂,并可采用括号中的有关参数。

⑥当使用非碱活性骨料时,对混凝土中的碱含量可不作限制。

③确定构件中钢筋的混凝土保护层厚度。

混凝土保护层的厚度应符合相关规定；当采取有效的表面防护措施时，混凝土保护层的厚度可适当减小。

④混凝土结构及构件还应采取下列耐久性技术措施：

a. 预应力混凝土结构中的预应力筋应根据具体情况采取表面防护、孔道灌浆、加大混凝土保护层厚度等措施。对于外露的锚固端应采取封锚和混凝土表面处理等有效措施。

b. 有抗渗要求的混凝土结构，混凝土的抗渗等级应符合有关标准的要求。

c. 在严寒及寒冷地区的潮湿环境中，结构混凝土应满足抗冻要求，混凝土抗冻等级应符合有关标准的要求。

d. 处于二、三类环境中的悬臂构件宜采用悬臂梁-板的结构形式，或在其上表面增设防护层。

e. 处于二、三类环境中的结构构件，其表面的预埋件、吊钩、连接件等金属部件应采取可靠的防锈措施。

f. 处在三类环境中的混凝土结构构件，可采用阻锈剂、环氧树脂涂层钢筋或其他具有耐腐蚀性能的钢筋、采取阴极保护措施或采用可更换的构件等措施。

⑤提出结构在设计使用年限内的检测与维护要求：

a. 建立定期检测、维修制度。

b. 设计中可更换的混凝土构件应按规定更换。

c. 构件表面的防护层，应按规定进行维护或更换。

d. 结构出现可见的耐久性缺陷时，应及时进行处理。对临时性混凝土结构，可不考虑混凝土的耐久性要求。

无损检测法测定混凝土缺陷

◆ 拓展提高

混凝土耐久性病害的调研。

同步测试

项目小结

本项目讲述了结构的功能要求、作用与作用效应、结构抗力、结构的极限状态、结构的可靠度以及极限状态设计基本方法、结构的耐久性等内容。

1. 结构上的作用是指施加在结构上的荷载以及引起结构产生内力或变形等各种效应的因素的总称。结构上的作用分为直接作用和间接作用两种。其中，直接作用也称为荷载。荷载可分为恒载（永久荷载）和活载（可变荷载）两种。活荷载有标准值、频遇值、准永久值 3 种代表值，分别作用于极限状态设计的不同场合，其中标准值是活荷载最基本的代表值。

2. 整个结构或结构的某一部分超过某一特定状态（极限状态），就不能满足结构的安全性、适用性和耐久性要求。结构的极限状态分为承载能力极限状态和正常使用极限状态两类。设计钢筋混凝土结构或构件时，都必须进行承载力验算，同时还应对正常使用极限状态进行验算，以确保结构满足安全性、适用性、耐久性要求。

3. 按《公路桥规》要求，应按承载能力极限状态和正常使用极限状态，结合相应的设计状况，进行作用效应组合，并取其最不利组合进行设计。作用效应组合是结构上几种作用分别产生的效应的随机叠加,而作用效应最不利组合是指所有可能的作用效应组合中对结构或结构构件产生总效应最不利的一组作用效应组合。

◆**思考练习题**

3.1　结构的功能包括哪些内容? 什么是结构的可靠性?

3.2　结构的设计基准期和使用寿命有何区别?

3.3　什么是极限状态?《公路桥规》规定了哪两类结构的极限状态?

3.4　试解释名词:作用、直接作用、间接作用、抗力。

3.5　《公路桥规》规定了结构设计中的哪几种状况?

3.6　结构承载能力极限状态和正常使用极限状态的设计计算原则是什么?

3.7　什么是材料强度的标准值和设计值?

3.8　作用分为几类? 什么是作用的标准值、可变作用的准永久值和可变作用的频遇值?

3.9　钢筋混凝土梁的支点截面处,结构重力产生的剪力标准值 $V_{Gk} = 187.01$ kN;汽车荷载产生的剪力标准值 $V_{Q1k} = 261.76$ kN;冲击系数 $(1+\mu) = 1.19$;人群荷载产生的剪力标准值 $V_{Q2k} = 57.2$ kN;温度梯度作用产生的剪力标准值 $V_{Q3k} = 41.5$ kN。参照【例3.1】,试进行正常使用极限状态设计时的作用效应组合计算。

项目四　受弯构件正截面承载力计算

◆项目导入

梁受弯破坏是指梁受到弯矩作用时,材料强度不足、设计不合理或施工缺陷等原因导致的破坏现象。这种破坏通常发生在桥梁、建筑结构等工程中,对工程的安全性和经济性有重大影响。

案例一:某桥梁垮塌事故

背景:某市一座公路桥在使用过程中突然发生垮塌,造成多人伤亡和财产损失。

原因分析:

①设计缺陷:该桥梁在设计时未充分考虑车辆荷载的增加,导致实际荷载超过设计荷载。

②材料老化:桥梁使用年限较长,钢筋混凝土出现老化、腐蚀现象,降低了梁的承载能力。

③施工质量问题:施工过程中存在偷工减料现象,导致梁的实际强度低于设计要求。

预防措施:

①定期进行桥梁检测和维护,以便及时发现并修复潜在问题。

②加强施工质量控制,确保施工过程严格按照设计要求进行。

③在设计阶段,应充分考虑未来可能的荷载变化,并留有足够的安全余量。

案例二:某高层建筑梁断裂事故

背景:某市一高层建筑在施工过程中,一根主梁突然断裂,导致部分楼层坍塌。

原因分析:

①设计计算错误:设计人员在计算梁的承载能力时,忽略了某些荷载的影响,导致设计承载力不足。

②施工工艺不当:施工过程中,梁的浇筑和养护工艺不符合规范要求,导致混凝土强度不足。

③材料不合格:使用的钢筋和混凝土材料质量不达标,无法满足设计要求。

预防措施:

①加强设计审核,确保设计计算准确无误。

②严格控制施工工艺,确保每一道工序都符合规范要求。

③对进场材料进行严格检验,确保所有材料都符合设计标准。

案例三:某工业厂房梁破坏事故

背景:某工业厂房在使用过程中,一根主梁发生严重破坏,导致厂房局部倒塌。

原因分析:

①荷载超载:厂房内的设备和货物质量超过了梁的设计荷载,导致梁长期处于超负荷状态。

②环境因素影响:厂房内存在腐蚀性气体,对钢筋混凝土梁造成腐蚀,从而降低其承载

能力。

③维护管理不到位:厂房长期缺乏维护,未能及时发现和处理梁的损伤。

预防措施:

①加强荷载管理,确保实际荷载不超过设计荷载。

②改善厂房环境,减少腐蚀性气体对结构的影响。

③定期进行结构检测和维护,及时发现并处理潜在问题。

通过对以上 3 个案例的剖析,不难看出梁受弯破坏的原因多种多样,包括设计缺陷、施工质量问题、材料不合格、荷载超载、环境因素影响以及维护管理不到位等。为了有效预防梁受弯破坏,需要从设计、施工、材料、使用和维护等多个环节入手,采取综合性预防措施。

◆学习目标

能力目标:会进行受弯构件单筋矩形截面、双筋矩形截面及 T 形截面的正截面设计;能正确进行受弯构件单筋矩形截面、双筋矩形截面及 T 形截面的承载力计算与复核;厘清本课程的特点与其他课程的关联。

知识目标:明确适筋梁在不同阶段的受力特征;熟悉受弯构件正截面承载力的复核方法;明确受弯构件的有关构造要求。

素质目标:培养学生的团队协作精神;培养学生理论联系实际的能力。

学习重点:受弯构件正截面破坏特征;单筋矩形截面、双筋矩形截面及 T 形截面的正截面设计与承载力复核。

学习难点:掌握双筋矩形截面及 T 形截面的正截面承载力设计方法。

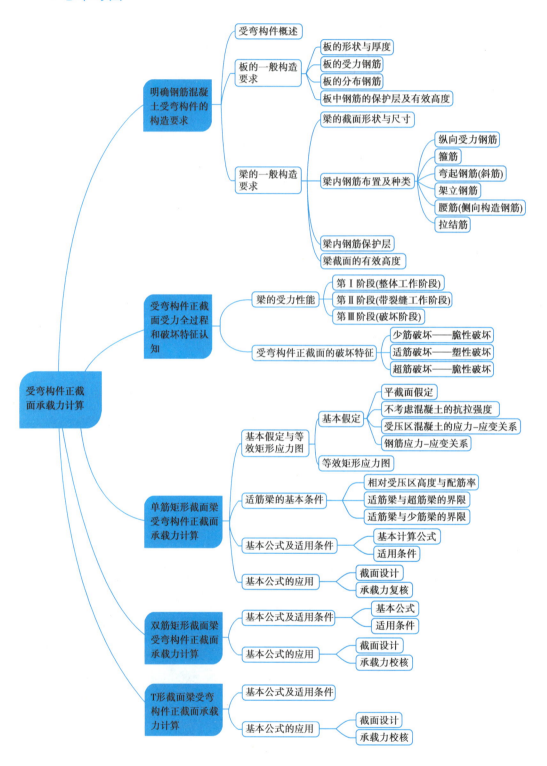

◆ 思维导图

◆项目实施

任务一 明确钢筋混凝土受弯构件的构造要求

◆学习准备

①复习力学相关知识；
②梳理本项目知识点。

◆引导问题

①什么是受弯构件？受弯构件的剪力图和弯矩图是如何显示的？
②在土木结构中,常见的受弯构件类型有哪些？

钢筋混凝土受弯构件的构造要求

◆知识储备

一、受弯构件概述

结构中,同时受到弯矩 M 和剪力 V 共同作用,而轴力 N 可以忽略的构件称为受弯构件(图4.1)。

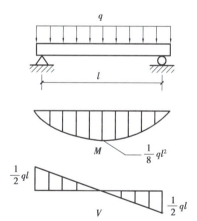

图4.1 受弯构件弯矩和剪力图

梁和板是土木工程中数量最多、应用最广的受弯构件之一。梁和板的区别:梁的截面高度一般大于其宽度,而板的截面高度则远小于其宽度。

受弯构件常用的截面形状,如图4.2所示。

受弯构件的破坏分为正截面受弯破坏和斜截面破坏(图4.3)。正截面受弯破坏是沿弯矩最大的截面进行破坏的,破坏截面与构件的轴线垂直;斜截面破坏是沿剪力最大或弯矩和剪力都较大的截面进行的破坏,破坏截面与构件轴线斜交。

在进行受弯构件设计时,需要进行正截面承载力和斜截面承载力的计算。本任务主要讨论受弯构件正截面承载力的计算问题。

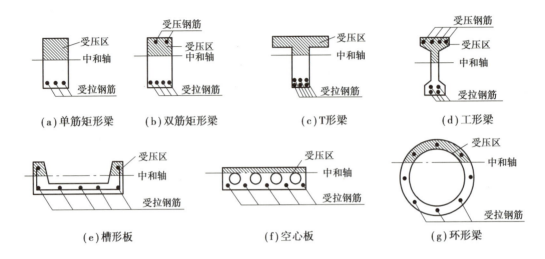

图 4.2　受弯构件常用截面形状

按照支承条件的不同,板和梁可分为简支的、悬臂的和连续的 3 种类型,其受力简图、构造也不尽相同。对钢筋混凝土受弯构件的设计,承载力计算和构造措施都很重要。工程实践证明,只有在精确计算的前提下,采取合理的构造措施才能使设计出的结构安全适用、经济合理。

图 4.3　受弯构件的破坏特性

二、板的一般构造要求

(一)板的形状与厚度

1.形状

板的形状有空心板、凹形板、扁矩形板等。它与梁的直观区别是高宽比不同,有时也将板称为扁梁。其计算原理与梁计算原理一样。

2.厚度

由于板的混凝土用量大,因此应注意其经济性。板的厚度通常不小于板跨度的 1/35(简支)～1/40(弹性约束)或 1/12(悬臂)。一般民用现浇板最小厚度为 60 mm;工业建筑现浇板最小厚度为 70 mm。

(二)板的受力钢筋

单向板中一般仅有受力钢筋和分布钢筋,而双向板中两个方向均为受力钢筋(图 4.4)。一般情况下,互相垂直的两个方向的钢筋应绑扎或焊接形成钢筋网。当采用绑扎钢筋配筋时,其受力钢筋的间距:板厚度 $h \leq 150$ mm,不应大于 200 mm;板厚度 $h > 150$ mm,不应大于 $1.5h$,且不应大于 250 mm。板中受力筋间距一般不小于 70 mm,由板中伸入支座的下部钢筋,其间距不应大于 400 mm,其截面面积不应小于跨中受力钢筋截面面积的 1/3,其锚固长度 l_{as} 不应小于 $5d$

（d 为钢筋直径）。板中弯起钢筋的弯起角不宜小于30°。

板的受力钢筋直径一般为6、8、10 mm。对于嵌固在砖墙内的现浇板,在板的上部应配置构造钢筋,并应符合下列规定:

①钢筋间距不应大于200 mm,直径不宜小于8 mm(包括弯起钢筋在内),其伸出墙边的长度不应小于$l_1/7$(l_1 为单向板的跨度或双向板的短边跨度)。

②对两边均嵌固在墙内的板角部分,应双向配置上部构造钢筋,其伸出墙边的长度不应小于 $l_1/4$。

③沿受力方向配置的上部构造钢筋,直径不宜小于6 mm,且单位长度内的总截面面积不应小于跨中受力钢筋截面面积的1/3。

（三）板的分布钢筋

分布钢筋的作用如下:

①固定受力钢筋。

②把荷载均匀分布在各受力钢筋上。

③承担混凝土收缩及温度变化引起的应力。

当按单向板设计时,除沿受力方向布置受力钢筋外,还应在垂直受力方向布置分布钢筋。单位长度上分布钢筋的截面面积不应小于单位宽度上受力钢筋的截面面积的15%,且不应小于该方向板截面面积的0.15%,分布钢筋的间距不宜大于250 mm,直径不宜小于6 mm;对于集中荷载较大的情况,分布钢筋的截面面积应适当增加,其间距不宜大于200 mm。当按双向板设计时,应沿两个互相垂直的方向布置受力钢筋。

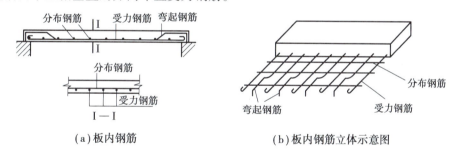

（a）板内钢筋　　　　　　（b）板内钢筋立体示意图

图4.4　板内钢筋骨架

在温度和收缩应力较大的现浇板区域内,还应布置附加钢筋。附加钢筋的数量可按计算或工程经验确定,并宜沿板的上、下表面布置。沿一个方向增加的附加钢筋配筋率不宜小于0.2%,其直径不宜过大,间距宜为150～200 mm,并应按受力钢筋确定该附加钢筋伸入支座的锚固长度。

（四）板中钢筋的保护层及有效高度

为了不使钢筋锈蚀而影响构件的耐久性,并保证钢筋与混凝土的有效黏结,必须设置混凝土保护层厚度。混凝土保护层厚度是指受力钢筋的外边缘到混凝土截面外边缘的有效距离。行车道板、人行道板的主钢筋保护层厚度:Ⅰ类环境为30 mm,Ⅱ类环境为40 mm,Ⅲ、Ⅳ类环境为45 mm;分布钢筋的最小保护层厚度:Ⅰ类环境为15 mm,Ⅱ类环境为20 mm,Ⅲ、Ⅳ类环境为25 mm。

三、梁的一般构造要求

(一)梁的截面形状与尺寸

①形状:有矩形、T形、花篮形、工字形、L形等多种,根据具体情况确定。

②尺寸:用 $b×h$ 来表示,b 表示梁截面的宽度,h 表示梁截面的高度,矩形梁的高宽比一般为 2.5～3.0。T形梁的高度与梁的跨度、间距及荷载大小有关。公路桥梁中大量采用的 T形简支梁桥,其梁高与跨径之比为 1/20～1/10。为便于施工,截面尺寸可参照下列规定使用:

梁宽 b=120、150、180、200、220、250、300 mm……b 大于 250 mm 时,以 50 mm 倍数增加;

梁高 h=250、300、350、……、750、800、900 mm……h 大于 250 mm 时,以 100 mm 倍数增加。

(二)梁内钢筋布置及种类(图4.5)

1. 纵向受力钢筋

梁内主钢筋通常放在梁的底部承受拉应力,是梁的主要受力钢筋。梁内纵向受力钢筋直径一般选用 10～30 mm,一般不超过 40 mm,以满足抗裂要求。在同一根(批)梁中宜采用相同牌号、相同直径的主钢筋,以简化施工。但有时为了节约钢材,也可采用两种不同直径的主钢筋,但直径相差不宜小于 2 mm,以便施工识别。对于 h≥300 mm 的梁,钢筋直径 d≥10 mm;对于 h<300 mm 的梁,钢筋直径不宜小于 6 mm。伸入梁的支座范围内纵向受力钢筋数量:当梁宽为 100 mm 及以上时,不应少于 2 根;当梁宽小于 100 mm 时,可为 1 根。

梁内主钢筋应尽量布置成最少的层数。在满足保护层的前提下,简支梁的主钢筋应尽量布置在梁底,以获得较大的内力并节约钢材。对于焊接钢筋骨架,钢筋的层数不宜超过 6 层,并应将粗钢筋布置在底部。主钢筋的排列原则应为:由上至下,下粗上细,对称布置,上下左右对齐,便于混凝土的浇筑。主钢筋与弯起钢筋之间的焊缝宜采用双面焊缝,焊缝长度为 $5d$;钢筋之间的短焊缝长度为 $2.5d$(d 为主筋直径)。

2. 箍筋

箍筋的作用是保证斜截面抗剪强度,联结受拉钢筋和受压区混凝土,使其共同工作,同时固定纵向钢筋的位置而使梁内各种钢筋构成钢筋骨架,其具体做法及选择详见本书项目五。

3. 弯起钢筋(斜筋)

弯起钢筋是为保证斜截面强度而设置的,一般可由纵向受力钢筋弯起而成,也可专门设置弯起钢筋。其具体做法详见本书项目五。

4. 架立钢筋

钢筋混凝土梁内需设置架立钢筋,架立钢筋用来固定箍筋位置,形成钢筋骨架,保持箍筋间距,防止钢筋因浇筑振捣混凝土及其他意外因素而产生偏斜,承受由于混凝土收缩及温差变化所产生的内应力。钢筋混凝土 T 梁的架立钢筋直径多为 22 mm,矩形截面梁一般为 10～14 mm。

5. 腰筋(侧向构造钢筋)

腰筋用以增强钢筋骨架的刚性,增强梁的抗扭能力,并承受侧面发生的内应力(如温度变形等)。

6.拉结筋

拉结筋用以保证腰筋的稳定性,并能承受一定的侧向应力。

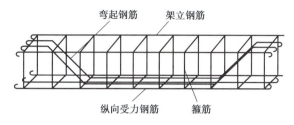

图 4.5　梁内钢筋骨架

(三)梁内钢筋保护层

普通钢筋保护层厚度取钢筋外缘至混凝土表面的距离,不应小于钢筋公称直径;当钢筋为束筋时,保护层厚度不应小于束筋的等代直径。

先张法构件中预应力钢筋的保护层厚度取钢筋外缘至混凝土表面的距离,不应小于钢筋公称直径;后张法构件中预应力钢筋的保护层厚度取预应力管道外缘至混凝土表面的距离,不应小于其管道直径的 $1/2$。

最外侧钢筋的混凝土保护层最小厚度应不小于表 4.1 的规定值。

表 4.1　混凝土保护层最小厚度 $c_{\min}$ 　　　　　单位:m

构件类别	梁、板、塔、拱圈、涵洞上部		墩台身、涵洞下部		承台、基础	
设计使用年限/年	100	50、30	100	50、30	100	50、30
Ⅰ类一般环境	20	20	25	20	40	40
Ⅱ类-冻融环境	30	25	35	30	45	40
Ⅲ类-近海或海洋氯化物环境	35	30	45	40	65	60
Ⅳ类-除冰盐等其他氯化物环境	30	25	35	30	45	40
Ⅴ类-盐结晶环境	30	25	40	35	45	40
Ⅵ类-化学腐蚀环境	35	30	40	35	60	55
Ⅶ类-磨蚀环境	35	30	45	40	65	60

注:①表中数值是针对各环境类别的最低作用等级、按本规范第 4.5.3 条要求的最低混凝土强度等级,以及钢筋和混凝土无特殊防腐措施规定的。

②对工厂预制的混凝土构件,其保护层最小厚度可将表中相应数值减小 5 mm,但不得小于 20 mm。

③表中承台和基础的保护层最小厚度,是针对基坑底无垫层或侧面无模板的情况规定的;对于有垫层或有模板的情况,保护层最小厚度可将表中相应数值减小 20 mm,但不得小于 30 mm。

各主钢筋之间的净距或层与层之间的净距,当钢筋层数小于或等于 3 层时,应不小于 30 mm,且不小于钢筋直径 d;当钢筋层数大于 3 层时,应不小于 40 mm 或 $1.25d$。

梁内钢筋的位置排布及间距要求,如图 4.6 所示。

规定钢筋的最小间距是便于浇筑混凝土以保证混凝土的质量,同时在钢筋周围有足够的混凝土包裹,可保证两者之间有可靠的黏结力。

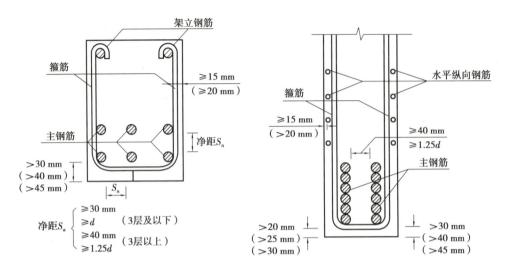

图 4.6 梁内钢筋位置与保护层

(四)梁截面的有效高度

梁截面的有效高度是指受拉钢筋的重心至混凝土受压区外边缘的垂直距离,它与受拉钢筋的直径及排放位置有关。当单排放置钢筋时,$h_0 = h - 25 - 0.5d \approx h - 35$;当双排放置钢筋时,$h_0 = h - 60$;可写成 $h_0 = h - a_s$。

◆ **拓展提高**

走访校园周边,搜集身边典型的受弯构件实例。

同步测试

任务二 受弯构件正截面受力全过程和破坏特征认知

◆ **学习准备**

①讨论拓展提高成果展示;
②课前观看微课、动画视频。

◆ **引导问题**

①构件正截面和斜截面的界定?
②为什么要研究受弯构件正截面的破坏?

◆ **知识储备**

受弯构件正截面破坏特征

一、梁的受力性能

如图 4.7 所示为强度等级 C25 的钢筋混凝土简支梁。为消除剪力对正截面受弯的影响,采用两点对称加载方式,使两个对称集中力之间的截面,在忽略自重的情况下,只受纯弯矩而无剪力,称为纯弯区段。在长度为 $l_0/3$ 的纯弯区段布置仪表,以观察加载后梁的受力全过程。

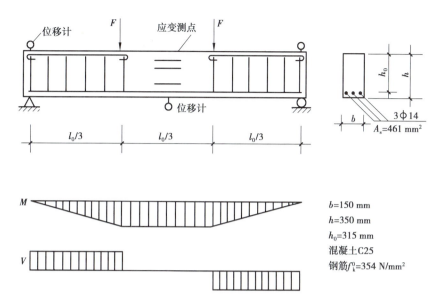

图 4.7　试验梁的构造与受力图

荷载逐级施加,由零开始直至梁正截面受弯破坏。下面分析在加载过程中,钢筋混凝土受弯构件正截面受力的全过程。在纯弯段内,沿梁高两侧布置测点,用仪表量测梁的纵向变形。所测得的数值都表示在此标距范围内的平均应变值。另外,在跨中和支座处分别安装百(千)分表以量测跨中的挠度 f(也可采用挠度计测量挠度),有时还要安装倾角仪以量测梁的转角。

图 4.8 所示为钢筋混凝土试验梁的弯矩与截面曲率关系曲线实测结果。图中,纵坐标为梁跨中截面的弯矩实验值 M^0,横坐标为梁跨中截面的曲率实验值 φ^0。

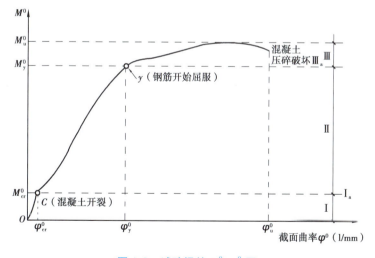

图 4.8　试验梁的 $M^0 - \varphi^0$ 图

实验表明,适筋梁正截面受弯的全过程可划分为 3 个阶段,即未裂阶段、裂缝阶段和破坏阶段。

(一)第 I 阶段:混凝土开裂前的未裂阶段(整体工作阶段)

当荷载很小时,截面上的内力很小,应力和应变成正比,截面上的应力分布为直线。这种受力阶段被称为第 I 阶段,如图 4.9(a)所示。

第 I_a 阶段为整体工作阶段末期。从开始加荷到受拉区混凝土开裂,梁的整个截面均参加受力,故又称为整体工作阶段。当随着作用的增加,混凝土塑性变形不断发展,最终进入Ⅰₐ阶段,如图4.9(b)所示。受拉区混凝土应力图呈现曲线形,下缘混凝土拉应力即将达到其抗拉强度极限值,混凝土即将出现裂缝;对受压区混凝土,因其抗压强度远大于抗拉强度,应力图仍接近三角形。

在这一工作阶段,混凝土即将出现裂缝,截面整体工作状态即将结束,故称为整体工作阶段末期。计算钢筋混凝土构件裂缝时,即以此阶段为计算基础。

(二)第Ⅱ阶段:混凝土开裂后至钢筋屈服前的裂缝阶段(带裂缝工作阶段)

混凝土开裂时,截面发生应力重分布,裂缝处混凝土不再承受拉应力,与此同时钢筋的拉应力突然增大,受压区混凝土出现明显的塑性变形,应力图形呈曲线,这个受力阶段被称为第Ⅱ阶段,如图4.9(c)所示。当荷载增加到某一数值时,受拉区纵向钢筋达到其屈服强度,这个受力状态称为Ⅱₐ阶段,如图4.9(d)所示。

在这一阶段,受拉区混凝土基本退出工作,全部拉力由钢筋单独承受(但钢筋尚未屈服)。按照容许应力法计算构件强度的理论,即以此阶段为基础。

(三)第Ⅲ阶段:钢筋开始屈服至截面破坏的破坏阶段(破坏阶段)

受拉区钢筋屈服后,截面承载力无明显增加,但塑性变形发展很快,裂缝迅速开展,并向受压区延伸;混凝土受压区面积减小,受压区混凝土的压应力迅速增大,这是截面受力的第Ⅲ阶段,如图4.9(e)所示。

在荷载几乎不变的情况下,裂缝进一步急剧开展,受压区混凝土出现纵向裂缝,混凝土被完全压碎,截面发生破坏,这个受力状态称为第Ⅲₐ阶段,如图4.9(f)所示。

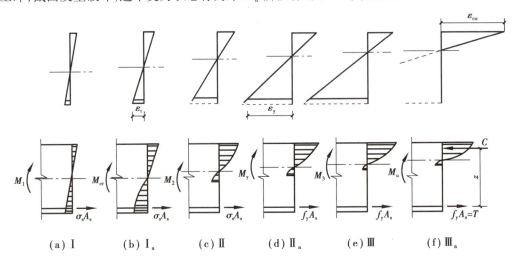

图4.9　适筋梁在各工作阶段的截面应力分布图

进行受弯构件截面各受力工作阶段的分析,可以详细了解截面受力的全过程,从而为裂缝、变形及承载力的计算提供依据。

截面抗裂验算是在基于第Ⅰₐ阶段的基础上进行的,即Ⅰₐ抗阶段的应力状态是抗裂计算的依据。

构件使用阶段的变形和裂缝宽度验算是建立在第Ⅱ阶段的基础上的,即第Ⅱ阶段的应力状态是变形和裂缝宽度计算的依据。

截面的承载力是建立在第Ⅲₐ阶段的基础上的,即第Ⅲₐ阶段是承载力计算的依据。

总结上述钢筋混凝土梁从加荷到破坏的整个过程可以看出:

①受压区混凝土应力图在第Ⅰ阶段为三角形分布,第Ⅱ阶段为微曲的曲线形,第Ⅲ阶段为高次抛物线形。

②钢筋应力在第Ⅰ阶段增长速度缓慢,第Ⅱ阶段应力增长较快,第Ⅲ阶段钢筋应力达到屈服强度后,应力不再增加,直到破坏。

③梁在第Ⅰ阶段混凝土尚未开裂,梁的挠度增长速度较慢;第Ⅱ阶段由于梁带裂缝工作,挠度增长速度较前阶段快;第Ⅲ阶段由于钢筋屈服,裂缝急剧开展,挠度急剧增加。

二、受弯构件正截面的破坏特征

仅在受拉区配置有纵向受力钢筋的矩形截面梁,称为单筋矩形截面梁。梁内纵向受力钢筋数量用配筋率 ρ 表示,配筋率是纵向受力钢筋截面面积 A_s 与截面有效面积的百分比。

$$\rho = \frac{A_s}{bh_0} \tag{4.1}$$

式中　A_s——纵向受力钢筋截面面积;

　　　b——截面宽度;

　　　h_0——截面的有效高度(从受压边缘至纵向受力钢筋截面重心的距离)。

构件的破坏特征取决于配筋率、混凝土的强度等级、截面形式等诸多因素,其中配筋率的影响最大。配筋率不同,受弯构件的破坏形式也不同,通常会发生以下3种破坏形式。

(一)少筋破坏——脆性破坏

配筋率过低的钢筋混凝土梁称为"少筋梁"。当构件的配筋率低于某一定值时,构件不但承载力很低,而且只要一开裂,裂缝就急速开展,裂缝处的拉力全部由钢筋承担,钢筋由于配置过少,突然增大的应力使钢筋迅速屈服,构件立即发生破坏。此时,裂缝往往集中出现一条,且开展宽度较大,沿梁高延伸很高,即使受压区混凝土暂未压碎,但由于裂缝过大,也标志着梁的破坏。这种破坏来得突然,故属于"脆性破坏",其破坏形态如图4.10(a)所示。

少筋梁破坏
试验

(二)适筋破坏——塑性破坏

配筋率适当的钢筋混凝土梁称为"适筋梁"。当构件的配筋率不是太低也不是太高时,构件的破坏首先是受拉区纵向钢筋屈服,然后是受压区混凝土压碎。钢筋和混凝土的强度都得到了充分利用。破坏前有明显的塑性变形和裂缝预兆。这种梁在破坏前,由于裂缝开展较宽,挠度较大,给人以明显的破坏预兆,故习惯上称为"塑性破坏",破坏形态如图4.10(b)所示。

适筋梁破坏
试验

(三)超筋破坏——脆性破坏

配筋率过高的钢筋混凝土梁称为"超筋梁"。当构件的配筋率超过一定值时,构件的破坏是由混凝土被压碎而引起的,受拉区钢筋不屈服。破坏前有一定变形和裂缝预兆,但不明显。当混凝土被压碎时,破坏突然发生,钢筋的强度得不到充分发挥。由于该梁在破坏前裂缝开展不宽,延伸不多,梁的挠度不大,梁是在没有明显预兆的情况下由于受压区混凝土突然压碎而被破坏,破坏带有脆性性质,故习惯上称为"脆性破

超筋梁破坏
试验

坏",破坏形态如图 4.10(c)所示。

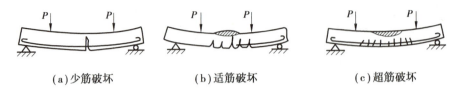

  (a)少筋破坏   (b)适筋破坏   (c)超筋破坏

图 4.10　受弯构件正截面破坏形态

  综上所述,受弯构件的破坏是受拉钢筋和受压混凝土相互抗衡的结果。当受压混凝土的抗压强度大于受拉钢筋的抗拉能力时,钢筋先屈服;反之,当受拉钢筋的抗拉能力大于受压区混凝土的抗压能力时,受压区混凝土先被压碎。

  上述 3 种破坏方式中,适筋破坏能充分发挥材料的强度,符合安全、经济的要求,所以在工程中被广泛应用。少筋破坏和超筋破坏都具有脆性性质,破坏前无明显预兆,破坏时将造成严重后果,且材料强度得不到充分利用。设计时不能将受弯构件设计成少筋构件和超筋构件,只能设计成适筋构件。

适筋梁、少筋梁、超筋梁受弯试验对比分析

同步测试

◆拓展提高

归纳总结受弯构件正截面 3 种破坏类型的特点。

任务三　单筋矩形截面梁受弯构件正截面承载力计算

◆学习准备

①复习静力平衡条件知识;
②提前学习各参数指标及符号。

◆引导问题

①为什么选择梁作为受弯构件的主要研究对象?
②矩形截面梁哪种配筋被称为单筋梁?

◆知识储备

受弯构件正截面承载力计算基本原则

单筋矩形截面梁受弯承载力计算

一、基本假定与等效矩形应力图

(一)基本假定

钢筋混凝土受弯构件正截面承载力计算,以 $Ⅲ_a$ 阶段作为承载力极限状态的计算依据,并引入基本假定:

1.平截面假定

  构件正截面弯曲变形后,其截面依然保持平面,截面应变分布服从平截面假定,即截面内任意点的应变与该点到中性轴的距离成正比,钢筋与外围混凝土的应变相同。

  国内外大量试验也表明,从加载开始至破坏,若受拉区的应变是采用跨过几条裂缝的长标距量测时,所测得破坏区段的混凝土及钢筋的平均应变基本上符合平截面假定。

2. 不考虑混凝土的抗拉强度

即认为拉力全部由受拉钢筋承担,虽然在中性轴附近尚有部分混凝土承担拉力,但与钢筋承担的拉力或混凝土承担的压力相比,数值很小,且合力离中性轴很近,承担的弯矩可以忽略。

3. 受压区混凝土的应力-应变关系

不考虑下降段,并简化为如图 4.11 所示的形式。

4. 钢筋应力-应变关系(图 4.12)

钢筋应力等于钢筋应变与其弹性模量的乘积,但其绝对值不应大于其强度设计值。

(二)等效矩形应力图

对于受弯构件受压区混凝土的压应力分布图,理论上可根据平截面假定得出每一根纤维的应变值,再从混凝土应力-应变曲线中找到相应的压力值,从而可以求出受压区混凝土的应力分布图。为了简化计算,国内、外规范多以等效矩形应力图形来代替受压区混凝土应力图形。等效原则如下:

①等效矩形应力图的面积与理论图形(即二次抛物线加矩形图)的面积相等,即压应力合力大小相等;

②等效矩形应力图的形心位置与理论应力图的总形心位置相同,即压力的合力作用点不变。

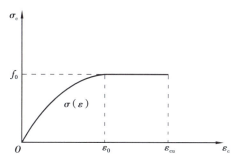

图 4.11　混凝土应力-应变设计曲线　　　　图 4.12　钢筋应力-应变设计曲线

根据以上条件和图 4.13 进行简化计算,具体换算结果如图 4.14 所示。图中,x_c 为实际受压区高度,《混凝土结构设计标准》(GB/T 50010—2010)规定,取 $x = \beta_1 x_c$,并取换算矩形应力图的应力为 $\alpha_1 f_c$。

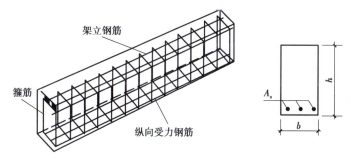

图 4.13　单筋矩形截面梁配筋

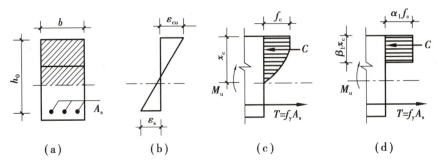

图 4.14　等效矩形应力图

系数 α_1 和 β_1 的取值见表 4.2。

表 4.2　系数 α_1 和 β_1 的取值

混凝土等级	≤C50	C55	C60	C65	C70	C75	C80
α_1	1.00	0.99	0.98	0.97	0.96	0.95	0.94
β_1	0.80	0.79	0.78	0.77	0.76	0.75	0.74

二、适筋梁的基本条件

(一)相对受压区高度与配筋率

1.相对受压区高度 ξ

ξ 定义为正截面混凝土受压区高度 x 与有效高度 h_0 的比值：

$$\xi = \frac{x}{h_0} \tag{4.2}$$

2.相对界限受压区高度 ξ_b

处于界限破坏状态的梁正截面混凝土受压区高度 x_u 与截面有效高度 h_0 的比值以 ξ_b 表示，称为相对界限受压区高度。《混凝土结构设计标准》(GB/T 50010—2010)按式(4.3)计算：

$$\xi_b = \frac{\beta_1}{1 + \dfrac{f_y}{E_s \varepsilon_{cu}}} \tag{4.3}$$

式中　$\varepsilon_{cu} = 0.0033$；

　　　β_1——系数，当混凝土强度等级不超过 C50 时，$\beta_1 = 0.8$；当混凝土强度等级等于 C80 时，$\beta_1 = 0.74$，其间按线性内插法取用。

《公路桥规》中，对不同强度等级混凝土和不同牌号钢筋的梁，给出了不同的混凝土相对界限受压区高度 ξ_b 值，见表 4.3。

表 4.3　混凝土受压区相对界限高度 ξ_b

钢筋种类	混凝土强度等级			
	C50 及以下	C55、C60	C65、C70	C75、C80
HPB300	0.58	0.56	0.54	—

钢筋种类	混凝土强度等级			
	C50 及以下	C55、C60	C65、C70	C75、C80
HRB400、HRBF400、RRB400	0.53	0.51	0.49	—
HRB500	0.49	0.47	0.46	—
钢绞线、钢丝	0.40	0.38	0.36	0.35
预应力螺纹钢筋	0.40	0.38	0.36	—

注:①截面受拉区内配置不同种类钢筋的受弯构件,其 ξ_b 值应选用相应于各种钢筋的较小者。

②$\xi_b = x_b / h_0$,x_b 为纵向受拉钢筋和受压区混凝土同时达到各自强度设计值时的受压区矩形应力图高度。

(二)适筋梁与超筋梁的界限

如前所述,适筋梁和超筋梁的区别在于:适筋梁的配筋率适中,破坏始于受拉钢筋达到屈服强度;超筋梁的配筋率过大,破坏始于受压区混凝土被压碎。显然,当钢筋确定后,梁内配筋存在一个特定的配筋率 ρ_{max},它能使受拉钢筋达到屈服强度的同时,受压区混凝土边缘压应变也恰好达到极限压应变值 ε_{cu}。钢筋混凝土梁的这种破坏称为界限破坏。这个界限也就是适筋梁与超筋梁的界限。上述特定配筋率 ρ_{max} 也就是适筋梁配筋率的最大值。故梁为适筋梁,必须满足:

$$\rho \leqslant \rho_{max} \tag{4.4}$$

这个条件通常可用"受压区高度" x 来控制,即

$$x \leqslant x_u = \xi_b h_0 \tag{4.5}$$

(三)适筋梁与少筋梁的界限

为防止截面配筋过少而出现脆性破坏,并考虑温度和收缩应力及构造等方面的要求,适筋配筋率应满足另一条件,即 $\rho \geqslant \rho_{min}$。式中,$\rho_{min}$ 表示适筋梁的最小配筋率。《公路桥规》规定:$\rho_{min} = (45 f_{td}/f_{sd})\%$,同时不应小于 0.2%。即有:

$$\rho = \frac{A_s}{b h_0} \geqslant \rho_{min} = 45 \times \frac{f_{td}}{f_{sd}} \times 100\% \tag{4.6}$$

式中　A_s——纵向受力钢筋截面面积;

　　　b——截面宽度;

　　　h_0——截面的有效高度(从受压边缘至纵向受力钢筋截面重心的距离)。

实际工程中,梁的配筋率 ρ 总要比 ρ_{max} 低一些,比 ρ_{min} 高一些,才能达到经济合理的效果。这主要应考虑以下两个方面:

①为了确保所有的梁在濒临破坏时具有明显的征兆以及在破坏时具有适当的延性,就要满足 $\rho < \rho_{max}$。

②当配筋率取得较小时,梁截面就要大些;当配筋率取得较大时,梁截面就要小些,这就要顾及钢材、水泥、砂石等原材料的价格和施工费用。

根据我国经验,钢筋混凝土板的经济配筋率为 $0.5\% \sim 1.3\%$;钢筋混凝土 T 梁的经济配筋率为 $2.0\% \sim 3.5\%$。

三、基本公式及适用条件

(一)基本计算公式

如图 4.15 所示为单筋矩形截面梁正截面承载力计算简图。由静力平衡条件得：

$$\sum X = 0, \alpha_1 f_c bx = f_y A_s \tag{4.7}$$

$$\sum M = 0, M \leqslant M_u = \alpha_1 f_c bx\left(h_0 - \frac{x}{2}\right) \tag{4.8}$$

或

$$M \leqslant M_u = f_y A_s\left(h_0 - \frac{x}{2}\right) \tag{4.9}$$

式中　b——矩形截面宽度；

A_s——受拉区纵向受拉钢筋的截面面积；

M——荷载在该截面上产生的弯矩设计值；

h_0——截面的有效高度 $h_0 = h - a_s$；梁的纵向受力钢筋按一排布置时，$h_0 = h - 35$ mm；梁的纵向受力钢筋按两排布置时，$h_0 = h - 60$ mm，板的截面有效高度 $h_0 = h - 20$ mm；

h——截面高度；

α_1——矩形应力图形的强度与受压区混凝土最大应力的 f_c 的比值；

a_s——受拉区边缘到受拉钢筋合力作用点的距离；

x——混凝土受压区高度；

f_y——受拉钢筋的强度设计值。

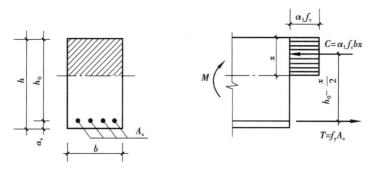

图 4.15　单筋矩形截面梁计算简图

(二)适用条件

基本计算公式只适用于适筋梁。

①为防止梁发生超筋破坏，应保证受拉钢筋在构件破坏时达到屈服，即

$$\xi = \frac{x}{h_0} = \rho \frac{f_{sd}}{f_{cd}} \leqslant \xi_b \tag{4.10}$$

$$x \leqslant \xi_b h_0 \tag{4.11}$$

$$\rho \leqslant \rho_{max} \leqslant \xi_b \alpha_1 \frac{f}{f_y} \tag{4.12}$$

$$\alpha_s = \frac{M}{\alpha_1 f_c b h_0^2} \leqslant \alpha_{s,max} = \xi_b(1 - 0.5\xi_b) \tag{4.13}$$

上述 4 个条件意义是一样的，只需满足其一即可。

②为防止梁发生少筋破坏,应满足下列公式:

$$\rho \geqslant \rho_{\min} \tag{4.14}$$

或

$$A_{\mathrm{s}} \geqslant \rho_{\min} b h_0 \tag{4.15}$$

四、基本公式的应用

钢筋混凝土构件设计中,基本公式的应用有两种情况,即截面设计和截面复核。

(一)截面设计

设计中,当进行单筋矩形截面选择时,通常有以下两种情况。

1.情形一

已知:构件的截面尺寸($b \times h$),材料的强度等级(f_c、f_y)以及设计弯矩(M),求钢筋面积A_s。

该情形可按以下设计步骤进行:

①假定a_s,由基本公式(4.8)求x,验算公式的适用条件$x \leqslant x_b$。

②由基本公式(4.7)求A_s。

③根据构造要求从表4.4与表4.5中选择合适的钢筋直径及根数,布置钢筋,对假定的a_s进行校核修正,验算$\rho = \dfrac{A_s}{bh_0} \geqslant \rho_{\min}$。

表4.4　圆钢筋、带肋钢筋截面面积、质量表

直径/mm	在下列根数时的钢筋截面面积/mm²									质量 /(kg·m⁻¹)	带肋钢筋/mm	
	1	2	3	4	5	6	7	8	9		直径	外径
4	12.6	25	38	50	63	75	88	101	113	0.098	—	—
6	28.3	57	85	113	141	170	198	226	254	0.222	—	—
8	50.3	101	151	201	251	302	352	402	452	0.396	—	—
10	78.5	157	236	314	393	471	550	628	707	0.617	10	11.6
12	113.1	226	339	452	566	679	792	905	1 018	0.888	12	13.9
14	153.9	308	462	616	770	924	1 078	1 232	1 385	1.208	14	16.2
16	201.1	402	603	804	1 005	1 206	1 470	1 608	1 810	1.680	16	18.4
18	254.5	509	763	1 018	1 272	1 527	1 781	2 036	2 290	1.998	18	20.5
20	314.2	628	942	1 256	1 570	1 884	2 200	2 513	2 827	2.460	20	22.7
22	380.1	760	1 140	1 520	1 900	2 281	2 661	3 041	3 421	2.980	22	25.1
25	490.9	982	1 473	1 964	2 454	2 954	3 436	3 927	4 418	3.850	25	28.4
28	615.7	1 232	1 847	2 463	3 079	3 695	4 310	4 926	5 542	4.833	28	31.6
32	804.3	1609	2 413	3 217	4 021	4 826	5 630	6 434	7 238	6.310	32	35.8
34	907.9	1 816	2 724	3 632	4 540	5 448	6 355	7 263	2 171	7.127	34	—
36	1017.9	2 036	3 054	4 072	5 089	6 107	7 125	8 143	9 161	7.990	36	40.2
38	1 134.1	2 268	3 402	4 536	5 671	6 805	7 939	9 073	10 207	8.003	38	—
40	1 256.6	2 513	3 770	5 026	6 283	7 540	8 796	10 053	11 310	9.865	40	44.5

表 4.5 钢筋间距一定时,板每米宽度内钢筋截面面积

钢筋间距/mm	不同钢筋直径(mm)板每米宽度内钢筋截面面积/mm²								
	6	8	10	12	14	16	18	20	22
70	404	718	1 122	1 616	2 199	2 873	3 636	4 487	5 430
75	377	670	1 047	1 508	2 052	2 681	3 393	4 188	2 081
80	353	628	982	1 414	1 924	2 314	3 181	3 926	4 751
85	333	591	924	1 331	1 181	2 366	2 994	3 695	4 472
90	314	559	873	1 257	1 711	2 234	2 828	3 490	4 223
95	298	529	827	1 190	1 620	2 117	2 679	3 306	4 000
100	283	503	785	1 131	1 539	2 011	2 545	3 141	3 801
105	269	479	748	1 077	1 466	1 915	2 424	2 991	3 620
110	257	457	714	1 028	1 399	1 828	2 314	2 855	3 455
115	246	437	683	984	1 339	1 749	2 213	2 731	3 305
120	236	419	654	942	1 283	1 676	2 121	2 617	3 167
125	226	402	628	905	1 232	1 609	2 036	2 513	3 041
130	217	387	604	870	1 184	1 547	1 958	2 416	2 924
135	209	372	582	838	1 140	1 490	1 885	2 327	2 816
140	202	359	561	808	1 100	1 436	1 818	2 244	2 715
145	195	347	542	780	1 062	1 387	1 755	2 166	2 621
150	189	335	524	754	1 026	1 341	1 697	2 084	2 534
155	182	324	507	730	993	1 297	1 643	2 027	2 452
160	177	314	491	707	962	1 257	1 590	1 964	2 376
165	171	305	476	685	933	1 219	1 542	1 904	2 304
170	166	296	462	665	905	1 183	1 497	1 848	2 236
175	162	287	449	646	876	1 149	1 454	1 795	2 172
180	157	279	436	628	855	1 117	1 414	1 746	2 112
185	153	272	425	611	832	1 087	1 376	1 694	2 035
190	149	265	413	595	810	1 058	1 339	1 654	3 001
195	145	258	403	403	580	789	1031	1 305	1 611
200	141	251	393	565	769	1 005	1 272	1 572	1 901

【例 4.1】已知:梁的截面尺寸为 $b \times h = 200\ \text{mm} \times 500\ \text{mm}$,混凝土强度等级为 C25,$f_c = 11.5$ N/mm^2,$f_t = 1.23\ \text{N/mm}^2$,钢筋采用 HRB400,$f_y = 330\ \text{N/mm}^2$,截面弯矩设计值为 $M = 165\ \text{kN} \cdot \text{m}$,

环境类别为一类。求受拉钢筋截面面积。

【解】采用单排布筋时，$h_0 = 500 - 35 = 465 (\text{mm})$。

将已知数值代入公式 $\alpha_1 f_c b x = f_y A_s$ 及 $M = \alpha_1 f_c b x \left(h_0 - \dfrac{x}{2} \right)$ 得：

$$\begin{cases} 1.0 \times 11.5 \times 200 \times x = 330 \times A_s \\ 165 \times 10^6 = 1.0 \times 11.5 \times 200 \times x \times \left(465 - \dfrac{x}{2} \right) \end{cases}$$

两式联立得：

$$\begin{cases} x = 195.3 \text{ mm} \\ A_s = 1\,361.2 \text{ mm}^2 \end{cases}$$

验算：

$$\begin{cases} x = 195.3 \text{ mm} < \xi_b h_0 = 0.53 \times 465 \text{ mm} \approx 246.45 \text{ mm} \\ A_s = 1\,361.2 > \rho_{\min} \end{cases}$$

所以，选用 $3 \oplus 25$，$A_s = 1\,473 \text{ mm}^2$。

2. 情形二

已知：结构设计安全等级，材料的强度等级（f_c、f_y）以及设计弯矩（M），求钢筋面积 A_s、构件的截面尺寸（$b \times h$）。

该情形可按以下设计步骤进行：

①在经济配筋率内选定一 ρ 值，并根据受弯构件适应情况选定梁宽（设计板宽时，一般采用单位板宽，即取 $b = 1\,000$ mm）。

②由基本公式(4.10)求 ξ 值。若 $\xi \leq \xi_b$，则取 $x = \xi h_0$，代入式(4.8)，化简得：

$$h_0 = \sqrt{\frac{\gamma_0 M_d}{\xi(1 - 0.5\xi)f_{cd} b}}$$

③由 h_0 求出所需截面高度 $h = h_0 + a_s$，a_s 为受拉钢筋合力作用点至截面受拉区外缘的距离。为使构件截面尺寸规格化和考虑施工方便，最后实际取用的 h 值应模数化，钢筋混凝土梁板的 h 值应为整数。

④继续按照情形一求出受拉钢筋截面面积并布置钢筋。若 $\xi > \xi_b$ 则应重新选定 ρ 值，重复上述计算，直到满足 $\xi \leq \xi_b$ 的条件。

【例4.2】某矩形截面简支梁，弯矩设计值 $M = 270$ kN·m，混凝土强度等级为C70，$f_t = 2.07$ N/mm²，$f_c = 30.5$ N/mm²；钢筋为 HRB400，即Ⅲ级钢筋，$f_y = 330$ N/mm²。环境类别为一级，结构重要性系数为1.0。求梁截面尺寸 $b \times h$ 及所需的受拉钢筋截面面积 A_s。

【解】根据 $f_c = 30.5$ N/mm²，$f_y = 330$ N/mm²，$f_t = 2.07$ N/mm²，查表得 $\alpha_1 = 0.96$，$\beta_1 = 0.76$。假定 $\rho = 0.01$ 及 $b = 250$ mm，则：

$$\xi = \rho \frac{f_y}{\alpha_1 f_c} = 0.01 \times \frac{360}{0.96 \times 30.5} \approx 0.123$$

令 $M = M_u$，得：

$$M = \alpha_1 f_c b x \left(h_0 - \frac{x}{2} \right) = \alpha_1 f_c b \xi (1 - 0.5\xi) h_0^2$$

可得:

$$h_0 = \sqrt{\frac{M}{\alpha_1 f_c b \xi (1 - 0.5\xi)}} = \sqrt{\frac{270 \times 10^6}{0.96 \times 30.5 \times 250 \times 0.123 \times (1 - 0.5 \times 0.23)}} \approx 566(\text{mm})$$

由题知,环境类别为一类,查表得混凝土强度等级为 C70 梁的混凝土保护层最小厚度为 25 mm,取 $a_s = 45$ mm,$h = h_0 + a_s = 566 + 45 = 611(\text{mm})$。实际取 $h = 600$ mm,$h_0 = 600 - 45 = 555$ (mm)。

$$\xi(1 - 0.5\xi) = \frac{M}{\alpha_1 f_c b h_0^2} = \frac{270 \times 10^6}{0.96 \times 30.5 \times 250 \times 555^2} \approx 0.120$$

不难求得 $\xi = 0.128$。

$$A_s = \frac{M}{f_y h_0 (1 - 0.5\xi)} = \frac{270 \times 10^6}{330 \times (1 - 0.5 \times 0.128) \times 555} \approx 1\ 575(\text{mm}^2)$$

选配 2Φ32,$A_s = 1\ 609$ mm²,如图 4.16 所示。

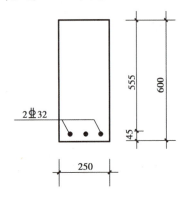

图 4.16 【例 4.2】简支梁截面尺寸及配筋示意图

验算适用条件:

查表知,$\xi_b = 0.53$,故 $\xi_b = 0.49 > \xi = 0.128$,满足要求。

$$\rho_{min} = \max \left\{ 0.2, 45 \frac{f_{td}}{f_{sd}} \right\} \% = 0.28\%$$

$$A_s = 1\ 609\ \text{mm}^2 > \rho_{min} b h_0$$
$$= 0.28\% \times 250 \times 555 \approx 392(\text{mm}^2)$$

故满足最小配筋率要求。

(二)承载力复核

承载力复核是对已经设计好的截面进行承载力计算,以判断其安全程度。

已知:$b \times h$,f_c,f_y,A_s,求抗弯承载力 M_u,并判断结构安全程度。

计算步骤如下:

①验算最小配筋率。

②由基本方程:

$$\sum X = 0, \alpha_1 f_c b x = f_y A_s$$

求混凝土受压区高度 x。

③判别基本条件,按 $x \le x_b$ 验算。如果满足,则进入下一步;否则,取 $x = x_b$。

④由基本方程:

$$M = \alpha_1 f_c b x \left(h_0 - \frac{x}{2} \right)$$

求得截面极限承载力 M_u。

【例4.3】某钢筋混凝土矩形截面梁,截面尺寸为 $b \times h = 200 \text{ mm} \times 500 \text{ mm}$,混凝土强度等级为 C25,钢筋采用 HRB400 级,纵向受拉钢筋 3⏀18,混凝土保护层厚度为 25 mm。该梁承受的最大弯矩设计值 $M = 100 \text{ kN·m}$。试复核梁是否安全。

【解】$\alpha_1 f_c = 11.5 \text{ N/mm}^2$,$f_t = 1.23 \text{ N/mm}^2$,$f_y = 330 \text{ N/mm}^2$,$\xi_b = 0.53$,$A_s = 763 \text{ mm}^2$。

①计算 h_0。因纵向受拉钢筋布置成一排,故 $h_0 = h - 35 = 500 - 35 = 465 (\text{mm})$。

②判断梁的条件是否满足要求

$$x = \frac{A_s f_y}{\alpha_1 f_c b} = \frac{763 \times 330}{1.0 \times 11.5 \times 200} \approx 113.9 (\text{mm}) < \xi_b h_0 = 0.53 \times 465 \approx 246.45 (\text{mm})$$

故梁不超筋。

$$\frac{0.45 f_t}{f_y} = 0.45 \times \frac{1.23}{330} \approx 0.17\% < \rho_{\min} = 0.2\%$$

$$\rho = \frac{A_s}{b h_0} = \frac{763}{200 \times 465} \approx 0.82\% > \rho_{\min} = 0.2\%$$

故梁不少筋。

③求截面受弯承载力 M_u,并判断该梁是否安全。

$$M_u = f_y A_s \left(h_0 - \frac{x}{2} \right) = 330 \times 763 \times \left(465 - \frac{113.9}{2} \right)$$

$$\approx 102.74 \times 10^6 (\text{N·mm}) = 102.74 (\text{kN·m}) > M = 100 (\text{kN·m})$$

故该梁安全。

◆ 拓展提高

绘制单筋矩形截面梁受弯构件截面设计和承载力复核流程图。

同步测试

任务四 双筋矩形截面梁受弯构件正截面承载力计算

◆ 学习准备

①考察学校工地,课前收集混凝土梁图片,上传并分享;
②提前学习混凝土等级及符号。

◆ 引导问题

①矩形截面梁的哪种配筋被称为双筋梁?
②为什么要配置双筋?

双筋矩形截面梁受弯承载力计算

◆ 知识储备

在截面受拉、受压区同时配置纵向受力钢筋的梁,称为双筋截面梁。

双筋截面通常适用于以下 3 种情况:

①结构或构件承受某种作用(如地震)使截面上的弯矩改变方向。

②荷载效应较大,而提高材料强度和截面尺寸受到限制。

③由于某种原因,已配置了一定数量的受压钢筋(如连续梁的某些支座截面)。

应该明确,用配置受压钢筋来帮助混凝土受压以提高构件承载能力是不经济的,但是从使用性能看,双筋截面受弯构件由于设置了受压钢筋,可以延迟截面的破坏,提高其抗震性能,有利于防止截面发生脆性破坏。此外,由于受压钢筋的存在和混凝土徐变的影响,可以减少短期和长期作用下结构的变形。从这两个方面看,采用双筋截面还是经济的。

双筋梁的基本假定与单筋梁的基本假定基本相同。而且,普通受压钢筋的设计强度与抗拉设计强度相等,但是,应注意充分发挥受压钢筋的作用。

一、基本公式及适用条件

(一)基本公式

如图 4.17 所示,由平衡条件可得:

$$\sum X = 0, \quad f_y A_s = f_y' A_s' + \alpha_1 f_c bx \tag{4.16}$$

$$\sum M = 0, \quad M \leqslant \alpha_1 f_c bx\left(h_0 - \frac{x}{2}\right) + f_y' A_s'(h_0 - a_s') \tag{4.17}$$

或

$$M \leqslant \alpha_s bh_0^2 \alpha_1 f_c + A_s' f_y'(h_0 - a_s') \tag{4.18}$$

式中 f_y'——受压钢筋的设计强度;

     a_s'——从受压区边缘到受压区纵向钢筋合力作用点之间的距离;对于梁,当受压钢筋按一排布置时,可取 $a_s' = 35$ mm;当受压钢筋按两排布置时,可取 $a_s' = 60$ mm;对于板,可取 $a_s' = 20$ mm;

     A_s'——受压钢筋的截面面积。

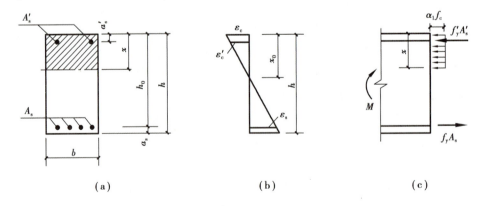

(a)   (b)   (c)

图 4.17   双筋矩形截面计算简图

(二)适用条件

①为了防止超筋破坏,混凝土受压区高度应满足: $x \leqslant \xi_b h_0$。

②为了保证受压钢筋能在截面破坏时达到其抗压设计强度 f'_y,必须满足: $x \geq 2a'_s$。若 $x < 2a'_s$,说明受拉钢筋位置距离中性轴太近,构件破坏时受压钢筋压应变太小,以致应力达不到抗压强度设计值。这种应力状态与极限状态下的双筋矩形截面应力图示不符。当不符合此条件时,受弯承载力可按下式计算:

$$M \leq f_y A_s (h - a_s - a'_s)$$

至于控制最小配筋率的条件,在双筋矩形截面情况下,一般不需验算。

二、基本公式的应用

(一)截面设计

设计双筋梁时,常遇到如下两种情况:

①已知截面尺寸 $b \times h$,弯矩设计值 M,材料强度 f_c、f_y,求受压钢筋和受拉钢筋截面面积 A'_s 及 A_s。

解法:为了节约钢筋,应充分发挥混凝土的受压能力,可令 $\xi = \xi_b$,则 $x = \xi_b h_0$。这样利用式 (4.16)可得到:

$$A'_s = \frac{M - \xi_b (1 - 0.5\xi_b) \alpha_1 f_c b h_0^2}{f'_y (h_0 - a'_s)}$$

若 $A'_s \leq 0$,说明不需设置受压受力筋,可按单筋梁计算。

若 $A'_s > 0$,则:

$$A_s = \frac{\xi_b \alpha_1 f_c b h_0 + f'_y A'_s}{f_y}$$

②已知截面尺寸 $b \times h$,弯矩设计值 M,材料强度 f_c、f_y 及所配受压钢筋面积 A'_s,求受拉钢筋截面积 A_s。

解法: A'_s 已知,可由式(4.17)求得:

$$\alpha_s = \frac{M - A'_s f'_y (h_0 - a_s)}{\alpha_1 f_c b h_0^2}$$

若 $\alpha_s \leq 0$,则:

$$x \leq 2a'_s$$

$$A_s = \frac{M}{f_y (h_0 - a'_s)}$$

若 $\alpha_s > 0$,可查表得 ξ 或由公式计算: $\xi = 1 - \sqrt{1 - 2\alpha_s}$,可计算出: $x = \xi h_0$。

此时, x 可能出现 3 种情况:

a. 若 $x \leq 2a'_s$,假定 $x = 2a'_s$,由式(4.16)求得受拉钢筋 A_s:

$$A_s = \frac{M}{f_y (h_0 - a'_s)}$$

b. 若 $x > \xi_b h_0$,说明受压钢筋 A'_s 太少,应按 A'_s 未知,重新计算 A'_s 及 A_s。

c. 若 $2a'_s < x \leq \xi_b h_0$,则可求得 A_s:

$$A_s = \frac{\alpha_1 f_c b x + A'_s f'_y (h_0 - a'_s)}{f_y}$$

【例 4.4】已知梁的截面尺寸为 $b \times h = 200$ mm $\times 500$ mm,混凝土强度等级 C40, $f_t = 1.65$

N/mm^2，$f_c = 18.4\ N/mm^2$，钢筋采用 HRB400，即Ⅱ级钢筋，$f_y = 330\ N/mm^2$，受压已配置 3 根$\Phi 20$ mm 钢筋，$A'_s = 941\ mm^2$，截面弯矩设计值 $M = 330\ kN \cdot m$。环境类别为一类。求受拉钢筋面积 A_s。

【解】$M' = f'_y A'_s (h_0 - a') = 330 \times 941 \times (440 - 35) \approx 125.8 \times 10^6 (kN \cdot m)$

则：

$$M' = M - M_1 = 330 \times 10^6 - 125.8 \times 10^6 = 204.2 \times 10^6 (kN \cdot m)$$

按单筋矩形截面求 A_{s1}。设 $a_s = 60\ mm$、$h_0 = 500 - 60 = 440 (mm)$。

$$\alpha_s = \frac{M'}{\alpha_1 f_c b h_0^2} = \frac{204.2 \times 10^6}{1.0 \times 18.4 \times 200 \times 440^2} \approx 0.287$$

$$\xi = 1 - \sqrt{1 - 2\alpha_s} = 1 - \sqrt{1 - 2 \times 0.287} \approx 0.348 < \xi_b = 0.55$$

故满足适用条件。

$$\gamma_s = 0.5(1 + \sqrt{1 - 2\alpha_s}) = 0.5 \times (1 + \sqrt{1 - 2 \times 0.287}) \approx 0.826$$

$$A_{s1} = \frac{M'}{f_y \gamma_s h_0} = \frac{204.2 \times 10^6}{330 \times 0.826 \times 440} = 1\ 999 (mm^2)$$

最后得：

$$A_s = A_{s1} + A_{s2} = 1\ 703 + 941 = 2\ 644 (mm^2)$$

故选用 6 Φ 25 mm 钢筋，$A_s = 2\ 945.9\ mm^2$。

(二)承载力校核

已知截面尺寸 $b \times h$，材料强度 f_c、f_y，配置钢筋 A'_s 及 A_s，求梁能承受的最大设计弯矩值。

解法：首先可由式(4.15)求出 x：

$$x = \frac{f_y A_s - f'_y A'_s}{\alpha_1 f_c b}$$

此时，x 可能出现以下 3 种情况：

①若 $x \leq 2a'_s$，则：

$$M_u = f_y A_s (h_0 - a'_s)$$

②$x > \xi_b h_0$，则：

$$M_u = \alpha_1 f_c b h_0^2 \xi_b (1 - 0.5\xi_b) + f'_y A'_s (h_0 - a'_s)$$

③若 $2a'_s \leq x \leq \xi_b h_0$，则：

$$M_u = \alpha_1 f_c b x \left(h_0 - \frac{x}{2} \right) + f'_y A'_s (h_0 - a'_s)$$

计算出的 M_u 即为截面能承受的最大弯矩。当 $M \leq M_u$ 时，则截面是安全的。

【例4.5】已知梁截面尺寸 $b = 200\ mm$，$h = 400\ mm$，混凝土强度等级为 C30，$f_c = 13.8\ N/mm^2$，钢筋采用 HRB400 级，$f_y = 330\ N/mm^2$，环境类别为二类 b，受拉钢筋采用 3 Φ 25($A_s = 1\ 473\ mm^2$)，受压钢筋为 2 Φ 16($A'_s = 402\ mm^2$)，要求承受的弯矩设计值 $M = 90\ kN \cdot m$，验算此梁是否安全。

【解】查表或计算得：$\alpha_1 = 1.0$，$f_c = 13.8\ N/mm^2$，$f_y = f'_y = 330\ N/mm^2$，$\xi_b = 0.518$，混凝土保护层最小厚度为 35 mm，故 $a_s = 35 + 25/2 = 47.5 (mm)$，$a'_s = 35 + 16/2 = 43 (mm)$，$h_0 = 400 - 47.5 = 352.5 (mm)$。

将以上有关数值代入基本公式，可得：

$$x = \frac{f_y A_s - f_y' A_s'}{\alpha_1 f_c b} = \frac{330 \times 1\,473 - 330 \times 402}{1.0 \times 13.8 \times 200} \approx 128.05 \, (\text{mm})$$

$$\xi_b h_0 = 0.53 \times 352.5 \approx 186.8 \, (\text{mm}) > x = 128.05 \, (\text{mm}) > 2a_s' = 2 \times 43 = 86 \, (\text{mm})$$

可见，满足基本公式的适用条件。

将 x 值代入基本公式得：

$$M_u = \alpha_1 f_c b x \left(h_0 - \frac{x}{2} \right) + f_y' A_s'' (h_0 - a_s')$$

$$= 1.0 \times 13.8 \times 200 \times 128.05 \times \left(352.5 - \frac{108.05}{2} \right) + 330 \times 402 \times (352.5 - 43)$$

$$\approx 143.01 \times 10^6 \, (\text{N} \cdot \text{mm})$$

由于 $M = 90 \text{ kN} \cdot \text{m} < M_u = 143.01 \text{ kN} \cdot \text{m}$，故此梁安全。

同步测试

◆ **拓展提高**

根据静力平衡条件自行推导双筋矩形截面梁和单筋矩形截面梁的计算公式，体会二者的异同。

任务五　T 形截面梁受弯构件正截面承载力计算

◆ **学习准备**

①课前展示与探讨拓展提高成果；
②提前学习计算公式。

◆ **引导问题**

①T 形截面梁的构造是怎样的？
②T 形截面梁的受力情形有哪些？

T形截面受弯构件正截面承载力计算公式

T形截面受弯承载力计算

◆ **知识储备**

如果把矩形截面梁受拉区混凝土两侧挖去一部分，这就形成了 T 形截面，如图 4.18 所示。它与原矩形截面相比较，承载能力相同，但节省了混凝土，减轻了自重。T 形截面是由梁肋 $b \times h$ 及挑出翼缘 $(b_f' - b) \times h_f'$ 两部分组成。如果翼缘位于受拉区，当受拉区混凝土开裂后，翼缘就不起作用，可以考虑它为 $b \times h$ 矩形梁。T 形截面梁受力后，翼缘受压时的压应力沿翼缘宽度方向的分布不均匀，离梁肋越远，压应力越小。因此，受压翼缘的计算宽度应有一定限制，在此宽度范围内的应力分布可假设是均匀的，且能与梁肋很好地整体工作。《混凝土结构设计标准》（GB/T 50010—2010）规定，翼缘计算宽度 b_f' 应按表 4.6 中有关规定的最小值取用。

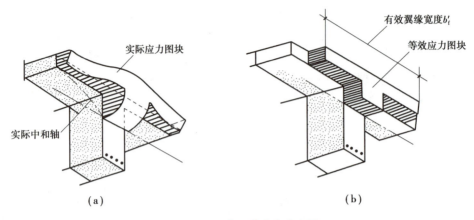

（a） （b）

图 4.18 T 形截面的应力分布图

表 4.6 T 形及倒 L 形截面受弯构件翼缘计算宽度 b_f'

考虑情况		T 形截面		倒 L 形截面
		肋形梁（板）	独立梁	肋形梁（板）
按计算跨度 l_0 考虑		$\dfrac{l_0}{3}$	$\dfrac{l_0}{3}$	$\dfrac{l_0}{6}$
按梁（肋）净跨 s_0 考虑		$b+s_0$	—	$b+\dfrac{s_0}{2}$
按翼缘高度 h_f' 考虑	当 $h_f'/h_0 \geqslant 0.1$	—	$b+12h_f'$	—
	当 $0.1>h_f'/h_0 \geqslant 0.05$	$b+12h_f'$	$b+6h_f'$	$b+5h_f'$
	当 $h_f'/h_0 \leqslant 0.05$	$b+12h_f'$	b	$b+5h_f'$

注:①表中 b 为梁的腹板宽度。
②如肋形梁在梁跨度内设有间距小于纵肋间距的横肋,则可不遵守表列第 3 种情况的规定。
③对有加腋的 T 形和倒 L 形截面,当受压加腋的高度 $h_h \geqslant h_f'$ 且加腋的宽度 $b_h \leqslant 3h_h$ 时,则其翼缘计算宽度可按表列第 3 种情况规定分别增加 $2b_h$（T 形截面）和 b_h（倒 L 形截面）。
④独立梁受压区的翼缘板在荷载作用下,经验算沿纵肋方向可能产生裂缝时,其计算宽度应取腹板宽度 b。

一、基本公式及适用条件

根据中性轴的位置不同,T 形截面分为两种类型,即第一类 T 形截面:中性轴在翼缘高度范围内;第二类 T 形截面:中性轴在梁肋内部通过。

两类 T 形截面的界限状态是 $h=h_f'$,此时的平衡状态可以作为第一、二类 T 形截面的判别条件,即

$$\sum X = 0, f_y A_s = \alpha_1 f_c b_f' h_f' \tag{4.19}$$

$$\sum M = 0, M = \alpha_1 f_c b_f' h_f'\left(h_0 - \frac{h_f'}{2}\right) \tag{4.20}$$

截面设计时,若 $M \leqslant \alpha_1 f_c b_f' h_f'\left(h_0-\frac{h_f'}{2}\right)$,则为第一类 T 形截面;若 $M>\alpha_1 f_c b_f' h_f'\left(h_0-\frac{h_f'}{2}\right)$,则为第二类 T 形截面。

截面复核时,若 $f_y A_s \leqslant \alpha_1 f_c b_f' h_f'$,则为第一类 T 形截面;若 $f_y A_s>\alpha_1 f_c b_f' h_f'$,则为第二类 T 形

截面。

第一类 T 形截面的计算公式与 $b'_f \times h$ 的矩形截面相同,计算公式如下:

$$\sum X = 0, f_y A_s = \alpha_1 f_c b'_f x \tag{4.21}$$

$$\sum M = 0, M = \alpha_1 f_c b'_f x \left(h_0 - \frac{x}{2} \right) \tag{4.22}$$

适用条件如下:

①$\xi = \dfrac{x}{h_0} \leqslant \xi_b$, 或 $\rho \leqslant \rho_{max}$, 此条件一般均能满足,可不验算;

②$\rho = \dfrac{A_s}{bh_0} \geqslant \rho_{min}$ 或 $A_s \geqslant \rho_{min} bh$。

第二类 T 形截面的计算公式:

$$\sum X = 0, \alpha_1 f_c (b'_f - b) h'_f + \alpha_1 f_c bx = f_y A_s \tag{4.23}$$

$$\sum M = 0, M \leqslant \alpha_1 f_c (b'_f - b) h'_f \left(h_0 - \frac{h'_f}{2} \right) + \alpha_1 f_c bx \left(h_0 - \frac{x}{2} \right) \tag{4.24}$$

适用条件如下:

①$\xi = \dfrac{x}{h_0} \leqslant \xi_b$ 或 $\rho \leqslant \rho_{max}$, 这与单筋矩形截面梁的情况一样。

②$A_s \geqslant \rho_{min} bh$, 一般情况下均能满足,可不必验算。

二、基本公式的应用

(一)截面设计

已知截面尺寸 b、h、b'_f、h'_f, 材料强度 f_c、f_y 及弯矩设计值 M, 计算所需钢筋截面积 A_s。

解法:首先判定截面类型。

当 $M \leqslant \alpha_1 f_c b'_f h'_f \left(h_0 - \dfrac{h'_f}{2} \right)$ 时,属第一类 T 形截面,可按 $b'_f \times h'_f$ 的矩形截面计算;

当 $M > \alpha_1 f_c b'_f h'_f \left(h_0 - \dfrac{h'_f}{2} \right)$ 时,属第二类 T 形截面。

由式(4.24)求 α_s:

$$\alpha_s = \frac{M - (b'_f - b) h'_f \alpha_1 f_c \left(h_0 - \dfrac{h'_f}{2} \right)}{\alpha_1 f_c bh_0^2}$$

查表得 ξ 或求 ξ:

$$\xi = 1 - \sqrt{1 - 2\alpha_s}$$

当 $\xi \leqslant \xi_b$ 时,

$$A_s = \frac{\alpha_1 f_c b\xi h_0 + (b'_f - b) h'_f \alpha_1 f_c}{f_y}$$

【例 4.6】已知 T 形截面梁,截面尺寸如图 4.19 所示,混凝土采用 C30, $f_c = 13.8$ N/mm², 纵向钢筋采用 HRB400 级钢筋, $f_y = 330$ N/mm², 环境类别为一类。如果承受的弯矩设计值为 $M = 700$ kN·m, 那么计算所需的受拉钢筋截面面积 A_s(预计两排钢筋, $a_s = 60$ mm)。

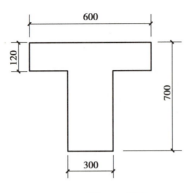

图 4.19 【例 4.6】图

【解】(1)确定基本数据

由表查得 $f_c = 13.8 \text{ N/mm}^2$, $f_y = 330 \text{ N/mm}^2$, $\alpha_1 = 1.0$, $\xi_b = 0.53$。

(2)判别 T 形截面类

$$\alpha_1 f_c b_f' h_f' \left(h_0 - \frac{h_f'}{2}\right) = 1.0 \times 13.8 \times 600 \times 120 \times \left(640 - \frac{120}{2}\right)$$

$$\approx 576.29 \times 10^6 (\text{N} \cdot \text{mm}) = 576.29 (\text{kN} \cdot \text{m}) < M = 700 (\text{kN} \cdot \text{m})$$

故属于第二类 T 形截面。

(3)计算受拉钢筋面积 A_s

$$\alpha_s = \frac{M - \alpha_1 f_c (b_f' - b) h_f' \left(h_0 - \frac{h_f'}{2}\right)}{\alpha_1 f_c b h_0^2}$$

$$= \frac{700 \times 10^6 - 1.0 \times 13.8 \times (600 - 300) \times 120 \times \left(640 - \frac{120}{2}\right)}{1.0 \times 13.8 \times 300 \times 640^2}$$

$$\approx 0.243$$

$$\xi = 1 - \sqrt{1 - 2\alpha_s} = 1 - \sqrt{1 - 2 \times 0.243} \approx 0.283 < \xi_b = 0.53$$

$$A_s = \frac{\alpha_1 f_c b \xi h_0 + \alpha_1 f_c (b_f' - b) h_f'}{f_y}$$

$$= \frac{1.0 \times 13.8 \times 300 \times 0.283 \times 640 + 1.0 \times 13.8 \times (600 - 300) \times 120}{330}$$

$$\approx 3\ 778 (\text{mm}^2)$$

故选用 4 ⚊32+2 ⚊20, $A_s = 3\ 217 + 628 = 3\ 845 (\text{mm}^2)$。

(二)承载力校核

已知截面尺寸 b、h、b_f'、h_f',材料强度 f_c、f_y 及配置钢筋截面积 A_s,计算截面的承载能力 M_u。

解法:首先判定截面类型。

当 $f_y A_s \leqslant \alpha_1 f_c b_f' h_f'$ 时,属第一类 T 形截面,可按 $b_f' \times h_f'$ 的单筋矩形截面梁方法计算。

当 $f_y A_s > \alpha_1 f_c b_f' h_f'$ 时,属第二类 T 形截面。

由式(4.23)可求出 x 及 ξ:

$$x = \frac{f_y A_s - \alpha_1 f_c (b_f' - b) h_f'}{\alpha_1 f_c b}$$

$$\xi = \frac{x}{h_0}$$

当 $\xi \leqslant \xi_b$ 或 $x \leqslant x_b = \xi_b h_0$ 时,

$$M_u = \alpha_1 f_c bx\left(h_0 - \frac{x}{2}\right) + \alpha_1 f_c(b'_f - b)h'_f\left(h_0 - \frac{h'_f}{2}\right)$$

当 $\xi_2 > \xi_b$ 或 $x > x_b$ 时,取 $\xi_2 = \xi_b$ 或 $x = x_b$ 计算:

$$M_u = \xi_b(1 - 0.5\xi_b)\alpha_1 f_c bh_0^2 + \alpha_1 f_c(b'_f - b)h'_f\left(h_0 - \frac{h'_f}{2}\right)$$

若 $M_u \geqslant M($弯矩设计值$)$,安全。

【例4.7】某钢筋混凝土 T 形截面梁,截面尺寸和配筋情况(架立筋和箍筋的配置情况略)如图4.20所示。混凝土强度等级为 C30,$f_c = 13.8\ \text{N/mm}^2$,纵向钢筋为 HRB400 级,$f_y = 330\ \text{N/mm}^2$,$a_s = 70\ \text{mm}$。若截面承受的弯矩设计值为 $M = 550\ \text{kN·m}$,试问此截面承载力是否足够?

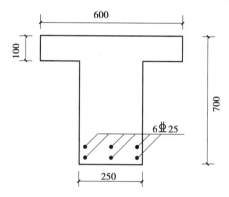

图 4.20　【例4.7】图

【解】(1)确定基本数据

由表查得,$f_c = 13.8\ \text{N/mm}^2$,$f_y = 330\ \text{N/mm}^2$,$\alpha_1 = 1.0$,$\xi_b = 0.53$,$A_s = 2\ 945\ \text{mm}^2$。

$$h_0 = h - a_s = 700 - 70 = 630(\text{mm})$$

(2)判别 T 形截面类型

$$\alpha_1 f_c b'_f h'_f = 1.0 \times 13.8 \times 600 \times 100 = 828\ 000(\text{N})$$

$$f_y A_s = 330 \times 2\ 945 = 971\ 850(\text{N}) > 828\ 000(\text{N})$$

故属于第二类 T 形截面。

(3)计算受弯承载力 M_u

$$x = \frac{f_y A_s - \alpha_1 f_c(b'_f - b)h'_f}{\alpha_1 f_c b}$$

$$= \frac{330 \times 2\ 945 - 1.0 \times 13.8 \times (600 - 250) \times 100}{1.0 \times 13.8 \times 250}$$

$$\approx 141.70(\text{mm})$$

$$x < \xi_b h_0 = 0.53 \times 630 = 333.9(\text{mm})$$

故满足要求。

$$M_u = \alpha_1 f_c bx\left(h_0 - \frac{x}{2}\right) + \alpha_1 f_c(b'_f - b)h'_f\left(h_0 - \frac{h'_f}{2}\right)$$

$$= 1.0 \times 13.8 \times 250 \times 141.70 \times \left(630 - \frac{141.70}{2}\right) + 1.0 \times 13.8 \times (600-250) \times 100 \times \left(630 - \frac{100}{2}\right)$$

$$\approx 553.49 \times 10^{6} (\text{N} \cdot \text{mm}) = 553.49 (\text{kN} \cdot \text{m})$$

若 $M_u > M = 550 \text{ kN} \cdot \text{m}$，故该截面的承载力足够。

同步测试

◆拓展提高

根据静力平衡条件自行推导 T 形截面梁的计算公式，对比两类 T 形截面梁的差异。

项目小结

1.钢筋混凝土梁由于配筋率不同，有超筋梁、少筋梁和适筋梁 3 种形态，其中超筋梁和少筋梁在设计中不能采用。

2.适筋梁的破坏过程经历 3 个工作阶段，第 Ⅰ_a 阶段是受弯构件进行抗裂度计算的依据；第 Ⅱ 阶段是钢筋混凝土受弯构件的使用阶段，是裂缝宽度和挠度计算的依据；第 Ⅲ 阶段是受弯构件正截面承载能力计算的依据。

3.梁的配筋率不同，破坏时的状态也不同。3 种梁的破坏情况比较见表4.7。

表 4.7　3 种梁的破坏情况比较

破坏形态	破坏情况		
	破坏原因	破坏性质	材料利用情况
少筋梁	混凝土受拉开裂	脆性	钢筋抗拉强度和混凝土抗压强度未充分利用
适筋梁	钢筋先屈服，压区混凝土后被压碎	塑性	钢筋抗拉强度和混凝土抗压强度均充分利用
超筋梁	压区混凝土被压碎	脆性	混凝土抗压强度充分利用，钢筋抗拉强度未充分利用

4.钢筋混凝土受弯构件正截面承载力计算公式是在基本假定的基础上，利用等效矩形应力图形代替实际的混凝土压应力图形，根据平衡条件得到的。

5.钢筋混凝土受弯构件设计分为两种类型：截面设计和截面复核。在应用计算公式时，应注意验算基本公式相应的适用条件。

◆思考练习题

4.1　试比较钢筋混凝土板和钢筋混凝土梁钢筋布置的特点。

4.2　什么是受弯构件纵向受拉钢筋的配筋率？在配筋率的表达式中，$\gamma_0 V_d \leqslant (0.51 \times 10^{-3})$，$\sqrt{f_{cu,k}} bh_0$ 的含义是什么？

4.3　为什么钢筋需要有足够的混凝土保护层厚度？钢筋的最小混凝土保护层厚度的选择应考虑哪些因素？

4.4　试说明规定各主钢筋横向净距和层与层之间的竖向净距的原因。

4.5　钢筋混凝土适筋梁正截面受力全过程可划分为几个阶段？各阶段受力的主要特点是什么？

4.6　什么是钢筋混凝土少筋梁、适筋梁和超筋梁？各自有什么样的破坏形态？为什么把少筋梁和超筋梁都称为脆性破坏？

4.7　钢筋混凝土适筋梁受拉钢筋屈服后能否再增加荷载？为什么？少筋梁能否这样？

4.8　受弯构件正截面承载力计算有哪些基本假定？

4.9　什么是钢筋混凝土受弯构件的截面相对受压区高度和相对界限受压区高度 ξ_b？ξ_b 在正截面承载力计算中起什么作用？ξ_b 取值与哪些因素有关？

4.10　受弯构件适筋梁从开始加荷至破坏，经历了哪几个阶段？各阶段的主要特征是什么？各个阶段是哪种极限状态的计算依据？

4.11　什么是最小配筋率？它是如何确定的？在计算中的作用是什么？

4.12　什么是双筋矩形截面梁？在什么情况下才采用双筋截面？

4.13　双筋矩形截面受弯构件正截面承载力计算的基本公式及适用条件是什么？为什么要规定适用条件？

4.14　双筋矩形截面受弯构件正截面承载力计算为什么要规定 $x \geq 2a_s'$？当 $x < 2a_s'$ 应如何计算？

4.15　第二类 T 形截面受弯构件正截面承载力计算的基本公式及适用条件是什么？为什么要规定适用条件？

4.16　计算 T 形截面的最小配筋率时，为什么是用梁肋宽度 b 而不用受压翼缘宽度 b_f？

4.17　单筋截面、双筋截面和 T 形截面在受弯承载力方面，哪种更合理？为什么？

4.18　桥梁工程中，单筋截面受弯构件正截面承载力计算的基本公式及适用条件是什么？比较这些公式与建筑工程中相应公式的异同。

4.19　已知梁的截面尺寸 $b \times h = 200\ mm \times 500\ mm$，混凝土强度等级为 C25，$f_c = 11.9\ N/mm^2$，$f_t = 1.27\ N/mm^2$，钢筋采用 HRB335 级，$f_y = 300\ N/mm^2$，截面弯矩设计值 $M = 165\ kN \cdot m$。环境类别为一类。求受拉钢筋截面面积。

4.20　已知 T 形截面梁，截面尺寸如图 4.21 所示，该截面梁的混凝土采用 C30，$f_c = 14.3\ N/mm^2$，纵向钢筋采用 HRB400 级钢筋，$f_y = 360\ N/mm^2$，环境类别为一类。若承受的弯矩设计值为 $M = 700\ kN \cdot m$，计算所需的受拉钢筋截面面积 A_s（预计两排钢筋，$a_s = 60\ mm$）。

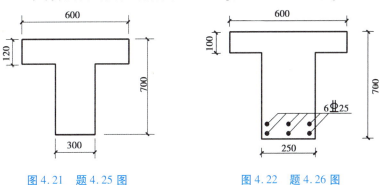

图 4.21　题 4.25 图　　　　　图 4.22　题 4.26 图

4.21　某钢筋混凝土 T 形截面梁，截面尺寸和配筋情况（架立筋和箍筋的配置情况略）如图 4.22 所示。混凝土强度等级为 C30，$f_c = 14.3\ N/mm^2$，纵向钢筋为 HRB400 级，$f_y = 360\ N/mm^2$，$a_s = 70\ mm$。若截面承受的弯矩设计值为 $M = 550\ kN \cdot m$，试问此截面承载力是否足够？

项目五　受弯构件斜截面承载力计算

◆项目导入

某锻工车间跨度为 10 m,屋盖梁采用双坡 T 形截面薄腹梁,共 4 榀,梁内无弯起钢筋,混凝土设计强度为 C18,实际试块强度为 12 ~ 15 N/mm²,在检查时发现梁支座附近有斜裂缝出现,并不断增加和扩大。

事故原因分析:原设计无弯起钢筋,箍筋断面及数量均缺乏实测混凝土强度未到达设计要求。

处理措施:由于薄腹梁的承载能力缺乏,必须加固,增设箍筋来承当斜截面强度,并配置纵向构造钢筋。

◆学习目标

能力目标:会进行钢筋混凝土受弯构件斜截面受剪承载力的计算;会进行全梁承载力复核;能正确绘制弯矩叠合图。

知识目标:了解斜裂缝的出现及其类别;了解影响斜截面受剪承载力的主要因素;厘清钢筋混凝土简支梁受剪破坏的机理;明确斜截面受剪破坏的 3 种主要形态;熟悉纵向钢筋的弯起、锚固、截断及箍筋间距的主要构造要求。

素质目标:培养学生的家国情怀;引导学生提高理论联系实际的能力;培养学生的思维迁移能力。

学习重点:斜截面受剪破坏的 3 种主要形态;斜截面受剪承载力的计算方法及适用条件的验算;正截面受弯承载力图的绘制。

学习难点:弯矩叠合图的绘制;斜截面受剪承载力的计算方法及适用条件的验算。

◆ **思维导图**

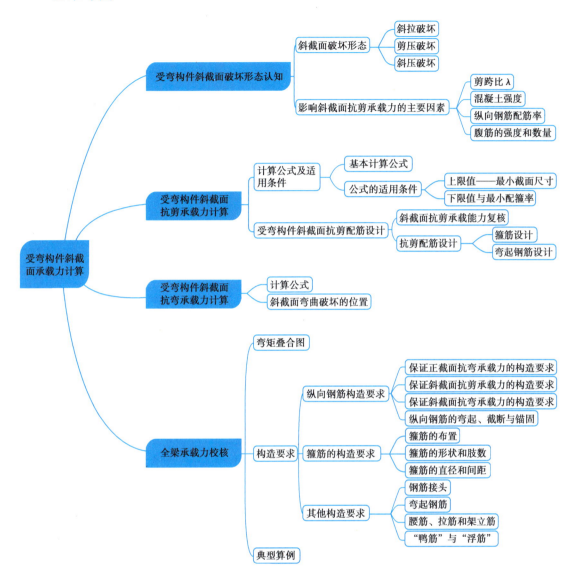

◆ **项目实施**

任务一　受弯构件斜截面破坏形态认知

◆ **学习准备**

①复习工程力学静力平衡知识；

②梳理受弯构件正截面计算公式。

◆ **引导问题**

①什么是受弯构件斜截面？能否绘图示意？

②为什么要进行受弯构件斜截面承载力的设计与复核?

受弯构件斜截
面破坏形态

◆ **知识储备**

从材料力学分析得知,受弯构件在荷载作用下,除由弯矩作用产生法向应力外,还伴随着剪力作用产生剪应力。通过法向应力和剪应力的结合,可产生斜向主拉应力和主压应力。

如图5.1所示为无腹筋钢筋混凝土梁斜裂缝出现前的应力状态。当荷载较小时,梁尚未出现裂缝,全截面参加工作。荷载作用产生的法向应力、剪应力以及由法向应力和剪应力组合而产生的主拉应力和主压应力可按材料力学公式计算。混凝土材料的抗拉强度很低,当荷载继续增加时,主拉应力达到混凝土抗拉强度极限值时,就会出现垂直于主拉应力方向的斜向裂缝。这种由斜向裂缝的出现而导致梁的破坏称为斜截面破坏。

无腹筋梁剪压
破坏形态

为了防止梁的斜截面破坏,通常在梁内设置箍筋和弯起钢筋(斜筋),以增强斜截面的抗拉能力。弯起钢筋大多利用弯矩减少后多余的纵向主筋弯起。箍筋和弯起钢筋又统称为腹筋或剪力钢筋,它们与纵向主筋、架立筋及其他构造钢筋焊接(或绑扎)在一起,形成劲性钢筋骨架(图5.2)。通常,把设有纵筋和腹筋的梁称为有腹筋梁,把仅仅设置纵筋而没有腹筋的梁称为无腹筋梁。在钢筋混凝土板中,一般正截面承载力起控制作用,斜截面承载力相对较高,通常不需要设置箍筋和弯起钢筋。

受弯构件斜截面承载力计算,包括斜截面抗剪承载力和斜截面抗弯承载力两部分内容。但是,一般情况下,斜截面抗弯承载力只需通过构造要求来保证,而不必进行验算。

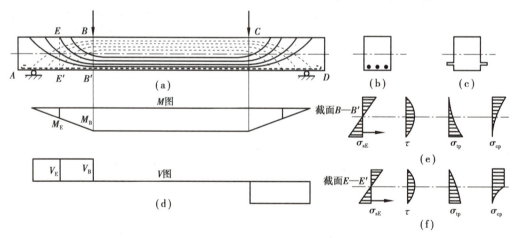

图5.1 无腹筋钢筋混凝土梁斜裂缝出现前的应力状态

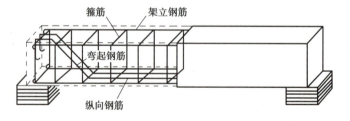

图5.2 钢筋骨架

一、斜截面破坏形态

钢筋混凝土梁的斜截面承载力是个十分复杂的研究课题,与很多因素有关。试验研究认为,影响斜截面抗剪承载力的主要因素是剪跨比、混凝土强度、箍筋、弯起钢筋数量强度及纵向受拉钢筋的配筋率,其中最重要的是剪跨比的影响。

所谓剪跨比,是指梁承受集中荷载时,集中力作用点到支点的距离 a(一般称为剪跨)与梁的有效高度 h_0 之比,即 $\lambda = a/h_0$。若将剪跨比 a 用该截面的弯矩与剪力之比表示,剪跨比即可表示为 $\lambda = a/h_0 = M/V \cdot h_0$。对其他荷载形式也可通过 $\lambda = M/V \cdot h_0$ 表示,此式又称为广义剪跨比。剪跨比的数值实际上反映了该截面所承受的弯矩和剪力的数值比例关系(即法向应力和剪应力的数值比例关系)。试验研究表明,剪跨比越大即弯矩的影响越大,则梁的抗剪承载力越低;反之,剪跨比越小即剪力的影响越大,则梁的抗剪承载力越高。

根据大量的试验观测,钢筋混凝土梁的斜截面剪切破坏,大致可归纳为3种主要破坏形态。图 5.3 所示为钢筋混凝土梁的斜截面剪切破坏形态。

(一)斜拉破坏[图 5.3(a)]

当剪跨比较大($\lambda > 3$),且梁内无腹筋配置或配置的腹筋数量过少时,将发生斜拉破坏。此时,斜裂缝一旦出现,即很快形成临界斜裂缝,并迅速延伸至集中荷载作用点处,将构件斜拉为两部分而破坏。这种破坏前斜裂缝宽度很小,甚至不出现裂缝,破坏是在无预兆情况下发生的,属于脆性破坏,危害性较大,在设计中应尽量避免。试验结果表明,斜拉破坏时的作用(荷载)一般仅仅稍高于裂缝出现时的作用(荷载)。

(二)剪压破坏[图 5.3(b)]

当剪跨比适中($\lambda = 1 \sim 3$),且梁内配置的腹筋数量适当时,常发生剪压破坏。对于有腹筋梁,剪压破坏是最常见的斜截面破坏形态;对于无腹筋梁,如剪跨比 $\lambda = 1 \sim 3$ 时也会发生剪压破坏。剪压破坏的特点是:随着荷载的增加,首先出现一些垂直裂缝和微细的斜裂缝。当荷载增加到一定程度时,早已出现的垂直裂缝和细微的倾斜裂缝发展形成一个主要的斜裂缝,称为"临界斜裂缝"。临界斜裂缝出现后,斜裂缝末端的混凝土既受剪又受压,称为剪压区。此时,梁还能继续承受荷载,随着荷载的增加,临界斜裂缝向上伸展,直到与临界斜裂缝相交的箍筋和弯起钢筋的应力达到屈服强度,同时斜裂缝末端受压区的混凝土在剪应力和法向应力的共同作用下达到强度极限值而破坏。这种破坏因钢筋屈服,使斜裂缝继续发展,具有较明显的破坏征兆,是设计中普遍要求的情况。试验结果表明,剪压破坏时作用(荷载)一般明显高于裂缝出现时的作用(荷载)。

有腹筋梁剪压破坏形态

(三)斜压破坏[图 5.3(c)]

当剪跨比较小($\lambda < 1$),或剪跨比适当,但腹筋配置过多或腹板很薄(如T形或工形薄腹梁)时,都会由于主压应力过大,发生斜压破坏。这时,随着荷载的增加,梁腹板出现若干条平行的斜裂缝,将腹板分割成许多倾斜的受压短柱。最后,因短柱被压碎而破坏。破坏时与斜裂缝相交的箍筋和弯起钢筋的应力尚未屈服,梁的抗剪承载力主要取决于斜压短柱的抗压承载力。

除前述 3 种主要破坏形态外,在不同的条件下,斜截面还可能出现其他破坏形态,如局部挤压破坏、纵向钢筋的锚固破坏等。

有腹筋梁斜拉破坏形态

有腹筋梁斜压破坏形态

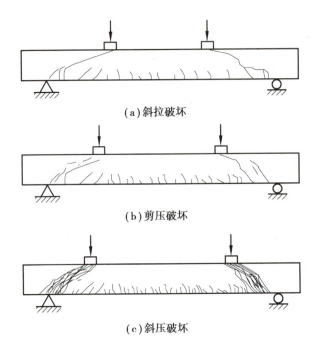

（a）斜拉破坏

（b）剪压破坏

（c）斜压破坏

图5.3　斜截面剪切破坏形态

对于前述几种不同的破坏形态，设计时可采用不同的方法加以控制，以保证构件在正常工作情况下具有足够的抗剪承载能力。一般用限制截面最小尺寸的办法，防止梁发生斜压破坏；用满足箍筋最大间距等构造要求和限制箍筋最小配筋率的办法，防止梁发生斜拉破坏。剪压破坏是设计中常遇到的一种破坏形态，而且抗剪承载力的变化幅度较大。因此，《公路桥规》给出的斜截面抗剪承载力计算公式，都是依据这种破坏形态的受力特征建立的。

二、影响斜截面抗剪承载力的主要因素

影响斜截面抗剪承载力的主要因素是剪跨比，混凝土强度，箍筋、弯起钢筋的数量和强度及纵向受拉钢筋的配筋率。

（一）剪跨比 λ（图5.4）

当λ>3时，剪跨比对抗剪承载力没有明显的影响，基本上是一条水平线；而当λ<3时，抗剪承载力明显随剪跨比减小而增大。

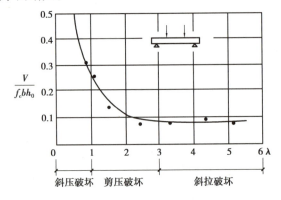

图5.4　剪跨比对抗剪强度的影响

（二）混凝土强度

试验表明,混凝土强度越高,梁的抗剪承载力越大。当其他条件相同时,两者大体呈线性关系,但其影响幅度随 λ 值的增加而降低。

①当 $\lambda<1$ 时,斜压破坏,抗剪承载力取决于混凝土抗压强度,故影响较大;

②当 $\lambda>3$ 时,斜拉破坏,抗剪承载力取决于混凝土抗拉强度,故影响较小;

③当 $\lambda=1\sim3$ 时,剪压破坏,则影响介于以上两者之间。

（三）纵向钢筋配筋率

纵向钢筋截面不仅能承担一部分剪力,而且能抑制斜裂缝的开展,阻止中性轴的上升,使剪压区有较大截面积,从而增大受压区混凝土的抗剪承载力。

试验表明,纵向钢筋配筋率越大,梁的抗剪承载力越高。当其他条件相同时,两者大体呈线性关系,但其影响幅度随 λ 值的增加而降低。

（四）腹筋的强度和数量

腹筋包括箍筋和弯起钢筋。它们的强度和数量对梁的抗剪承载力有着显著的影响,因此需要增加构件延性以保证梁的斜截面安全。

箍筋的配筋率称为配箍率, $\rho_{sv}=\dfrac{nA_{sv1}}{bs}$ 表示箍筋截面面积与相应的混凝土面积的比值。

试验表明,配箍率越高,梁的抗剪承载力越高。当其他条件相同时,两者大体呈线性关系。但配箍率过高时,梁由剪压破坏转化为斜压破坏,梁的抗剪承载力不再随配箍率增加而增加。

◆ 拓展提高

对比受弯构件斜截面与正截面的破坏特征。

同步测试

任务二　受弯构件斜截面抗剪承载力计算

◆ 学习准备

①复习工程力学剪力图和弯矩图模块;
②提前熟悉计算公式和指标参数。

◆ 引导问题

①为什么要研究受弯构件斜截面的抗剪承载力?
②在生活中,你是否见过受弯构件被剪坏的情形? 它对结构造成的危害是怎样的?

◆ 知识储备

一、计算公式及适用条件

（一）基本计算公式

钢筋混凝土梁斜截面抗剪承载能力计算,是以剪压破坏形态的受力特征为基础进行的。此

受弯构件斜截面承载力计算概述

时,斜截面所承受的剪力组合设计值,由斜裂缝顶端未开裂的混凝土、与斜裂缝相交的箍筋和弯起钢筋三者共同承担(图5.5)。

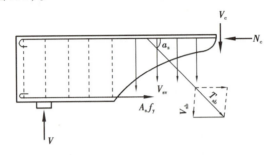

图5.5　斜截面抗剪承载力计算图式

钢筋混凝土梁斜截面抗剪承载力计算的基本表达式为:

$$\gamma_0 V_d \leqslant V_c + V_{sv} + V_{sb} \tag{5.1}$$

即

$$\gamma_0 V_d \leqslant V_{cs} + V_{sb} \tag{5.2}$$

式中　V_d——斜截面受压端正截面处由作用(或荷载)产生的最大剪力组合设计值,kN;

　　　　V_c——斜截面顶端受压区混凝土的抗剪承载力设计值,kN;

　　　　V_{sv}——与斜截面相交的箍筋的抗剪承载力设计值,kN;

　　　　V_{sb}——与斜截面相交的弯起钢筋的抗剪承载力设计值,kN;

　　　　V_{cs}——斜截面内混凝土与箍筋共同的抗剪承载力设计值,kN。

梁的斜截面抗
剪强度实验

1. 混凝土抗剪承载力 V_c

通常认为,影响混凝土抗剪承载力的主要因素包括剪跨比、混凝土强度等级和纵向钢筋配筋率。

其中,剪跨比对混凝土的抗剪承载力有显著影响。当混凝土强度等级、截面尺寸及纵向钢筋配筋率相同时,剪跨比越大,混凝土的抗剪承载力越小;当剪跨比大于3时,变化逐渐减小。

混凝土强度等级直接影响斜截面的抗剪承载力。混凝土强度等级越高,其受压、受剪及剪压状态下的强度极限值都会相应提高。试验表明,混凝土强度等级对抗剪承载力的影响,并不呈线性关系,抗剪承载力大致与 $\sqrt{f_{cu,k}}$ 成正比。

纵向钢筋可以约束斜裂缝的开展,阻止中性轴上升,有助于受压区混凝土抗剪作用的发挥。因此,纵向钢筋配筋率的大小对混凝土的抗剪承载力也有很大的影响。

根据国内外的有关试验资料,在考虑了材料性能的分项系数后,针对矩形截面梁混凝土抗剪承载力设计值的半经验半理论计算公式为:

$$V_c = 1.02 \times 10^{-4} \times \frac{2 + 0.6p}{\lambda} \sqrt{f_{cu,k}} b h_0 \tag{5.3}$$

式中　V_c——混凝土的抗剪承载力,kN;

　　　　$f_{cu,k}$——混凝土的强度等级,MPa;

　　　　b——斜截面受压端正截面处的截面宽度,mm;

　　　　h_0——斜截面受压端正截面处梁的有效高度,即纵向受拉钢筋合力点至截面受压边缘的距离,mm;

　　　　p——斜截面内纵向受拉钢筋配筋百分率,$p=100\rho$,$\rho=A_s/bh_0$;当 $p>2.5$ 时,取 $p=2.5$;

λ——剪跨比，$\lambda = M_{d}/V_{d}h_{0}$；当 $\lambda < 1.7$ 时，取 $\lambda = 1.7$；当 $\lambda > 3$ 时，取 $\lambda = 3$。

2. 箍筋抗剪承载力 V_{sv}

箍筋的抗剪承载力是指与斜截面相交的箍筋抵抗梁沿斜截面破坏的能力。

$$V_{sv} = 0.75 \times 10^{-3} \times \sum A_{sv} f_{sd,v} \tag{5.4}$$

式中　0.75——考虑抗剪工作的脆性破坏性质和箍筋的分项系数及应力分布不均等因素影响的修正系数；

　　　A_{sv}——斜截面内配置在同一截面的箍筋各肢总截面面积，mm^2；

　　　$f_{sd,v}$——箍筋的抗拉强度设计值，MPa。

为确定与斜截面相交的箍筋数量，必须首先求得斜截面的水平投影长度 C。根据钢筋混凝土梁斜截面破坏试验分析，斜截面的水平投影长度 C 与剪跨比 λ 有关，一般取 $C \approx 0.6\lambda h_{0}$。

这样，箍筋的抗剪承载力即可表达为下列形式：

$$\begin{aligned} V_{sv} &= 0.75 \times 10^{-3} \times \frac{C}{S_{v}} A_{sv} f_{sd,v} \\ &= 0.45 \times 10^{-3} m \rho_{sv} f_{sd,v} b h_{0} \end{aligned} \tag{5.5}$$

式中　V_{sv}——箍筋的抗剪承载力设计值，kN；

　　　ρ_{sv}——箍筋的配筋率，$\rho_{sv} = \dfrac{A_{sv}}{S_{v} \cdot b}$；

　　　S_{v}——斜截面范围与箍筋的间距，mm。

其余符号意义同前。

前面分别讨论了混凝土和箍筋的抗剪承载力。事实上，混凝土的抗剪承载力与箍筋的配置情况存在着复杂的制约关系。故可用一个综合的抗剪承载力 V_{cs} 表示混凝土和箍筋共同承担的抗剪承载力。若将 V_{c} 和 V_{sv} 的计算表达式直接相加则得：

$$V_{cs} = 1.02 \times 10^{-4} \times \frac{2 + 0.6p}{\lambda} \sqrt{f_{cu,k}} b h_{0} + 0.45 \times 10^{-3} \times \lambda \rho_{sv} f_{sd,v} b h_{0} \tag{5.6}$$

按式(5.6)计算混凝土和箍筋的抗剪承载力时，首先应算出剪跨比 λ，因为这样比较麻烦。为了简化计算，《公路桥规》给出的混凝土和箍筋共同的抗剪承载力 V_{cs} 采用了两项积的表达形式：

$$V_{cs} = 0.45 \times 10^{-3} \times b h_{0} \sqrt{(2 + 0.6p) \sqrt{f_{cu,k}} \, \rho_{sv} f_{sd,v}} \tag{5.7}$$

混凝土和箍筋共同的抗剪承载力计算表达式(5.7)是由式(5.6)导出的。从图5.6中可以看出，混凝土的抗剪承载力 V_{c} 随剪跨比 λ 的增大而减小，而箍筋的抗剪承载力 V_{sv} 随剪跨比 λ 的增大而增加。这样，就可以求得一个"临界剪跨比"，使混凝土和箍筋共同承担的抗剪承载力为最小。为此，可对 $V_{cs} = V_{c} + V_{sv}$ 求极值，即由 $\mathrm{d}(V_{s} + V_{sv})/\mathrm{d}\lambda = 0$ 的条件，求得临界剪跨比：

$$\lambda_{L} = \sqrt{\frac{(2 + 0.6p) \sqrt{f_{cu,k}}}{4.37 \rho_{sv} f_{sd,v}}} \tag{5.8}$$

将式(5.6)中的剪跨比 λ，用临界剪跨比 λ_{L} 即式(5.8)代入，即可求得 V_{cs} 的最小值。

$$V_{cs,min} = 0.868 \times 10^{-4} \times \frac{(2 + 0.6p) \sqrt{f_{cu,k}} b h_{0}}{\sqrt{\dfrac{(2 + 0.6p) \sqrt{f_{cu,k}}}{4.37 P_{sv} f_{sd,v}}}} + 0.45 \times 10^{-3} \times \sqrt{\frac{(2 + 0.6p) \sqrt{f_{cu,k}}}{4.37 P_{sv} f_{sd,v}}} \rho_{sv} f_{sd,v} b h_{0}$$

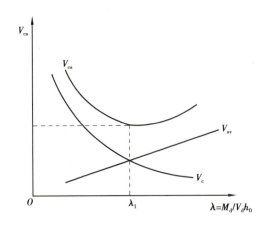

图 5.6　混凝土和箍筋抗剪承载力与剪跨比的关系

将上式进行通分整理后得：

$$V_{\text{cs,min}} = 0.428 \times 10^{-3} \times bh_0 \sqrt{(2+0.6p)\sqrt{f_{\text{cu,k}}}\,\rho_{\text{sv}}f_{\text{sd,v}}}$$

应该指出的是，$V_{\text{cs,min}}$ 是混凝土和箍筋共同承担的抗剪承载力的最小值。《公路桥规》根据近年来的设计实践，将系数 0.394 调整为 0.45，即得混凝土与箍筋共同的抗剪承载能力设计值计算表式(5.7)。

3. 弯起钢筋抗剪承载力 V_{sb}

弯起钢筋对斜截面的抗剪作用，应为弯起钢筋抗拉承载力在竖直方向的分量：

$$V_{\text{sb}} = 0.75 \times 10^{-3} \times f_{\text{sd,b}} \sum A_{\text{sb}} \sin \theta_{\text{s}} \tag{5.9}$$

式中　V_{sb}——弯起钢筋抗剪承载力，kN；

$\quad\quad f_{\text{sd,b}}$——弯起钢筋的抗拉强度设计值，MPa；

$\quad\quad A_{\text{sb}}$——斜截面内同一弯起平面的弯起钢筋截面面积，mm^2；

$\quad\quad \theta_{\text{s}}$——弯起钢筋与梁轴线的夹角；

$\quad\quad 0.75$——考虑抗剪工作的脆性破坏性质和弯起钢筋应力分布不均匀等因素影响的修正系数。

应该指出的是，前面给出的混凝土和箍筋共同的抗剪承载力 V_{cs} 计算表达式(5.7)是针对矩形截面等高度简支梁建立的半经验半理论公式。对于具有受压翼缘的 T 形和工形截面来说，尚应考虑受压翼缘对混凝土抗剪承载力的影响。在试验研究的基础上，《公路桥规》引入修正系数 $\alpha_3 = 1.1$，考虑受压翼缘对混凝土和箍筋抗剪承载力的提高作用。

《公路桥规》根据国内外进行的承受异号弯矩的等高度钢筋混凝土连续梁斜截面抗剪性能试验资料分析，引入系数 $\alpha_1 = 0.9$，考虑异号弯矩对混凝土和箍筋共同的抗剪承载力的影响。

《公路桥规》给出的适用于矩形、T 形和工形截面等高度钢筋混凝土简支梁及连续梁(包括悬臂梁)的斜截面抗剪承载力计算表达式，即可写成下列通用形式：

$$\gamma_0 V_{\text{d}} \leq V_{\text{cs}} + V_{\text{sb}} \leq 0.45 \times 10^{-3} \times \alpha_1\alpha_2\alpha_3 \times bh_0 \sqrt{(2+0.6p)\sqrt{f_{\text{cu,k}}}\rho_{\text{sv}}f_{\text{sd,v}}} +$$
$$0.75 \times 10^{-3} \times f_{\text{sd,b}} \sum A_{\text{sb}} \sin \theta_{\text{s}} \tag{5.10}$$

式中　α_1——异号弯矩影响系数，计算简支梁和连续梁近边支点梁段的抗剪承载力时，取 $\alpha_1 = 1.0$；计算连续梁近中间支点梁段和悬臂梁跨径内梁段的抗剪承载力时，取 $\alpha_1 = 0.9$；

α_2——预应力提高系数,对钢筋混凝土受弯构件,$\alpha_2 = 1.0$;对预应力混凝土受弯构件,$\alpha_2 = 1.25$,但当由钢筋合力引起的截面弯矩与外弯矩的方向相同时,或对于允许出现裂缝的预应力混凝土受弯构件,$\alpha_2 = 1.0$;

α_3——受压翼缘影响系数,对矩形截面取 $\alpha_3 = 1.0$;对具有受压翼缘的 T 形、工形截面,取 $\alpha_3 = 1.1$。

(二)公式的适用条件

前面已指出,《公路桥规》给出的钢筋混凝土梁斜截面抗剪承载力计算公式是以剪压破坏形态的受力特征为基础建立的。换句话说,应用前述公式进行斜截面抗剪承载力计算的前提是构件的截面尺寸及配筋应符合发生剪压破坏的限制条件。

1. 上限值——最小截面尺寸

一般是用限制截面最小尺寸的办法,防止梁发生斜压破坏。《公路桥规》规定,矩形、T 形和工形截面受弯构件,其截面尺寸应符合下列要求:

$$\gamma_0 V_d \leqslant 0.51 \times 10^{-3} \times \sqrt{f_{cu,k}} b h_0 \tag{5.11}$$

式中　V_d——由作用(或荷载)产生的计算截面最大剪力组合设计值,kN;

$f_{cu,k}$——混凝土强度等级,MPa;

b——计算截面处的矩形截面宽度或 T 形和工形截面腹板宽度,mm;

h_0——计算截面处梁的有效高度,即纵向受拉钢筋合力作用点至截面受压边缘的距离,mm。

式(5.11)实际上规定了钢筋混凝土梁的抗剪强度上限值(发生剪压破坏的极限值)。

截面限制的意义:首先是为了防止梁构件截面尺寸过小,箍筋配置过多而发生斜压破坏;其次是控制斜裂缝宽度,同时也限定了受弯构件最大配箍率。如果设计不能满足上述条件,可考虑加大截面尺寸或提高混凝土强度等级。

2. 下限值与最小配箍率

《公路桥规》还规定,矩形、T 形和工形截面受弯构件,如符合下式要求时,则不需进行斜截面抗剪承载力计算,仅需按构造要求配置箍筋。

$$\gamma_0 V_d \leqslant 0.5 \times 10^{-3} \times \alpha_2 f_{td} b h_0 \tag{5.12}$$

式中　f_{td}——混凝土抗拉强度设计值,MPa。

式(5.12)实际上规定了钢筋混凝土梁的抗剪强度下限值。

因此,梁的剪力组合设计值应控制在抗剪强度上、下限之间,即

$$0.5 \times 10^{-3} \times \alpha_2 f_{td} b h_0 < \gamma_0 V_d \leqslant 0.51 \times 10^{-3} \times \sqrt{f_{cu,k}} b h_0$$

对于配置箍筋的构件,若箍筋配置过多,可能发生斜压破坏;若箍筋配置过少,一旦斜裂缝出现,箍筋的应力很快达到屈服强度,甚至被拉断,不能有效地抑制斜裂缝的开展而导致发生斜拉破坏。为了防止此类现象再次发生,需限制最小配箍率。

①最小配箍率 $\rho_{sv,min} = 0.24 \dfrac{f_t}{f_{yv}}$,应有 $\rho_{sv} \geqslant \rho_{sv,min}$。《公路桥规》规定的最小配箍率:对于 HPB300 钢筋,$\rho_{sv,min} = 0.14\%$;对于 HRB400 钢筋,$\rho_{sv,min} = 0.11\%$。

②箍筋最小直径 d_{min},应有 $d \geqslant d_{min}$。

③箍筋的最大间距 $S_{\max}$,应有 $S \leqslant S_{\max}$。

试验研究表明,梁斜截面承载力的大小,不仅与配箍率有关,而且与箍筋的间距及直径大小有关。同样配箍率情况下,箍筋间距大,直径较小,不能充分发挥箍筋的作用,也不能满足钢筋骨架的刚度要求,因此规定箍筋间距和直径应满足表 5.1 和表 5.2 的构造要求。

表 5.1 梁中箍筋最大间距

单位:mm

梁高 h	$V \leqslant 0.7 f_t b h_0$	$V > 0.7 f_t b h_0$
$150 < h \leqslant 300$	200	150
$300 < h \leqslant 500$	300	200
$500 < h \leqslant 800$	350	250
$h > 800$	400	300

表 5.2 箍筋最小直径

单位:mm

梁高 h	箍筋直径 d
$h \leqslant 800$	6
$h > 800$	8

二、受弯构件斜截面抗剪配筋设计

实际工作中,斜截面抗剪承载力计算可分为斜截面抗剪承载能力复核和抗剪配筋设计两种情况。

(一)斜截面抗剪承载能力复核

对已经设计好的梁进行斜截面抗剪承载能力复核,可求得验算斜截面所能承受的剪力设计值:

$$V_{du} = 0.45 \times 10^{-3} \times \alpha_1 \alpha_3 b h_0 \sqrt{(2 + 0.6p) \sqrt{f_{cu,k}} \, \rho_{sv} f_{sd,v}} + 0.75 \times 10^{-3} \times f_{sd,b} \sum A_{sb} \cdot \sin \theta_s$$

若 $V_{du} > \gamma_0 V_d$,则说明该斜截面的抗剪承载力是足够的。

原则上,应对承受剪力较大或抗剪强度相对薄弱的斜截面进行抗剪承载力验算。《公路桥规》规定,受弯构件斜截面抗剪承载力的验算位置,应按下列规定采用(图 5.7)。

简支梁和连续梁近边支点梁段斜截面抗剪承载力验算位置如下:

①距支点中心 $h/2$ 处的截面[图 5.7(a)截面 1—1];

②受拉区弯起钢筋弯起点处的截面[图 5.7(a)截面 2—2、3—3];

③锚于受拉区的纵向钢筋开始不受力处的截面[图 5.7(a)截面 4—4];

④箍筋数量或间距改变处的截面[图 5.7(a)截面 5—5];

⑤构件腹板宽度变化处的截面。

连续梁近中间支点梁段和悬臂梁斜截面抗剪承载力验算位置如下:

①支点横隔梁边缘处截面[图 5.7(b)截面 6—6];

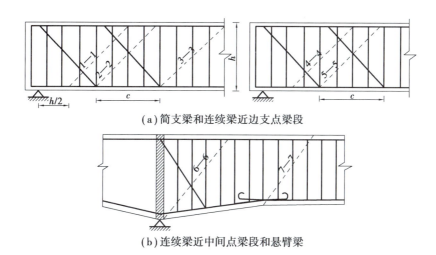

（a）简支梁和连续梁近边支点梁段

（b）连续梁近中间点梁段和悬臂梁

图 5.7　斜截面抗剪承载能力验算位置示意图

②参照简支梁的要求,需要进行截面的验算。

进行斜截面抗剪承载能力复核时,剪力组合设计值 V_d 应取验算斜截面顶端的数值,即从斜截面验算位置量取斜裂缝水平投影长度 $C \approx 0.6\lambda h_0$,近似求得斜截面顶端的水平位置,并以这一点对应的剪力组合设计值作为该斜截面的剪力设计值。

（二）抗剪配筋设计

进行抗剪配筋设计时,荷载产生的剪力组合设计值应由混凝土、箍筋和弯起钢筋共同承担。但是各自承担多大比例,涉及剪力图的合理分配问题。近年来,国内外的试验研究认为,箍筋的抗剪作用比弯起钢筋要大一些,其理由如下:

①弯起钢筋的承载范围较大,对斜裂缝的约束作用差;

②弯起钢筋会使弯起点处的混凝土压碎或产生水平撕裂裂缝,而箍筋却能箍紧纵向钢筋防止撕裂;

③箍筋对受压区混凝土能起套箍作用,可以提高其抗剪能力;

④箍筋连接受压区混凝土与梁腹板共同工作效果比弯起钢筋要好。

因此,很多国家的规范都主张适当增大箍筋承受剪力的比例。《公路桥规》吸取了这些意见,提高了箍筋承担剪力的比例,并规定了箍筋最小配筋率。

《公路桥规》规定,用作抗剪配筋设计的最大剪力组合设计值按下列规定取值(图 5.8):简支梁和连续梁近边支点梁段取离支点 $h/2$ 处的剪力设计值 V'_d[图 5.8(a)];等高度连续梁近中间支点梁段和悬臂梁取支点上横隔梁边缘处的剪力设计值 V''_d[图 5.8(b)],将 V'_d 或 V''_d 分为两部分,其中至少 60% 由混凝土和箍筋共同承担,至多 40% 由弯起钢筋承担,并用水平线将剪力设计图分割。

1. 箍筋设计

根据图 5.8 的分配,应由混凝土和箍筋共同承担的剪力设计值 $\xi\gamma_0 V'_d$ 或 $\xi\gamma_0 V''_d$(其中 $\xi \geqslant 0.6$),计算所需的箍筋配筋率:

$$\rho_{sv} = \frac{\left(\dfrac{\xi\gamma_0 V'_d}{0.45 \times 10^{-3} \times \alpha_1\alpha_3 bh_0}\right)^2}{(2 + 0.6p)\sqrt{f_{cu,k}}f_{sd,v}} \geqslant \rho_{sv,min} \qquad (5.13)$$

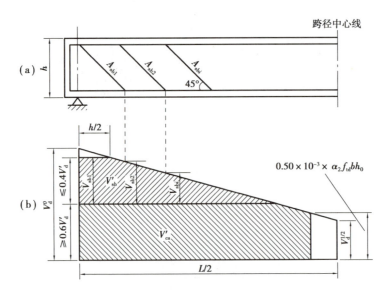

图 5.8　斜截面抗剪承载力配筋设计剪力设计值图分配示意图

若预先选定箍筋直径,则可求得箍筋间距:

$$S_{\mathrm v} \leqslant \frac{A_{\mathrm{sv}}}{b\rho_{\mathrm{sv}}} \text{ 或 } S_{\mathrm v} \leqslant \frac{0.202\,5 \times 10^{-6} \times \alpha_1^2\alpha_3^2 \times (2+0.6p)\sqrt{f_{\mathrm{cu,k}}}A_{\mathrm{sv}}f_{\mathrm{sd,v}}bh_0^2}{(\xi\gamma_0 V_{\mathrm d}')^2} \tag{5.14}$$

式中　$S_{\mathrm v}$——箍筋间距,mm。

布置箍筋时,还应注意满足《公路桥规》规定的有关构造要求:

①钢筋混凝土梁应设置直径不小于 8 mm 且不小于 1/4 主钢筋直径的箍筋。当梁中配有计算需要的纵向受压钢筋,或在连续梁、悬臂梁近中间支点负弯矩的梁段,应采用封闭箍筋,同时,同排内任一纵向钢筋离箍筋折角处的纵向钢筋(角筋)的距离应不大于 150 mm 或 15 倍箍筋直径(两者中较大者),否则,应设复合箍筋。相邻箍筋的弯钩接头,沿纵向其位置应错开。

②箍筋的间距不应大于梁高的 1/2 且不大于 400 mm;当所箍钢筋为按受力需要的纵向受压钢筋时,不应大于所箍钢筋直径的 15 倍,且不应大于 400 mm。在钢筋搭接接头范围内的箍筋间距,当搭接钢筋受拉时,不应大于钢筋直径的 5 倍,且不大于 100 mm;当搭接钢筋受压时,不应大于钢筋直径的 10 倍,且不大于 200 mm。支座中心向跨径方向长度相当于一倍梁高范围内,箍筋间距应不大于 100 mm。

③近梁端第一根箍筋应设置在距端面一个混凝土保护层距离处。梁与梁或梁与柱的交接范围内可不设箍筋;靠近交接面的第一根箍筋,与交接面的距离不宜大于 50 mm。

2. 弯起钢筋设计

根据图 5.8 的分配,应由弯起钢筋承担的剪力设计值,按式(5.9)求得所需弯起钢筋截面面积:

$$A_{\mathrm{sb}i} = \frac{\gamma_0 V_{\mathrm{sb}i}}{0.75 \times 10^{-3} \times f_{\mathrm{sd,b}} \sin\theta_{\mathrm s}} \tag{5.15}$$

式中　$A_{\mathrm{sb}i}$——第 i 排弯起钢筋的截面面积,mm²;

　　　$V_{\mathrm{sb}i}$——应由第 i 排弯起钢筋承担的剪力设计值(图 5.8),其数值按《公路桥规》规定采用。

①计算第一排弯起钢筋 $A_{\mathrm{sb}1}$ 时,对简支梁和连续近边支点梁段,取用距支点中心 $h/2$ 处应

由弯起钢筋承担的那部分剪力设计值 V_{sb1} [图 5.8(a)]；对于等高度连续梁近中间支点梁段及悬臂梁，取用支点上横隔梁边缘处应由弯起钢筋承担的那部分剪力设计值 V'_{sb1} [图 5.8(b)]。

②计算第一排弯起钢筋以后的各排弯起钢筋 A_{sb2}……A_{sbi} 时，取用前一排弯起钢筋下面起弯点处应由弯起钢筋承担的那部分剪力设计值 V_{sb2}……V_{sbi} [图 5.8(a)或图 5.8(b)]。

应该指出，设计弯起钢筋时剪力设计值的取值，从理论上讲，应取可能通过该弯起钢筋的斜截面顶端截面处，应由弯起钢筋承担的那部分剪力设计值。《公路桥规》规定，计算以后各排弯起钢筋时，取用前一排弯起钢筋起弯点处，应由弯起钢筋承担的那部分剪力设计值，相当于取用了可能通过该排弯起钢筋的斜截面起点的剪力设计值，这样处理显然是偏于安全的。

建议在设计弯起钢筋时，设计剪力值可按下列规定采用：

①计算第 1 排（从支座向跨中计算）弯起钢筋时，取用距支座中心 $h/2$ 处（对连续梁为支点上横隔梁边缘处），应由弯起钢筋承担的那部分剪力设计值。

②计算以后各排弯起钢筋时，取用计算前排弯起钢筋时的剪力设计值截面加一倍有效梁高处，应由弯起钢筋承担的那部分剪力设计值。

布置弯起钢筋时，应注意满足《公路桥规》规定的构造要求（图 5.9）：

①弯起钢筋一般由按正截面抗弯承载力计算不需要的纵向钢筋弯起供给。当采用焊接骨架配筋时，也可采用专设的斜短钢筋焊接，但不准采用不与主筋焊接的浮筋。

②弯起钢筋的弯起角宜取 45°。受拉区弯起钢筋的起弯点，应设在按正截面抗弯承载力计算充分利用该钢筋的截面（称为充分利用点）以外不小于 $h_0/2$ 处。弯起钢筋可在按正截面受弯承载力计算不需要该钢筋截面面积之前弯起，但弯起钢筋与梁高中心线的交点，应位于按计算不需要该钢筋的截面（称为不需要点）以外（图 5.9）。弯起钢筋的末端（弯终点以外）应留有锚固长度：受拉区不应小于 $20d$，受压区不应小于 $10d$（d 为钢筋直径）；对环氧树脂涂层钢筋应增加 25%；对 HPB300 钢筋尚应设置半圆弯钩。

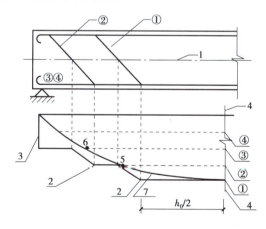

图 5.9　弯起钢筋弯起点位置

1—梁中心线；2—受拉区钢筋弯起点位置；3—正截面抗弯承载力图形；
4—按计算受拉钢筋强度充分利用的截面；5—按计算不需要钢筋①的截面；
6—按计算不需要钢筋②的截面；7—弯矩图；①②③④—钢筋批号

③对于靠近端支点的第一排弯起钢筋顶部的弯折点，简支梁或连续梁边支点应位于支座中心截面处，悬臂梁或连续梁中间支点应位于横隔梁（板）靠跨径一侧的边缘处。以后各排（跨中方向）弯起钢筋的梁顶部的弯折点应落在前一排（支座方向）弯起钢筋的梁底部弯折点处或弯

折点以内。

同步测试

◆ **拓展提高**

小组讨论:钢筋骨架中,各类钢筋在抗剪过程中的分工分别是怎样的?

任务三　受弯构件斜截面抗弯承载力计算

◆ **学习准备**

①受弯构件正截面抗弯计算示意图复盘;
②拓展提高成果展示与复盘。

◆ **引导问题**

①受弯构件斜截面在什么时候容易发生受弯破坏?
②受弯构件斜截面在什么位置容易发生受弯破坏?

受弯构件斜截
面承载力计算

◆ **知识储备**

钢筋混凝土梁斜截面工作性能试验研究表明,斜裂缝的发生和发展,除可能引起受剪破坏外,还可能引起斜截面的受弯破坏,特别是当梁内纵向受拉钢筋配置不足时。斜裂缝的开展使与斜裂缝相交的箍筋和纵向钢筋的应力达到屈服强度。梁被斜裂缝分开的两部分,将绕位于受压区的公共铰而转动,使混凝土产生法向裂缝,最终被压碎破坏。

一、计算公式

图5.10所示为斜截面抗弯承载力计算图式。在极限状态下,与斜裂缝相交的纵向钢筋、箍筋和弯起钢筋的应力均达到其抗拉强度设计值,受压区混凝土的应力达到抗压强度设计值。

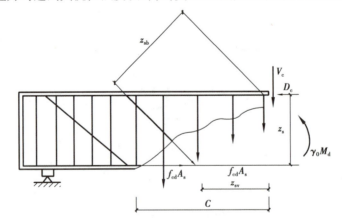

图5.10　斜截面抗弯承载能力计算图式

斜截面抗弯承载力计算的基本公式,可由所有的力对受压区混凝土合力作用点取矩的平衡条件求得:

$$\gamma_0 M_d \le f_{sd} A_s z_s + f_{sd} A_{sb} z_{sb} + \sum f_{sd,v} A_{sv} z_{sv} \tag{5.16}$$

式中　M_d——斜截面受压端正截面处最大弯矩组合设计值；

　　　A_s，A_{sb}，A_{sv}——与斜截面相交的纵向钢筋、弯起钢筋和箍筋的截面面积；

　　　z_s，z_{sb}，z_{sv}——与斜截面相交的纵向钢筋、弯起钢筋和箍筋合力对受压区混凝土合力点的力臂。

其他符号意义同前。

受压区中心点 O 由受压区高度 x 决定。受压区高度由所有的力对构件纵轴的投影之和为零的平衡条件 $\sum H = 0$ 求得：

$$f_{cd} A_c = f_{sdb} A_s + \sum f_{sdb} A_{sb} \cos \theta_s \tag{5.17}$$

式中　f_{cd}——混凝土轴心抗压强度计值；

　　　A_c——受压混凝土面积，对矩形截面取 $A_c = bx$；对 T 形截面取 $A_c = bx + (b_f' - b) h_f'$；

　　　f_{sdb}——弯起钢筋的抗拉强度设计值，MPa；

　　　θ_s——与斜截面相交的弯起钢筋与梁的纵轴的夹角。

二、斜截面弯曲破坏的位置

按照式(5.16)和式(5.17)进行斜截面抗弯承载力计算时，首先应确定最不利斜截面位置。一般是计算几个不同角度的斜截面，按下列条件确定最不利的斜截面位置：

$$\gamma_0 V_d = \sum f_{sdb} A_{sb} \cdot \sin \theta_s + \sum f_{sd,v} A_{sv} \tag{5.18}$$

式中　V_d——斜截面受压端正截面处相应于最大弯矩的剪力组合设计值。

式(5.18)按荷载产生的破坏力矩与构件极限抗弯力矩之差为最小的原则导出，其物理意义是满足此式要求的斜截面其抗弯承载力最小。

实际设计中，钢筋混凝土受弯构件通常不进行斜截面抗弯承载力计算。设计配置纵向钢筋时，正截面抗弯承载力已得到保证。在斜截面范围内若无纵向钢筋弯起，与斜截面相交的钢筋所能承受的弯矩与正截面相同，因此无须进行斜截面抗弯承载力计算。在斜截面范围内若有部分纵向钢筋弯起，与斜截面相交的纵向钢筋少于斜截面受压端正截面的纵向钢筋，但若采取一定的构造要求，也可不必进行斜截面抗弯承载力计算。例如，受拉区弯起钢筋起弯点，应设在按正截面抗弯承载力计算充分利用该钢筋强度的截面（称为充分利用点）以外不小于 $h_0/2$ 处。可以证明为满足上述构造要求，部分钢筋弯起使与斜截面相交的纵向钢筋减少。由此而损失的斜截面抗弯承载力，完全可以由弯起钢筋提供的抗弯承载能力来补充，故可不必再进行斜截面抗弯承载力计算。

◆拓展提高

总结对比各受弯构件抗剪破坏和受弯破坏的不利位置。

同步测试

任务四 全梁承载力校核

◆学习准备

①提前预习【例5.1】;
②提前进行课前讨论。

◆引导问题

①为什么要进行全梁承载力校核?
②全梁承载力校核的步骤是怎样的?

受弯构件斜截面承载力计算例题解析

◆知识储备

前面分别讨论了钢筋混凝土受弯构件正截面抗弯承载力、斜截面抗剪承载力和斜截面抗弯承载力的计算方法。实际工作中,一般是首先根据主要控制截面(如简支梁的跨中截面)的正截面抗弯承载力计算要求,确定纵向钢筋的数量和布置方案;然后根据支点附近区段的斜截面抗剪承载力计算要求,确定箍筋和弯起钢筋的数量和布置方案;最后,根据弯矩和剪力设计值沿梁长方向的变化情况,进行全梁承载能力校核。综合考虑正截面抗弯、斜截面抗剪和斜截面抗弯3个方面的要求,使所设计的钢筋混凝土梁沿梁长方向的任意一个截面都能满足下列要求:

$$\gamma_0 M_{\mathrm{d}} \leqslant M_{\mathrm{du}}$$
$$\gamma_0 V_{\mathrm{d}} \leqslant V_{\mathrm{du}}$$

即使在最不利的荷载效应组合作用下,构件也不会出现正截面和斜截面破坏。

一、弯矩叠合图

在工程实践设计中,钢筋混凝土受弯构件,通常只需要对若干控制截面进行承载力计算,至于其他截面承载力是否满足要求,可通过图解法进行校核。

为合理地布置钢筋,需要绘制出设计弯矩图和正截面抗弯承载力图。所谓设计弯矩图(M图),是指由设计荷载产生的各正截面的弯矩图,与设计荷载有关。设计弯矩图又称弯矩包络图,其线形为二次或高次抛物线。在均布荷载作用下,简支梁的弯矩包络图一般是以支点弯矩$M_{\mathrm{d}(0)}$、跨中弯矩$M_{\mathrm{d}\left(\frac{L}{2}\right)}$作为控制点,按二次抛物线$M_{\mathrm{dx}} = M_{\mathrm{d}\left(\frac{L}{2}\right)}\left(1 - \frac{4\,x^2}{L^2}\right)$绘出(图5.11)。所谓正截面抗弯承载力图,又称抵抗弯矩图(M_{u}图)或材料图,沿梁长各正截面实际配置的纵向钢筋所能抵抗的弯矩分布而成,如图5.11所示中的阶梯形图线。工程设计中,为了既能保证构件受弯承载力的要求,又使钢材用量经济,对于跨度较小的构件,可采用纵向钢筋全部通长布置的方式;对于大跨度构件,可将一部分纵筋在受弯承载力不需要处弯起或截断,用作受剪的弯起钢筋。

图5.11中抵抗弯矩图绘制的基本方法如下:

①首先在跨中截面将其最大抵抗弯矩,$M_{\mathrm{u}\left(\frac{L}{2}\right)}$根据纵向主筋数量改变处的截面实有抵抗力矩分段,可近似地由各组钢筋(图5.11中钢筋①②③)的截面积按比例进行分段。

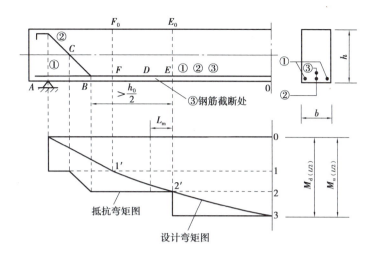

图 5.11　设计弯矩与抵抗弯矩叠合图

②通过 1、2、3 点分别作平行于横轴的水平线。其中钢筋①贯穿全梁，通过支点不弯起；钢筋②在 B 处弯起，即在 B 点开始退出工作，故水平线终止；又因弯起钢筋②与梁纵轴交于 C 点之后进入受压区才正式退出工作，故 BC 段用斜线相连；钢筋②在 E 点被截断，完全退出工作，故线形在此刻发生突变呈现阶梯状。

工程上均将设计弯矩图与抵抗弯矩图绘制于统一坐标系中，采用统一比例，两图相叠合，用来确定纵向钢筋的弯起与截断位置。显然，结构抗力图必须能全部覆盖弯矩设计值包络图，这样全梁的正截面抗弯承载力就可以得到保证。结构抗力图与弯矩设计值包络图的差距越小，说明设计越经济。如果抵抗弯矩图偏离设计弯矩图较远，说明纵筋配置较多，抗弯承载力尚有富余。此时，可以从此截面向跨中位置偏移适当距离后将纵筋弯起或截断。

值得注意的是，为了保证正截面受弯承载力的要求，不论纵筋在合理的范围内何处截断或弯起，抵抗弯矩图必须将荷载作用下所产生的设计弯矩图包括在内；同时，考虑到施工操作的便利性，配筋构造也不宜太过复杂。

二、构造要求

(一)纵向钢筋构造要求

弯起钢筋主要由纵向主钢筋弯起而成，因此必须保证纵向主钢筋有足够的抗弯与抗剪能力。

1. 保证正截面抗弯承载力的构造要求

前面已述及，为了保证正截面有足够的抗弯承载力，需根据设计弯矩与抵抗弯矩的叠合图进行分析比较确定。从图 5.12 可以看出，部分纵向钢筋弯起后，正截面抗弯承载力相应减弱。理论上来说，两图相切时梁的设计最为经济合理。

2. 保证斜截面抗剪承载力的构造要求

斜截面的抗剪承载力主要取决于弯起钢筋的数量。至于弯起钢筋的弯起位置，需满足《公路桥规》的有关要求，即简支梁第一排弯起钢筋的弯终点应落在支座中心截面处，以后各排弯起钢筋的弯终点应落在或超过前一排弯起钢筋起弯点截面处。这样布置可以保证可能出现的任一条斜裂缝，至少能遇到一排弯起的钢筋并与其斜交。当纵筋弯起形成的抗剪承载力不足以承担相应荷载时,可采用两次弯起或增加附加斜筋的方法,但不得采用不与主筋焊接的斜筋,即浮筋。

3. 保证斜截面抗弯承载力的构造要求

当抗剪钢筋较强或抗弯钢筋较弱,或者纵向钢筋锚固不牢靠、中断或位置不当时,受弯构件斜截面的破坏形式,除了由最大剪切力引起的剪切破坏,还可能发生沿斜截面由最大弯矩引起的弯曲破坏。因此,除要进行斜截面抗弯承载力复核外,还要采取一定的构造措施保证斜截面的抗弯承载力。

《公路桥规》规定,当钢筋由纵向受拉钢筋弯起时,从该钢筋发挥抵抗力点即充分利用点到实际弯起点距离不得小于 $h_0/2$,这样由于与斜截面相交的纵筋减少造成的抗弯承载力损失可由弯起钢筋来补偿,因此不必再进行斜截面抗弯承载力验算。弯起钢筋可在不需要该钢筋截面面积之前弯起,但弯起钢筋与梁中心线的交点应位于按计算不需要该钢筋截面的位置(即不需要点)之外。

前述按正截面承载力计算不需要该钢筋的截面所在位置,称为“不需要点”;按计算充分利用该钢筋的截面所在位置,称为“充分利用点”。“不需要点”与“充分利用点”的确定通常是在弯矩叠合图上用作图法解决。如图 5.12 所示简支梁,跨中截面按要求已配置 3 组钢筋,共同形成抵抗弯矩,$M_{\mathrm{u}(\frac{l}{2})}$。具体到每一组钢筋所能发挥的承载力可近似按照截面积大小按比例进行分配,线段 01、12、23 分别表示钢筋①②③对应的承载力。过点 2 作水平线交设计弯矩图于 2′ 点,此时,点 2′ 对应的截面 EE_0 已不需要③号钢筋,而②号钢筋的承载力在点 2′ 开始充分发挥作用,故点 2′ 称为③号钢筋的“不需要点”,同时又是②号钢筋的“充分利用点”。同理,点 1′ 为②号钢筋的“不需要点”,同时又是①号钢筋的“充分利用点”,以此类推。

对照检查是否能保证斜截面抗弯承载力的构造要求。如图 5.12 中的②号钢筋,点 2′ 是②号钢筋的“充分利用点”,这根钢筋需向支座方向移动一个不小于 $h_0/2$ 的距离后方可弯起,且②号钢筋弯起后与梁中心线的交点 C 位于其不需要点 1′ 以左,故满足斜截面抗弯构造要求。

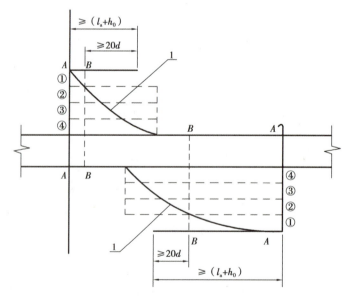

图 5.12 纵向钢筋截断时的延伸长度

①②③④—钢筋种类批号;1—设计弯矩图;

A–A—钢筋①②③④充分利用截面;B–B—钢筋①不需要利用截面

4.纵向钢筋的弯起、截断与锚固

（1）纵向钢筋的弯起

梁中纵向钢筋的弯起必须满足以下要求：

①满足斜截面受剪承载力的要求。

②满足正截面受弯承载力的要求。即设计时必须使梁的抵抗弯矩图包住设计弯矩图。

③满足斜截面受弯承载力的要求。弯起钢筋应延伸超过其充分利用点至少 $0.5h_0$ 后才能弯起；同时，弯起钢筋与梁中心线的交点，应在不需要该钢筋的截面（理论截断点）之外。

（2）纵向钢筋的截断

梁内纵向受拉钢筋不宜在受拉区截断，这是因为钢筋截断处钢筋截面面积骤减，对应混凝土内拉力骤增，造成纵向钢筋截断处过早出现裂缝，且裂缝宽度增加较快致使构件承载力下降；如需截断时，应从该钢筋的充分利用截面至少延伸(l_a+h_0)长度（如图 5.12 所示，l_a 为受拉钢筋最小锚固长度，h_0 为梁截面有效高度）；同时，应从不需要点截面至少延伸 $20d$（环氧树脂涂层钢筋 $25d$），d 为钢筋直径。

（3）纵向钢筋的锚固

在受力过程中，纵向钢筋可能会产生滑移，甚至从混凝土中拔出而造成锚固破坏。为防止此类现象发生，需将纵向钢筋伸过其受力截面一定长度，这个长度称为锚固长度。

纵向钢筋在支座处的锚固措施有：

①梁支点处应至少有两根且不少于总数 1/5 的下层受拉主钢筋通过。

②梁底两侧的受拉主筋应延伸出端支点截面以外，并弯制成直角且顺梁高延伸至顶部与顶部架立筋相连。否则，伸出截面端支点截面的长度应不小于 $10d$（环氧树脂涂层钢筋 $12.5d$），d 为钢筋直径。弯起钢筋的末端应留有足够的锚固长度：受拉区不小于 $20d$；受压区不小于 $10d$，环氧树脂涂层使钢筋额外增加 25%。

（二）箍筋的构造要求

1.箍筋的布置

按计算不需要设置箍筋的梁，除截面高度 $h<150$ mm 可不设箍筋外，以下情形应设置箍筋：

①截面高度大于 300 mm 时，应沿全梁设置箍筋；

②截面高度 $h=150\sim300$ mm 时，仅在构件端部各 1/4 跨度范围内设置箍筋；

③若在构件中部 1/2 跨度范围内有集中荷载作用时，应沿梁全长范围内布置箍筋。

2.箍筋的形状和肢数

箍筋形状有开口式和封闭式两种［图 5.13（a）、（b）］。

①开口式：现浇 T 形梁、不承受扭矩和动荷载时，在承受正弯矩区段可用开口式。

②封闭式：用于一般梁。

箍筋肢数有单肢、双肢、四肢 3 种［图 5.13（c）、（d）、（e）］。

①单肢（$b\leqslant120$ mm），梁截面宽度特别小。

②双肢（120 mm$<b<350$ mm），一般情形。

③四肢（$b\geqslant350$ mm，或一排中受拉钢筋多于 5 根，或受压钢筋多于 3 根）。

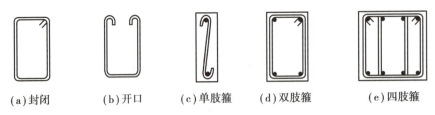

(a)封闭　　　(b)开口　　　(c)单肢箍　　　(d)双肢箍　　　(e)四肢箍

图 5.13　箍筋的形状和肢数

3.箍筋的直径和间距

一般地,箍筋的直径 $d \geqslant d_{\min}$。梁中配有受压钢筋时,尚应有 $d \geqslant d_压/4$。

箍筋的间距要求如下:

①一般情况下,$S \leqslant S_{\max}$;

②梁中配有受压钢筋时,尚应有 $S \leqslant 15d$(d 为受压钢筋的最小直径),且应有 $S \leqslant 400$ mm;

③搭接长度范围内,$S \leqslant 5d$(受拉),$S \leqslant 10d$(受压)。

(三)其他构造要求

1.钢筋接头

钢筋接头分为绑扎搭接和焊接(图 5.14)。轴拉构件及小偏拉构件的受力钢筋不得采用搭接接头。

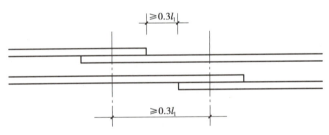

图 5.14　钢筋接头

搭接长度 l_1 的取值:受拉钢筋的搭接长度不小于 zl_a,且不小于 300 mm;受压钢筋的搭接长度不小于 $0.7l_1$,且不小于 200 mm。其中,l_1 为纵向受拉钢筋的搭接长度;l_a 为纵向受拉钢筋的锚固长度;z 为纵向受拉钢筋的搭接长度修正系数,按表 5.3 取用。

图 5.15　钢筋接头绑扎搭接

图 5.16　钢筋接头焊接

表 5.3　纵向受拉钢筋搭接长度修正系数

纵向受拉钢筋搭接接头面积百分率/%	≤25	50	100
z	1.2	1.4	1.6

受力钢筋接头应错开,在搭接接头区段内或焊接接头处 35d(且≥500 mm)范围内。接头的百分率上限值:在受拉区为 25%,在受压区为 50%。

2. 弯起钢筋

(1)弯筋的布置

对于主梁、跨度 l≥6 m 的次梁、吊车梁及挑出 1 m 以上的悬臂梁,不论计算需要与否,在支座处均设弯起钢筋。

钢筋的弯起次序应左右轮换对称弯起,以利于承担主拉应力。

当主梁宽 b>350 mm 时,同一截面上的弯起钢筋不少于 2 根。

(2)弯起钢筋的位置

支座边缘到第一排弯筋的上弯点、前一排弯筋的上弯点到下一排弯筋的下弯点的距离都不大于 s_{max}。

(3)弯起角和转弯半径

弯起角:在板中为 30°;梁中:h≤800 mm,α=45°;h>800 mm,α=60°。

转弯半径:r=10d。

(4)弯筋在终弯点外的锚固长度

锚固长度取值:受拉区≥20d,受压区≥10d。

3. 腰筋、拉筋和架立筋(图 5.15)

(1)腰筋

架设腰筋的原因:防止梁太高时,由混凝土收缩和混凝土温度变形而产生的竖向裂缝;同时为了加强钢筋骨架的刚度。

设置要求:当 h_w≥450 mm 时,梁侧设腰筋,其间距≤200 mm;直径 d≥10 mm。

(2)拉筋

设置要求:其直径与箍筋相同,间距为箍筋的 2 倍。

(3)架立筋

为了将纵向受力筋和箍筋绑扎成刚性较好的骨架,箍筋四角在没有受力纵筋的位置,应设置架立筋。

设置要求:当 l>6m 时,d≥12 mm;当 l=4~6m 时,d≥10 mm;当 l<4m 时,d≥8 mm。

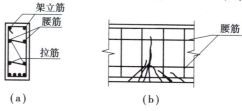

图 5.17　腰筋、拉筋和架立筋

4. "鸭筋"与"浮筋"

当单独设置只受剪力的弯筋时,应将其做成"鸭筋"的形式(图5.18),但不允许采用锚固性能较差的"浮筋"。

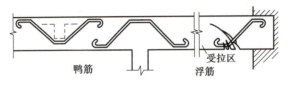

图5.18 "鸭筋"与"浮筋"

三、典型算例

【例5.1】 某钢筋混凝土T形截面简支梁,标准跨径为13 m,计算跨径为12.6 m。按正截面抗弯承载力计算所确定的跨中截面尺寸和配筋如图5.19所示。其中主筋采用HRB400钢筋,4Φ32+4Φ16;架立钢筋采用HRB400钢筋,2Φ22,焊接成多层钢筋骨架;混凝土等级为C30。已知该梁承受支点剪力 $V_{d(0)} = 310$ kN,跨中剪力 $V_{d(\frac{L}{2})} = 65$ kN;支点弯矩 $M_{d(0)} = 0$,跨中弯矩 $M_{d(\frac{L}{2})} = 910$ kN·m,试按梁斜截面抗剪配筋设计方法配置该梁的箍筋和弯起钢筋。已知结构重要性系数 $\gamma_0 = 1.1$。

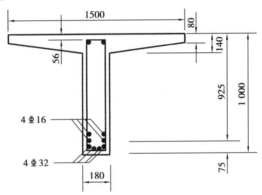

图5.19 跨中截面钢筋布置图(单位:mm)

【解】(1)计算各典型截面参数

①主筋为4Φ32+4Φ16时,主筋合力作用点至梁截面下边缘的距离:

$$a_s = \frac{330 \times 3217 \times (30 + 35.8) + 330 \times 804 \times (30 + 35.8 \times 2 + 18.4)}{330 \times 3\,217 + 330 \times 804} \approx 77(\text{mm})$$

截面有效高度:

$$h_0 = h - a_s = 1\,000 - 77 = 923(\text{mm})$$

②主筋为4Φ32+2Φ16时:

$$a_s = \frac{330 \times 3\,217 \times (30 + 35.8) + 330 \times 402 \times (30 + 35.8 \times 2 + 9.2)}{330 \times 3\,217 + 330 \times 402} \approx 70.8(\text{mm})$$

$$h_0 = h - a_s = 1\,000 - 70.8 = 929.2(\text{mm})$$

③主筋为4Φ32时:

$$a_s = 30 + 35.8 = 65.8(\text{mm})$$

$$h_0 = h - a_s = 1\,000 - 65.8 = 934.2(\text{mm})$$

④主筋为 2 ⨕32 时:

$$a_s = 30 + \frac{35.8}{2} = 47.9(\text{mm})$$

$$h_0 = h - a_s = 1\,000 - 47.9 = 952.1(\text{mm})$$

(2)截面尺寸验算

根据公式(4.11)验算支座截面、跨中截面的尺寸。

对于支座截面:

$$0.51 \times 10^{-3} \times \sqrt{f_{\text{cu,k}}}\,bh_0 = 0.51 \times 10^{-3} \times \sqrt{30} \times 180 \times 952.1 \approx 478.7(\text{kN})$$

$$> \gamma_0 V_{\text{d}(0)} = 1.1 \times 310 = 341(\text{kN})$$

对于跨中截面:

$$0.51 \times 10^{-3} \times \sqrt{f_{\text{cu,k}}}\,bh_0 = 0.51 \times 10^{-3} \times \sqrt{30} \times 180 \times 923 \approx 464.1(\text{kN})$$

$$> \gamma_0 V_{\text{d}(0)} = 1.1 \times 65 = 71.5(\text{kN})$$

故按正截面抗弯承载力计算确定的截面尺寸满足抗剪构造要求。

(3)计算是否需配置腹筋

由于梁内最大剪力在支座截面处,因此只需对支座截面进行计算,就可以确定是否需要配置剪力钢筋。

对于支座截面,由公式(5.12)得:

$$0.5 \times 10^{-3} \times \alpha_2 f_{\text{td}} bh_0 = 0.5 \times 10^{-3} \times 1.0 \times 1.39 \times 180 \times 952.1$$

$$\approx 119.1(\text{kN}) < \gamma_0 V_{\text{d}(0)} = 341(\text{kN})$$

故梁内需要按计算配置剪力钢筋,否则只需按构造要求配置箍筋。

(4)确定各截面剪力大小

①绘制梁半跨剪力包络图,并计算不需要剪力钢筋的区段(图5.20)。

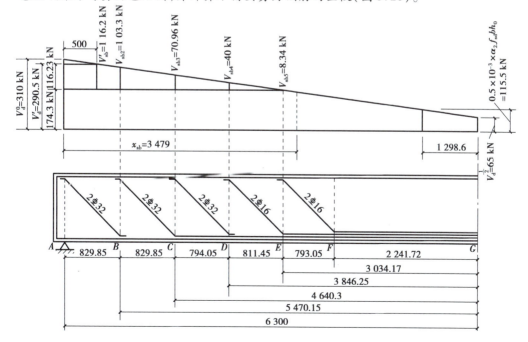

图5.20 按照抗剪要求计算各截面所需弯起钢筋的数量(单位:mm)

对于跨中截面：
$$0.5 \times 10^{-3} \times \alpha_2 f_{td} b h_0 = 0.5 \times 10^{-3} \times 1.0 \times 1.39 \times 180 \times 923$$
$$\approx 115.5(\text{kN}) > \gamma_0 V_{d(0)} = 71.5(\text{kN})$$

故不需设置剪力钢筋的区段长度。
$$x_c = \frac{(115.5 - 65) \times 6\,300}{310 - 65} \approx 1\,298.6(\text{mm})$$

②按比例根据剪力包络图求距支座 $h/2$ 处截面的最大剪力：
$$V_d' = 65 + \frac{(115.5 - 65) \times (6\,300 - 500)}{1\,298.6} \approx 290.6(\text{kN})$$

③最大剪力分配。按照《公路桥规》规定，最大剪力其中至少60%由混凝土和箍筋共同承担，至多40%由弯起钢筋承担，并用水平线将剪力设计图分割。故：
$$V_{cs}' \geqslant 0.6 V_d' = 0.6 \times 290.5 \approx 174.4(\text{kN})$$
$$V_{sb}' \leqslant 0.4 V_d' = 0.4 \times 290.6 = 116.2(\text{kN})$$

(5)配置弯起钢筋

①按比例确定弯起钢筋所需区段长度：
$$x_{sb} = \frac{(310 - 174.4) \times 500}{310 - 290.6} \approx 3\,495(\text{mm})$$

②计算各排弯起钢筋截面面积。

a. 第一排(相对支座)弯起钢筋：距支座 $h/2$ 处截面由弯起钢筋所需承担的剪力值 $V_{sb1} = V_{sb}' = 116.2$ kN；第一排弯起钢筋拟用补充斜筋 2Φ32，所需弯起钢筋截面面积：
$$A_{sb1}' = \frac{\gamma_0 V_{sb1}}{0.75 \times 10^{-3} \times f_{sd} \sin 45°} = \frac{1.1 \times 116.2}{0.75 \times 10^{-3} \times 330 \times 0.707} \approx 730.5(\text{mm}^2)$$

实际补充斜筋 2Φ32 截面面积 $A_{sb1} = 1\,609$ mm$^2 > A_{sb1}' = 730.5$ mm^2，满足抗剪要求。其弯起点为 B，弯终点落在支座中心 A 截面处，弯起钢筋与主筋夹角为45°，弯起点 B 至弯终点 A 的距离为：
$$AB = 1\,000 - \left(56 + \frac{25.1}{2} + \frac{35.8}{2} + 30 + 35.8 + \frac{35.8}{2}\right) = 829.85(\text{mm})$$

b. 第二排弯起钢筋：按比例关系，根据剪力包络图计算第一排弯起钢筋起弯点 B 处由第二排弯起钢筋承担的剪力值：
$$V_{sb2} = \frac{(3\,495 - 829.85) \times 116.2}{3\,495 - 500} \approx 103.4(\text{kN})$$

第二排弯起钢筋拟由主筋 2Φ32 弯起形成，所需弯起钢筋截面面积：
$$A_{sb2}' = \frac{\gamma_0 V_{sb2}}{0.75 \times 10^{-3} f_{sd} \sin 45°} = \frac{1.1 \times 103.4}{0.75 \times 10^{-3} \times 330 \times 0.707} \approx 650(\text{mm}^2)$$

实际弯起钢筋截面面积 $A_{sb2} = 1\,609$ mm$^2 > A_{sb2}' = 650$ mm^2，满足抗剪要求。其弯起点为 C，弯终点落在第一排钢筋弯起点 B 截面处，弯起钢筋与主筋夹角为45°，弯起点 C 至点 B 的距离为：
$$BC = AB = 829.85(\text{mm})$$

c. 第三排弯起钢筋：按比例关系，根据剪力包络图计算第二排弯起钢筋起弯点 C 处由第三排弯起钢筋承担的剪力值：

$$V_{sb3} = \frac{(3\ 495 - 829.85 - 829.85) \times 116.2}{3\ 495 - 500} \approx 71.21(\text{kN})$$

第三排弯起钢筋拟用补充斜筋 2 ⊈ 32,所需弯起钢筋截面面积:

$$A'_{sb3} = \frac{\gamma_0 V_{sb3}}{0.75 \times 10^{-3} \times f_{sd}\sin 45°} = \frac{1.1 \times 71.21}{0.75 \times 10^{-3} \times 330 \times 0.707} = 447.7(\text{mm}^2)$$

实际补充斜筋 2 ⊈ 32 截面面积 $A_{sb3} = 1\ 609$ mm^2 > $A'_{sb3} = 447.7$ mm^2,满足抗剪要求。其弯起点为 D,弯终点落在第二排钢筋弯起点 C 截面处,弯起钢筋与主筋夹角为45°,弯起点 D 至点 C 的距离为:

$$CD = 1\ 000 - \left(56 + \frac{25.1}{2} + \frac{35.8}{2} + 30 + 35.8 + 35.8 + \frac{35.8}{2}\right) = 794.05(\text{mm})$$

d. 第四排弯起钢筋:按比例关系,根据剪力包络图计算第三排弯起钢筋起弯点 D 处由第四排弯起钢筋承担的剪力值:

$$V_{sb4} = \frac{(3\ 495 - 829.85 - 829.5 - 794.05) \times 116.2}{3\ 495 - 500} \approx 40.4(\text{kN})$$

第四排弯起钢筋拟用主筋 2 ⊈ 16 弯起而成,所需弯起钢筋截面面积:

$$A'_{sb4} = \frac{\gamma_0 V_{sb4}}{0.75 \times 10^{-3} \times f_{sd}\sin 45°} = \frac{1.1 \times 40.4}{0.75 \times 10^{-3} \times 330 \times 0.707} \approx 254.0(\text{mm}^2)$$

实际用 2 ⊈ 16 截面面积 $A_{sb4} = 402$ mm^2 > $A'_{sb4} = 254.0$ mm^2,满足抗剪要求。其弯起点为 E,弯终点落在第三排钢筋弯起点 D 截面处,弯起钢筋与主筋夹角为45°,弯起点 E 至点 D 的距离为:

$$DE = 1\ 000 - \left(56 + \frac{25.1}{2} + \frac{18.4}{2} + 30 + 35.8 + 35.8 + \frac{18.4}{2}\right) = 811.45(\text{mm})$$

e. 第五排弯起钢筋:按比例关系,根据剪力包络图计算第三排弯起钢筋起弯点 D 处由第四排弯起钢筋承担的剪力值:

$$V_{sb5} = \frac{(3\ 495 - 829.85 - 829.5 - 794.05 - 811.45) \times 116.2}{3\ 495 - 500} \approx 8.92(\text{kN})$$

第四排弯起钢筋拟用主筋 2 ⊈ 16 弯起,所需弯起钢筋截面面积:

$$A'_{sb4} = \frac{\gamma_0 V_{sb5}}{0.75 \times 10^{-3} \times f_{sd}\sin 45°} = \frac{1.1 \times 8.92}{0.75 \times 10^{-3} \times 330 \times 0.707} \approx 66.1(\text{mm}^2)$$

实际用 2 ⊈ 16 截面面积 $A_{sb5} = 402$ mm^2 > $A'_{sb5} = 56.1$ mm^2,满足抗剪要求。其弯起点为 F,弯终点落在第四排钢筋弯起点 E 截面处,弯起钢筋与主筋夹角为45°,弯起点 F 至点 E 的距离为:

$$EF = 1\ 000 - \left(56 + \frac{25.1}{2} + \frac{18.4}{2} + 30 + 35.8 + 35.8 + 18.4 + \frac{18.4}{2}\right) = 793.05(\text{mm})$$

第五排弯起钢筋起弯点 F 至支座中心 A 的距离:

$$AE = AB + BC + CD + DE + EF = 829.85 + 829.85 + 794.05 + 811.45 + 793.05$$
$$= 4\ 058.25(\text{mm}) > x_{sb} = 3495(\text{mm})$$

这说明第五排钢筋起弯点 F 已超过需设置弯起钢筋的区段长 x_{sb},弯起钢筋数量已满足抗剪承载力要求。

各排弯起钢筋起弯点距离跨中截面的距离计算如下:

$$x_B = BG = L/2 - AB = 6\ 300 - 829.85 = 5\ 470.15(\text{mm})$$
$$x_C = CG = BG - BC = 5\ 470.15 - 829.85 = 4\ 640.3(\text{mm})$$

$$x_D = DG = CG - CD = 4\,640.3 - 794.05 = 3\,846.25(\text{mm})$$

$$x_E = EG = DG - DE = 3\,846.25 - 811.45 = 3\,034.77(\text{mm})$$

$$x_F = FG = EG - EF = 3\,034.77 - 793.05 = 2\,241.72(\text{mm})$$

按抗弯承载力的要求计算各排弯起钢筋的起弯点位置如图 5.21 所示。

(6)检验各排弯起钢筋起弯点是否符合构造要求

①检验是否满足抗剪承载力构造要求。从图 5.21 可以看出,对于支座而言,梁内第一排弯起钢筋的弯终点落在支座中心截面处,以后各排弯起钢筋的弯终点均落在前一排弯起钢筋起弯点截面上,这些都符合《公路桥规》关于斜截面抗剪承载力方面的构造要求。

②检验是否满足正截面抗弯承载力构造要求。检验配筋是否满足正截面抗弯承载力构造要求,即需比较各截面处设计弯矩与抵抗弯矩的大小,抵抗弯矩大于设计弯矩即设计弯矩图被完全包含在抵抗弯矩图内则正截面抗弯承载力得以保证;否则不满足要求。

a.计算各排弯起钢筋起弯点所在截面和跨中截面的设计弯矩值。已知跨中截面弯矩设计值 $M_{\text{d}(\frac{L}{2})} = 910$ kN·m,支座截面弯矩设计值 $M_{\text{d}(0)} = 0$,其他截面设计弯矩按二次抛物线公式 $M_{\text{d}x} = M_{\text{d}(\frac{L}{2})}\left(1 - \frac{4x^2}{L^2}\right)$ 计算,计算结果见表 5.4。

表 5.4   各排弯起钢筋起弯点设计弯矩计算表

弯起钢筋序号	起弯点	起弯点至跨中截面距离 x_i/mm	各起弯点设计弯矩 $M_{\text{d}x} = M_{\text{d}(\frac{L}{2})}\left(1 - \frac{4x^2}{L^2}\right)$/kN·m
1	B	$x_B = 5\,470.15$	$M_B = 910 \times \left(1 - \frac{4 \times 5\,470.15^2}{12\,600^2}\right) \approx 223.9$
2	C	$x_C = 4\,640.3$	$M_C = 910 \times \left(1 - \frac{4 \times 4\,640.3^2}{12\,600^2}\right) \approx 416.3$
3	D	$x_D = 3\,846.25$	$M_D = 910 \times \left(1 - \frac{4 \times 3\,846.25^2}{12\,600^2}\right) \approx 570.8$
4	E	$x_E = 3\,034.77$	$M_E = 910 \times \left(1 - \frac{4 \times 3\,034.77^2}{12\,600^2}\right) \approx 698.8$
5	F	$x_F = 2\,241.72$	$M_F = 910 \times \left(1 - \frac{4 \times 2\,241.72^2}{12\,600^2}\right) \approx 794.8$
跨中截面			$M_G = M_{\text{d}(\frac{L}{2})} = 910$

根据表 5.4 所示各截面设计弯矩值 $M_{\text{d}x}$ 绘制设计弯矩图(图 5.21)。

b.计算各排弯起钢筋起弯点所在截面和跨中截面的抵抗弯矩值。先判别 T 形截面的类型。

对于跨中截面:

$$f_{\text{sd}}A_s = 330 \times 3\,217 + 330 \times 804 = 1\,326.93(\text{kN})$$

$$f_{\text{cd}}b_f'h_f' = 13.8 \times 1\,500 \times 110 = 2\,277(\text{kN}) > f_{\text{sd}}A_s$$

故属于第一类 T 形截面,可按照单筋矩形截面 $b_f' \times h$ 计算。

其余截面配筋均少于跨中截面,故均属于第一类 T 形截面,均可按单筋矩形截面 $b_f' \times h$ 计算。

各梁段抵抗弯矩计算见表 5.5。

表5.5　各梁段抵抗弯矩计算表

梁段	主筋截面面积 A_s/mm²	截面有效高度 h_0/mm	混凝土受压区高度系数 $\xi=\dfrac{A_s}{b'_f h_0}\times\dfrac{f_{sd}}{f_{cd}}$	各梁段抵抗弯矩 $M_{u(i)}=\dfrac{1}{\gamma_0}f_{sd}A_s h_0(1-0.5\xi)$
AC	$2\,\Phi\,32$ $A_{s(AC)}=1\,609$	952.1	$\xi_{(AC)}=\dfrac{1\,609}{1\,500\times952.1}\times\dfrac{330}{13.8}$ $\approx0.026\,3$	$M_{u(AC)}=\dfrac{1}{1.1}\times330\times1\,609\times952.1\times(1-0.5\times0.026\,3)\times10^{-6}$ $\approx453.5\,(\mathrm{kN\cdot m})$
CE	$4\,\Phi\,32$ $A_{s(CE)}=3\,217$	934.2	$\xi_{(CE)}=\dfrac{3\,217}{1\,500\times934.2}\times\dfrac{330}{13.8}$ $\approx0.054\,9$	$M_{u(CE)}=\dfrac{1}{1.1}\times330\times3\,217\times934.2\times(1-0.5\times0.054\,9)\times10^{-6}$ $\approx876.8\,(\mathrm{kN\cdot m})$
EF	$4\,\Phi\,32+2\,\Phi\,16$ $A_{s(EF)}=3\,619$	929.2	$\xi_{(EF)}=\dfrac{3\,619}{1\,500\times929.2}\times\dfrac{330}{13.8}$ $\approx0.062\,1$	$M_{u(CE)}=\dfrac{1}{1.1}\times330\times3\,619\times929.2\times(1-0.5\times0.062\,1)\times10^{-6}$ $\approx977.5\,(\mathrm{kN\cdot m})$
FG	$4\,\Phi\,32+4\,\Phi\,16$ $A_{s(FG)}=4\,021$	923	$\xi_{(FG)}=\dfrac{4\,021}{1\,500\times923}\times\dfrac{330}{13.8}$ $=0.069\,4$	$M_{u(CE)}=\dfrac{1}{1.1}\times330\times4\,021\times923\times(1-0.5\times0.069\,4)\times10^{-6}$ $\approx1\,074.8\,(\mathrm{kN\cdot m})$

根据表5.5所列各截面，抵抗弯矩值 $M_{u(i)}$ 绘制抵抗弯矩图，如图5.21所示。

从图4.19所示弯矩叠合图可以看出，设计弯矩图完全被包含在抵抗弯矩图内，即 $M_d<M_u$，表明正截面抗弯承载力能够保证。

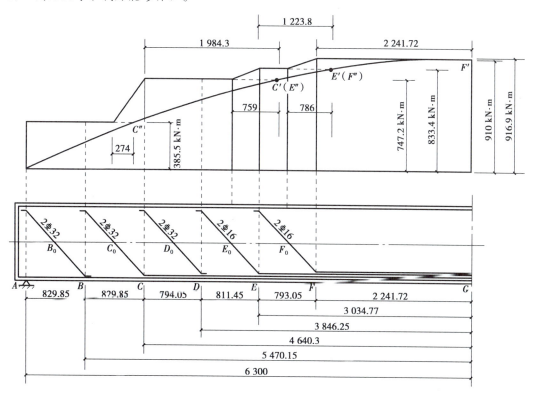

图5.21　按抗弯承载力要求计算各排弯起钢筋起弯点位置(单位:mm)

③检验是否满足斜截面抗弯承载力构造要求。各层纵向钢筋的充分利用点和不需要点位置计算，见表5.6。

表5.6　各层纵向钢筋的充分利用点和不需要点位置计算表

各层纵向钢筋序号	对应充分利用点	各充分利用点至跨中截面距离 $x'_i = \dfrac{L}{2}\sqrt{1-\dfrac{M_{u(i)}}{M_{d\left(\frac{L}{2}\right)}}}$ /mm	对应不需要利用点	各不需要点至跨中截面距离 x''_i/mm
2	C'	$x'_C = 6\,300\times\sqrt{1-\dfrac{876.8}{910}}\approx 1\,204$	C''	$x''_C = 6\,300\times\sqrt{1-\dfrac{453.5}{910}}\approx 4\,523$
4	E'	$x'_E = 0$	E''	$x''_E = x'_C = 1\,204$

计算各排弯起钢筋与梁中心线交点 C_0、E_0、F_0 的位置：

$$x_{C_0} = 4\,640.3 + \left[500 - \left(30 + 35.8 + \frac{35.8}{2}\right)\right] = 5\,056.6(\text{mm})$$

$$x_{E_0} = 3\,034.77 + \left[500 - \left(30 + 2\times 35.8 + \frac{18.4}{2}\right)\right] = 3\,424.37(\text{mm})$$

计算各排弯起钢筋起弯点至对应充分利用点的距离、各排弯起钢筋与梁中心线交点至对应不需要点的距离，见表5.7。

表5.7　斜截面抗弯承载力构造要求分析表

各排弯起钢筋序号	弯起点至充分利用点距离 $(x_i - x'_i)$/mm	$\left[(x_i - x_p) - \dfrac{h_0}{2}\right]$/mm	弯起钢筋与梁中心线交点至不需要点距离 $(x_{i0} - x''_i)$/mm
2	$x_C - x'_C = 4\,640.3 - 1\,204 = 3\,436.3$	1 508.2	$x_{C0} - x''_C = 5\,056.6 - 4\,525 = 531.6$
4	$x_E - x'_E = 3\,034.77 - 0 = 3\,034.77$	743.2	$x_{E0} - x''_E = 3\,424.37 - 1\,204 = 2\,220.37$

从表5.7中可以看出，各排弯起钢筋起弯点均在该层钢筋充分利用点外不小于 $h_0/2$ 处，且各排弯起钢筋与梁中心线交点均在该层钢筋不需要点以外，即均能保证斜截面抗弯承载力。

此外，如图5.21所示，在梁底部有2根⾧32主筋不弯起且通过支座截面。这两根主筋截面面积 $A_s = 1\,609\ \text{mm}^2$，与主筋4⾧32+4⾧16总截面面积4 021 mm^2 之比为0.4，大于1/5，符合《公路桥规》规定的构造要求。

（7）箍筋的配置

根据《公路桥规》关于"钢筋混凝土梁应设置直径不小于8 mm且不小于1/4主筋直径的箍筋"的规定，本题采用封闭式双肢箍筋，2ϕ8，HPB钢筋，单肢箍筋截面面积50.3 mm^2。又根据《公路桥规》中关于箍筋间距的规定："箍筋间距不大于梁高的1/2且不大于400 mm，支座截面处、支座中心向跨径长度方向长度不小于一倍梁高范围内箍筋间距不大于100 mm"，表5.8内梁段最大箍筋间距满足要求。相应最小配箍率：$\rho_{sv} = \dfrac{A_{sv}}{bS_v} = \dfrac{2\times 50.3}{180\times 200} = 0.002\,8 > 0.14\%$，满足规范要求。

表 5.8　各梁段箍筋最大间距计算表

梁段	主筋截面面积 A_s/mm^2	截面有效高度 h_0/mm	主筋配筋率 $\rho = \dfrac{A_s}{bh_0} \times 100\%$	箍筋最大间距 $S_v = \dfrac{0.202\,5 \times 10^{-6} \times \alpha_1^2 \alpha_3^2 (2+0.6\rho)\sqrt{f_{cu,k}}\, A_{sv} f_{sv} b h_0^2}{(\xi \gamma_0 V_d)^2}$
AC	2 ⊕ 32 $A_{s(AC)} = 1609$	952.1	$\rho_{AC} = \dfrac{1\,609}{180 \times 952.1} \times 100\%$ $\approx 0.94\%$	$S_{v(AC)} = \dfrac{1.1^2 \times 0.202\,5 \times 10^{-6} \times (2+0.6 \times 0.94) \times \sqrt{30} \times 100.6 \times 195 \times 250 \times 952.1^2}{(0.6 \times 1.1 \times 290.6)^2}$ $= 415.97$
CE	4 ⊕ 32 $A_{s(CE)} = 3217$	934.2	$\rho_{CE} = \dfrac{3\,217}{180 \times 934.2} \times 100\%$ $\approx 1.91\%$	$S_{v(CE)} = \dfrac{1.1^2 \times 0.202\,5 \times 10^{-6} \times (2+0.6 \times 1.91) \times \sqrt{30} \times 100.6 \times 195 \times 250 \times 934.2^2}{(0.6 \times 1.1 \times 290.6)^2}$ $= 818.89$
EF	4 ⊕ 32+2 ⊕ 16 $A_{s(EF)} = 3\,619$	929.2	$\rho_{EF} = \dfrac{3\,619}{180 \times 929.2} \times 100\%$ $\approx 2.16\%$	$S_{v(EF)} = \dfrac{1.1^2 \times 0.202\,5 \times 10^{-6} \times (2+0.6 \times 2.16) \times \sqrt{30} \times 100.6 \times 195 \times 250 \times 929.2^2}{(0.6 \times 1.1 \times 290.6)^2}$ $= 509.17$
FG	4 ⊕ 32+4 ⊕ 16 $A_{s(FG)} = 4\,021$	923	$\rho_{FG} = \dfrac{4021}{180 \times 923} \times 100\%$ $\approx 2.42\%$	$S_{v(FG)} = \dfrac{1.1^2 \times 0.202\,5 \times 10^{-6} \times (2+0.6 \times 2.42) \times \sqrt{30} \times 100.6 \times 195 \times 250 \times 923^2}{(0.6 \times 1.1 \times 290.6)^2}$ $= 526.25$

◆ 拓展提高

例题 5.1 复盘总结。

同步测试

项目小结

1. 根据剪跨比和箍筋用量的不同,斜截面受剪的破坏形态有 3 种,即斜压破坏、斜拉破坏和剪压破坏。其中前两种破坏属于脆性破坏,工程中应予以避免,设计中可通过限制截面尺寸和控制箍筋的最小配箍率来防止这两种破坏;而剪压破坏属于塑性破坏,通过计算加以防止。

2. 影响斜截面承载力的主要因素有剪跨比(跨高比 l/h)、纵筋配筋率、配箍率及混凝土强度大小。通过试验得出抗剪强度与各因素的关系式,从而建立受剪承载力计算公式。

3. 斜截面受剪承载力计算公式为 $\gamma_0 V_d \leqslant V_{cs} + V_{sb} \leqslant 0.45 \times 10^{-3} \times \alpha_1 \alpha_2 \alpha_3 b h_0 \sqrt{(2+0.6\rho)\sqrt{f_{cu,k}}\, \rho_{sv} f_{sd,v}} + 0.75 \times 10^{-3} \times f_{sd,b} \sum A_{sb} \sin \theta_s$。计算时应注意公式的适用条件,即截面尺寸满足式(4.11),否则应加大截面尺寸;同时计算所得的配箍率应满足最小配箍率的要求。

4. 抵抗弯矩图是实际配置的钢筋在梁的各止截面所承受的弯矩图。通过抵抗弯矩图可以确定钢筋弯起和截断的位置。抵抗弯矩图必须保住设计弯矩图,两个图越贴近,钢筋利用越充分。同一根梁在同等荷载作用下可以有不同的纵向钢筋布置方案、不同的抵抗弯矩图。

5. 在进行钢筋混凝土受弯构件设计时,在满足计算要求的同时,还应符合必要的构造要求来保证斜截面的承载力。纵向钢筋的弯起与截断位置、纵向钢筋的锚固与连接、弯起钢筋的构造要求,以及箍筋的布置、直径与间距等,在设计中均应给予充分的重视。

◆ 思考练习题

5.1　钢筋混凝土受弯构件沿斜截面破坏的形态有哪些?各在什么情况下发生?

5.2 影响钢筋混凝土受弯构件斜截面抗弯能力的主要因素有哪些?

5.3 钢筋混凝土受弯构件斜截面抗弯承载力基本公式的适用范围是什么? 公式的上下限物理意义是什么?

5.4 解释以下术语:剪跨比、剪压破坏、充分利用点、不需要点、弯矩包络图、抵抗弯矩图。

5.5 钢筋混凝土抗剪承载力复核时,如何选择复核截面?

5.6 试述纵向钢筋在支座处锚固有哪些规定。

5.7 什么是鸭筋和浮筋? 浮筋为什么不能作为受剪钢筋?

5.8 一钢筋混凝土矩形截面简支梁,截面尺寸为 250 mm×500 mm,混凝土强度等级为 C25 ($f_t = 1.23$ N/mm²、$f_c = 11.5$ N/mm²),箍筋为热轧 HPB300 级钢筋($f_{yv} = 210$ N/mm²),纵向钢筋为 3 Φ 25 HRB400 级钢筋($f_y = 330$ N/mm²),支座处截面的剪力最大值为 180 kN。求箍筋和弯起钢筋的数量。

5.9 钢筋混凝土矩形截面简支梁如图 5.22 所示,截面尺寸为 250 mm×500 mm,混凝土强度等级为 C25($f_t = 1.23$ N/mm²、$f_c = 11.5$ N/mm²),箍筋为热轧 HPB300 级钢筋($f_{yv} = 210$ N/mm²),纵筋为 2 Φ 25 和 2 Φ 22,HRB400 级钢筋($f_y = 330$ N/mm²)。求:

①只配箍筋;

②既配弯起钢筋又配箍筋。

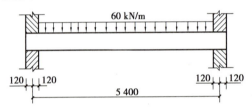

图 5.22 习题 5.9 图

项目六　受压构件承载力计算

◆项目导入

2018年5月4日7点59分左右,一在建钢结构办公楼轰然坍塌,造成5人死亡,2人重伤,直接经济损失989.9万元。经调查认定,该在建办公楼坍塌较大事故(事故等级划分依据:死亡人数大于3人,不足10人,为较大事故)是一起生产安全责任事故。

坍塌的直接原因:钢结构H型钢柱稳定承载力严重不足,钢结构制作、安装质量存在严重缺陷,在砌筑墙体时导致结构失稳整体坍塌。

一个3层钢结构办公楼居然坍塌了!事故调查报告揭露的事件过程触目惊心:施工单位竟然私自将柱截面由H500×200改成H400×200!

受压构件按受力情况,受压构件可分为轴心受压构件、单向偏心受压构件和双向偏心受压构件。本项目依次从构造方面、受力特征方面、承载力计算复核方面、构件截面设计方面逐步展开讲解。

◆学习目标

能力目标:能正确绘制偏心受压构件的破坏形态和矩形截面受压承载力的计算简图;会进行矩形截面受压构件承载力的计算。

知识目标:明确受压构件的构造要求;理解轴心受压螺旋筋柱间接配筋的原理;领会受压构件中纵向钢筋和箍筋的主要构造要求;了解型钢混凝土柱和钢管混凝土柱的构造。

素质目标:培养学生思维迁移的能力;增强学生责任感与价值认同感。

学习重点:轴心受压构件;偏心受压构件受力特征、受力分析;偏心受压构件正截面承载力计算。

学习难点:偏心受压构件正截面承载力计算。

◆ 思维导图

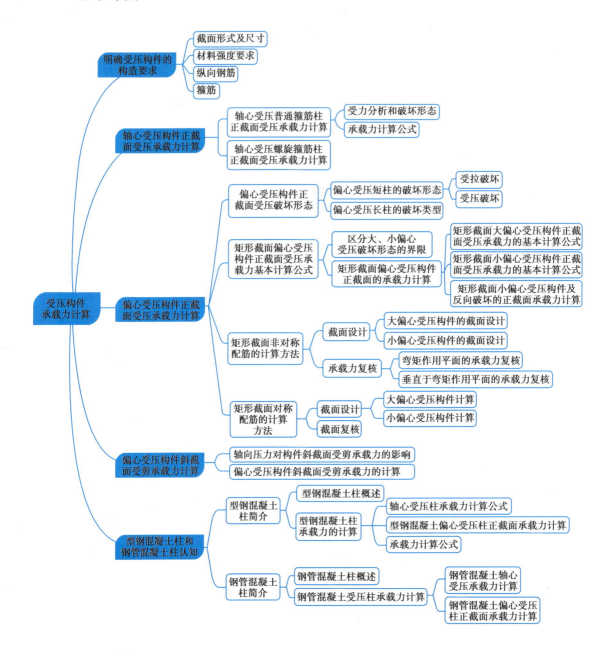

◆ 项目实施

以承受轴向压力为主的构件属于受压构件。例如,单层厂房柱、拱、屋架上弦杆,多层和高层建筑中的框架柱、剪力墙、核心筒体墙,烟囱的筒壁,桥梁结构中的桥墩、桩等均属于受压构件(图6.1至图6.6)。按受力情况,受压构件可分为轴心受压构件、单向偏心受压构件和双向偏心受压构件(图6.7)。

对于单一匀质材料的构件,当轴向压力的作用线与构件截面形心轴线重合时为轴心受压,不重合时为偏心受压。钢筋混凝土构件由两种材料组成,混凝土是非匀质材料,钢筋可非对称

图 6.1　屋架上弦杆

图 6.2　框架柱

图 6.3　烟囱筒壁

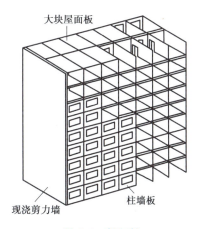

图 6.4　框架柱

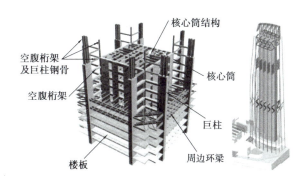

图 6.5　核心筒结构

图 6.6　桥墩

布置。但为了方便,不考虑混凝土的不匀质性及钢筋非对称布置的影响,近似地用轴向压力的作用点与构件正截面形心的相对位置来划分受压构件的类型。当轴向压力的作用点位于构件正截面形心时,为轴心受压构件。当轴向压力的作用点只对构件正截面的一个主轴有偏心距时,为单向偏心受压构件。当轴向压力的作用点对构件正截面的两个主轴都有偏心距时,为双向偏心受压构件。

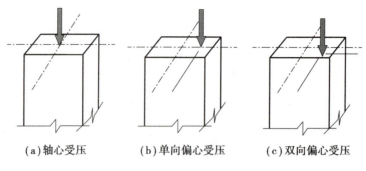

(a)轴心受压　　　　　(b)单向偏心受压　　　　　(c)双向偏心受压

图6.7　受压构件分类

任务一　明确受压构件的构造要求

◆学习准备

①考察学校工地,收集受压构件图片案例,上传并分享;
②提前梳理学习设计规范中有关受压构件构造要求。

◆引导问题

①对比受弯构件,联想受压构件的截面形式?
②结合前面所学知识,针对构件的构造要求主要从哪几个方面展开?

◆知识储备

轴心受压构件概述

一、截面形式及尺寸

为便于制作模板,轴心受压构件截面一般采用方形或矩形,有时也采用圆形或多边形。偏心受压构件一般采用矩形截面,但为了节约混凝土和减轻柱的自重,特别是在装配式柱中,较大尺寸的柱常常采用工形截面。拱结构的肋常做成 T 形截面。采用离心法制造的柱、桩、电杆以及烟囱、水塔支筒等常采用环形截面。偏心受压构件截面形式,如图6.8所示。

方形柱的截面尺寸不宜小于 250 mm×250 mm。为了避免矩形截面轴心受压构件长细比过大,承载力降低过多,常取 $\frac{l_0}{b} \leqslant 30$、$\frac{l_0}{h} \leqslant 25$。此处 l_0 为柱的计算长度,b 为矩形截面短边边长,h 为长边边长。此外,为了施工支模方便,柱截面尺寸宜采用整数,800 mm 以下的,宜取 50 mm 的倍数;800 mm 以上的,可取 100 mm 的倍数。

对于工形截面,翼缘厚度不宜小于 120 mm,因为翼缘太薄,会使构件过早出现裂缝,同时在靠近柱底处的混凝土容易在车间生产过程中碰坏,影响柱的承载力和使用年限。腹板厚度不宜小于 100 mm,地震区采用工形截面柱时,其腹板宜再加厚些。

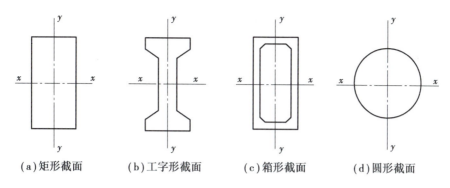

(a)矩形截面　　　(b)工字形截面　　　(c)箱形截面　　　(d)圆形截面

图6.8　偏心受压构件截面形式

二、材料强度要求

混凝土强度等级对受压构件的承载能力影响较大。为了减小构件的截面尺寸,节省钢材,宜采用较高强度等级的混凝土,一般采用 C30、C35、C40。对于高层建筑的底层柱,必要时可采用高强度等级的混凝土。

纵向钢筋一般采用 HRB400 级、RRB400 级和 HRB500 级钢筋,箍筋一般采用 HRB400 级钢筋,也可采用 HPB300 级钢筋。

三、纵向钢筋

柱中纵向钢筋直径不宜小于 12 mm;全部纵向钢筋的配筋率不宜大于 5%;全部纵向钢筋配筋率不应小于最小配筋百分率 ρ_{min}(%),且截面一侧纵向钢筋配筋率不应小于 0.2%。

轴心受压构件的纵向受力钢筋应沿截面的四周均匀放置,钢筋根数不得少于 4 根[图 6.9(a)]。钢筋直径通常在 16 ~ 32 mm 选择。为了减少钢筋在施工时可能产生的纵向弯曲,宜采用较粗的钢筋。

圆柱中纵向钢筋宜沿周边均匀布置,根数不宜少于 8 根,且不应少于 6 根。

偏心受压构件的纵向受力钢筋应放置在偏心方向截面的两边。当截面高度 $h \geq 600$ mm 时,在侧面应设置直径不小于 10 mm 的纵向构造钢筋,并相应地设置附加箍筋或拉筋[图 6.9(b)]。

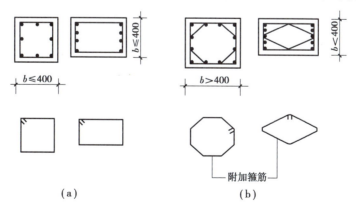

图6.9　方形、矩形截面箍筋形式

柱内纵筋的混凝土保护层厚度对一类环境取 20 mm。纵向钢筋净距不应小于 50 mm。在水平位置上浇筑的预制柱,其纵向钢筋最小净距可按梁的规定采用。纵向受力钢筋彼此间的中心距不宜大于 300 mm。

纵向钢筋的连接接头宜设置在受力较小处,同一根钢筋宜少设接头。钢筋的接头既可采用机械连接接头,也可采用焊接接头和搭接接头。对于直径大于 25 mm 的受拉钢筋和直径大于 28 mm 的受压钢筋,不宜采用绑扎搭接接头。

四、箍筋

为了箍住纵向钢筋,防止纵向钢筋压曲,柱及其他受压构件中的周边箍筋应做成封闭式;其间距在绑扎骨架中不应大于 15d(d 为纵向钢筋最小直径),且不应大于 400 mm,也不大于构件横截面的短边尺寸。

箍筋直径不应小于 d/4(d 为纵向钢筋最大直径),且不应小于 6 mm。

当纵向钢筋配筋率超过 3% 时,箍筋直径不应小于 8 mm,其间距不应大于 10d(d 为纵向钢筋最小直径),且不应大于 200 mm;箍筋末端应做成 135° 弯钩,且弯钩末端平直段长度不应小于箍筋直径的 10 倍。

当截面短边尺寸大于 400 mm 且各边纵筋多于 3 根时,或当柱截面短边尺寸不大于 400 mm,但各边纵筋多于 4 根时,应设置复合箍筋[图 6.9(b)]。

设置柱内箍筋时,宜使纵向钢筋每隔 1 根位于箍筋的转折点处。

在纵向钢筋搭接长度范围内,箍筋的直径不宜小于搭接钢筋直径的 0.25 倍;其箍筋间距不应大于 5d,且不应大于 100 mm(d 为搭接钢筋中的较小直径)。当搭接受压钢筋直径大于 25 mm 时,应在搭接接头两个端面外 100 mm 范围内各设置两道箍筋。

对于截面形状复杂的构件,不可采用具有内折角的箍筋,以避免产生向外的拉力,致使折角处的混凝土破损(图 6.10)。

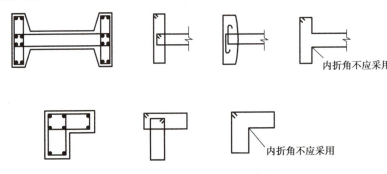

图 6.10 工形、L 形截面箍筋形式

同步测试

◆拓展提高

总结对比受弯构件和受压构件构造要求的不同。

任务二 轴心受压构件正截面受压承载力计算

◆学习准备

①拓展提高成果复盘;

②提前学习计算公式、参数、符号等指标。

◆ 引导问题

①轴心受压构件的类型有哪些?
②浅谈轴心受压构件的破坏类型。

轴心受压正截面承载力计算

◆ 知识储备

实际工程结构中,由于混凝土材料的非匀质性、纵向钢筋的不对称布置、荷载作用位置的不准确及施工时不可避免的尺寸误差等原因,真正的轴心受压构件几乎不存在。但在设计以承受恒荷载为主的多层房屋的内柱及桁架的受压腹杆等构件时,可近似地按轴心受压构件计算。另外,轴心受压构件正截面承载力计算还可用于偏心受压构件垂直弯矩平面的承载力验算。

一般地,钢筋混凝土柱按照箍筋的作用及配置方式的不同分为两种:配有纵向钢筋的柱和普通箍筋的柱。后者简称为普通箍筋柱;配有纵向钢筋和螺旋式或焊接环式箍筋的柱,统称为螺旋箍筋柱。

一、轴心受压普通箍筋柱正截面受压承载力计算

最常见的轴心受压柱是普通箍筋柱(图6.11)。纵向钢筋的作用是提高柱的承载力,减小构件的截面尺寸,防止因偶然偏心产生破坏,改善破坏时构件的延性和减小混凝土的徐变变形。箍筋能与纵向钢筋形成骨架,并防止纵向钢筋受力后外凸。

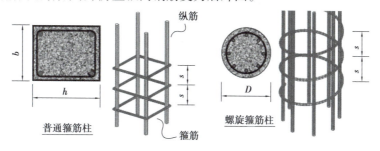

图6.11　普通箍筋柱和螺旋箍筋柱

(一)受力分析和破坏形态

配有纵向钢筋和箍筋的短柱,在轴心荷载作用下,整个截面的应变基本上是均匀分布的。当荷载较小时,混凝土和钢筋都处于弹性阶段,柱子压缩变形的增大与荷载的增大成正比,纵向钢筋和混凝土的压应力的增加也与荷载的增大成正比。当荷载较大时,由于混凝土塑性变形的发展,压缩变形增加的速度快于荷载增加速度;纵向钢筋配筋率越小,这个现象越为明显。同时,在相同荷载增量下,钢筋的压应力比混凝土的压应力增加得快(图6.12)。随着荷载的继续增加,柱中开始出现微细裂缝,在临近破坏荷载时,柱四周出现明显的纵向裂缝,箍筋间的纵向钢筋发生压屈,向外凸出,混凝土被压碎,柱子即告破坏(图6.13)。

试验表明,素混凝土棱柱体构件达到最大压应力值时的压应变值为 0.001 5 ~ 0.002 0,而钢筋混凝土短柱达到应力峰值时的压应变值一般为 0.002 5 ~ 0.003 5。其主要原因是纵向钢筋起到了调整混凝土应力的作用,使混凝土的塑性得到了较好的发挥,改善了受压破坏的脆性。在破坏时,一般是纵向钢筋先达到屈服强度,此时可继续增加一些荷载。最后混凝土达到极限压应变值,构件破坏。当纵向钢筋的屈服强度较高时,可能会出现钢筋没有达到屈服强度而混

凝土达到了极限压应变值的情况。

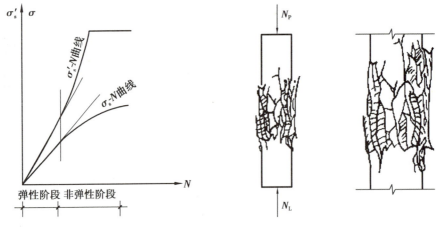

图 6.12　应力-荷载曲线示意图

图 6.13　短柱的破坏和箍筋的柱

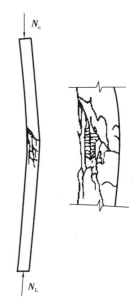

图 6.14　长柱的破坏

计算时,以构件的压应变达到 0.002 为控制条件,认为此时混凝土达到了棱柱体抗压强度 f_c,相应的纵向钢筋应力值 $\sigma'_s = E_s \varepsilon'_s \approx 200 \times 10^3 \times 0.002 \approx 400 \ \text{N/mm}^2$;对于 HRB400 级、HPB300 级和 RRB400 级热轧带肋钢筋,此值已大于其抗压强度设计值,故计算时可按 f'_y 取值,对于 500 MPa 级钢筋,$f'_y = 435 \ \text{N/mm}^2$。

前述是短柱的受力分析和破坏形态。对于长细比较大的柱子,试验表明,由于各种偶然因素,初始偏心距的影响是不可忽略的。加载后,初始偏心距导致产生附加弯矩和相应的侧向挠度,而侧向挠度又增大了荷载的偏心距;随着荷载的增加,附加弯矩和侧向挠度将不断增大。这种相互影响的结果,使长柱在轴力和弯矩的共同作用下发生破坏。破坏时,首先在凹侧出现纵向裂缝,随后混凝土被压碎,纵向钢筋被压屈向外凸出;凸侧混凝土出现垂直于纵轴方向的横向裂缝,侧向挠度急剧增大,柱子破坏(图 6.14)。

试验表明,长柱的破坏荷载低于其他条件相同的短柱破坏荷载,长细比越大,承载能力降低越多。其原因在于,长细比越大,由各种偶然因素造成的初始偏心距将越大,从而产生的附加弯矩和相应的侧向挠度也越大。对于长细比很大的细长柱,还可能发生失稳破坏现象。此外,在长期荷载作用下,混凝土的徐变、侧向挠度将增大更多,从而使长柱的承载力降低得更多,长期荷载在全部荷载中所占的比例越多,其承载力降低得越多。

《混凝土结构设计标准》(GB/T 50010—2010)采用稳定系数 φ 来表示长柱承载力的降低程度,即:

$$\varphi = \frac{N_u^l}{N_u^s} \tag{6.1}$$

式中　N_u^l,N_u^s——长柱和短柱的承载力。

国内试验资料及一些国外的试验数据表明,稳定系数 φ 值主要与构件的长细比有关(图 6.15)。长细比是指构件的计算长度 l_0 与其截面的回转半径 i 之比,对于矩形截面,则为 l_0/b(b 为截面的短边尺寸)。

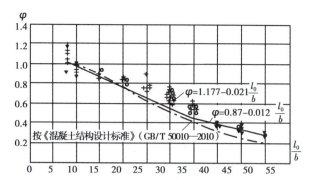

图6.15　φ 值的试验结果及规范取值

从图6.15中可以看出,l_0/b 越大,φ 值越小。当 $l_0/b<8$ 时,柱的承载力没有降低,φ 值可取为1。对于具有相同 l_0/b 值的柱,由于混凝土强度等级和钢筋的种类以及配筋率的不同,φ 值的大小还会略有变化。根据试验结果及数理统计可得下列经验公式:

当 $l_0/b=8\sim34$ 时,

$$\varphi = 1.177 - 0.021\frac{l_0}{b} \tag{6.2}$$

当 $l_0/b=35\sim50$ 时,

$$\varphi = 0.87 - 0.012\frac{l_0}{b} \tag{6.3}$$

《混凝土结构设计标准》(GB/T 50010—2010)中采用的 φ 值见表6.1。表6.1中,对于长细比 l_0/b 较大的构件,考虑到荷载初始偏心和长期荷载作用对构件承载力的不利影响较大,φ 的取值比按经验公式所得到的 φ 值还要降低一些,以保证安全。对于长细比 l_0/b 小于20的构件,考虑使用经验,φ 的取值略微高一些。构件的计算长度 l_0 按《混凝土结构设计标准》(GB/T 50010—2010)有关表格采用。

表6.1　钢筋混凝土构件的稳定系数

l_0/b	l_0/d	l_0/i	φ	l_0/b	l_0/d	l_0/i	φ
≤8	≤7	≤28	≤1.00	30	26	104	0.52
10	8.5	35	0.98	32	28	111	0.48
12	10.5	42	0.95	34	29.5	118	0.44
14	12	48	0.92	36	31	125	0.40
16	14	55	0.87	38	33	132	0.36
18	15.5	62	0.81	40	34.5	139	0.32
20	17	69	0.75	42	36.5	146	0.29
22	19	76	0.70	44	38	153	0.26
24	21	83	0.65	46	40	160	0.23
26	22.5	90	0.60	48	41.5	167	0.21
28	24	97	0.56	50	43	174	0.19

注:表中 l_0 为构件计算长度,b 为矩形截面的短边尺寸,d 为圆形截面的直径,i 为截面最小回转半径。

(二)承载力计算公式

根据前述分析,配有纵向钢筋和普通箍筋的轴心受压短柱破坏时,横截面的计算应力图形如图 6.16 所示。

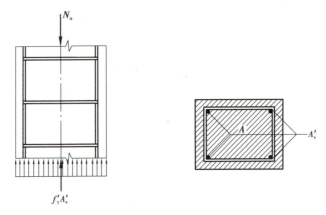

图 6.16　普通箍筋柱正截面及受压承载力计算简图

在考虑长柱承载力的降低和可靠度的调整因素后,规范给出轴心受压构件承载力计算公式如下:

$$N_u = 0.9\varphi(f_c A + f'_y A'_s)　　　　　　　(6.4)$$

式中　N_u —— 轴向压力承载力设计值;

0.9 —— 可靠度调整系数;

φ —— 钢筋混凝土轴心受压构件的稳定系数(表 6.1);

f_c —— 混凝土的轴心抗压强度设计值;

A —— 构件截面面积;

f'_y —— 纵向钢筋的抗压强度设计值;

A'_s —— 全部纵向钢筋的截面面积。

当纵向钢筋配筋率大于 3% 时,式(6.4)中 A 应改用($A-A'_s$)。构件计算长度 l_0 与构件两端支承情况有关,当两端铰支时,取 $l_0=l$(l 是构件实际长度);当两端固定时,取 $l_0=0.5l$;当一端固定,一端铰支时,取 $l_0=0.7l$;当一端固定,一端自由铰支时,取 $l_0=2l$。

在实际结构中,构件端部的连接不像前述几种情况那样理想、明确,这会在确定 l_0 时遇到困难。因此,《混凝土结构设计标准》(GB/T 50010—2010)对单层厂房排架柱、框架柱等的计算长度作了具体规定,详见有关内容。

轴心受压构件在加载后荷载维持不变的条件下,由于混凝土徐变,则随着荷载作用时间的增加,混凝土的压应力逐渐变小,钢筋的压应力逐渐变大,一开始变化较快,经过一定时间后趋于稳定。在荷载突然卸载时,构件回弹,由于混凝土徐变变形的大部分不可恢复,故当荷载为零时会使柱中钢筋受压而混凝土受拉(图 6.17);若柱的配筋率过大,还可能将混凝土拉裂,若柱中纵筋和混凝土之间的黏结应力很大,则可能同时产生纵向裂缝。为了防止出现这种情况,故要控制柱中纵筋的配筋率,要求全部纵筋配筋率不宜超过 5%。

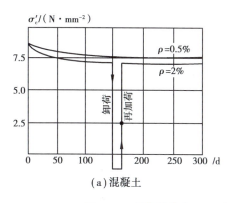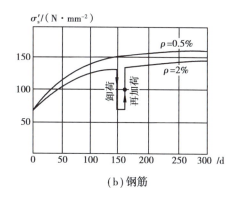

(a) 混凝土　　　　　　　　　　(b) 钢筋

图 6.17　长期荷载作用下，截面上混凝土和钢筋的应力重分布

【例 6.1】已知：某 4 层 4 跨现浇框架结构的底层内柱，截面尺寸为 400 mm×400 mm，轴心压力设计值 $N=3\,090$ kN，$H=3.9$ m，混凝土强度等级为 C40，钢筋用 HRB400 级。求纵向钢筋截面面积。

【解】按《混凝土结构设计标准》(GB/T 50010—2010) 规定，$l_0=H=3.9$ m。

由 $l_0/b=3\,900/400=9.75$，查表 6.1 得 $\varphi=0.983$。

按式 (6.4) 求 A'_s：

$$A'_s=\frac{1}{f'_y}\left(\frac{N}{0.9\varphi}-f_cA\right)=\frac{1}{330}\times\left(\frac{3\,090\times10^3}{0.9\times0.983}-18.4\times400\times400\right)\approx1\,673(\text{mm}^2)$$

如果采用 6 ⊈20，$A'_s=1\,884$ mm²。

$\rho'=\dfrac{A'_s}{A}=\dfrac{1\,884}{400\times400}=1.13\%<3\%$，故上述 A 的计算中没有减去 A'_s 是正确的，且 $\rho'_{\min}=0.6\%$，故 $\rho'>\rho'_{\min}$，满足要求。

截面每一侧配筋率：

$$\rho'=\frac{0.5\times1\,884}{400\times400}\approx0.59\%\;>0.2\%(\text{满足要求})$$

故满足受压纵筋最小配筋率 (全部纵向钢筋的 $\rho'_{\min}=0.6\%$，一侧纵向钢筋的 $\rho'_{\min}=0.2\%$) 的要求。选用 4 ⊈20，$A'_s=1\,256$ mm²。

【例 6.2】根据建筑的要求，某现浇柱的截面尺寸定为 250 mm×250 mm。根据两端支承情况，计算高度 $l_0=2.8$ m；柱内配有 HRB400 级钢筋 ($A'_s=1\,250$ mm²) 作为纵向钢筋；构件混凝土强度等级为 C40。柱的轴向力设计值 $N=1\,500$ kN。求截面是否安全。

【解】由 $l_0/h=2\,800/250=11.2$，查表 6.1 得 $\varphi=0.962$。

按式 (6.4)，得：

$0.9\varphi(f_cA+f'_yA'_s)=0.9\times0.962\times(18.4\times250\times250+330\times1\,520)/(1\,500\times10^3)\approx0.809<1.0$

故截面是不安全的。

二、轴心受压螺旋箍筋柱正截面受压承载力计算

当柱承受很大轴心压力，且柱截面尺寸由于建筑及使用上的要求受到限制，若设计成普通箍筋的柱，即使提高混凝土强度等级和增加纵向钢筋配筋量也不足以承受该轴心压力时，可考虑采用螺旋箍筋或焊接环筋以提高承载力。这种柱的截面形状一般为圆形或多边形，图 6.18

所示为螺旋箍筋柱和焊接环筋柱的构造形式。

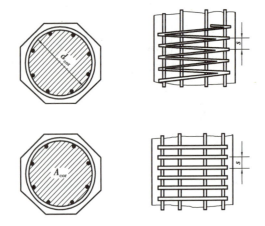

图 6.18　螺旋箍筋柱和焊接环筋柱

螺旋箍筋柱和焊接环筋柱的配箍率高,而且不会像普通箍筋那样容易"崩出",因而能约束核心混凝土在纵向受压时产生的横向变形,从而提高了混凝土抗压强度和变形能力,这种受到约束的混凝土称为"约束混凝土"。同时,在螺旋箍筋或焊接环筋中产生了拉应力。当外力逐渐加大,它的应力达到抗拉屈服强度时,若继续加载就不能再有效地约束混凝土的横向变形,混凝土的抗压强度就不能再提高,这时构件破坏。可见,在柱的横向采用螺旋箍筋或焊接环筋也能像直接配置纵向钢筋那样起到提高承载力和变形能力的作用,故把这种配筋方式称为"间接配筋"。螺旋箍筋或焊接环筋外的混凝土保护层在螺旋箍筋或焊接环筋受到较大拉应力时就开裂或崩落,故在计算时不考虑此部分混凝土。

箍筋用于抗剪、抗扭及抗冲切设计时,其抗拉强度设计值是受到限制的,不宜采用强度高于500 MPa 级钢筋。但是当用于约束混凝土的间接配筋(如连续螺旋箍或封闭焊接箍)的强度可以得到充分发挥时,采用 500 MPa 级钢筋或更高强度的钢筋,就具有一定的经济效益。

根据前述分析可知,螺旋箍筋或焊接环筋所包围的核心截面混凝土因处于三向受压状态,故其轴心抗压强度高于单轴向的轴心抗压强度。可利用圆柱体混凝土周围加液压所得近似关系式进行计算:

$$f = f_c + \beta\sigma_r \qquad (6.5)$$

式中　f——被约束后的混凝土轴心抗压强度;

　　　f_c——混凝土的轴心抗压强度设计值;

　　　σ_r——当间接钢筋的应力达到屈服强度时,柱的核心混凝土受到的径向压应力值。

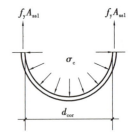

图 6.19　混凝土径向压力示意图

在间接钢筋间距 s 范围内,利用 σ_r 的合力与钢筋的拉力平衡,如图 6.19 所示,则可得:

$$\sigma_r = \frac{2f_y A_{ss1}}{s d_{cor}} = \frac{2f_y A_{ss1} d_{cor}\pi}{4\frac{\pi d_{cor}^2}{4}s} = \frac{f_y A_{ss0}}{2A_{cor}} \qquad (6.6)$$

$$A_{ss0} = \frac{\pi d_{cor} A_{ss1}}{s} \qquad (6.7)$$

式中 A_{ss1}——单根间接钢筋的截面面积;

　　f_y——间接钢筋的抗拉强度设计值;

　　s——沿构件轴线方向间接钢筋的间距;

　　d_{cor}——构件的核心直径,按间接钢筋内表面确定;

　　A_{ss0}——间接钢筋的换算截面面积,见式(6.7);

　　A_{cor}——构件的核心截面面积。

根据力的平衡条件,得:

$$N_u = (f_c + \beta \sigma_r)A_{cor} + f_y'A_s' \tag{6.8}$$

令 $2\alpha = \beta/2$ 代入式(6.8),同时考虑可靠度的调整系数0.9后,《混凝土结构设计标准》(GB/T 50010—2010)规定螺旋式或焊接环式间接钢筋柱的承载力计算公式为:

$$N_u = 0.9(f_c A_{cor} + 2\alpha f_y A_{ss0} + f_y'A_s') \tag{6.9}$$

式中,α 称为间接钢筋对混凝土约束的折减系数,当混凝土强度等级不超过C50时,取 $\alpha = 1.0$;当混凝土强度等级为C80时,取 $\alpha = 0.85$;当混凝土强度等级在C50与C80之间时,按直线内插法确定。

为使间接钢筋外面的混凝土保护层对抵抗脱落有足够的安全性,按式(6.9)算得的构件承载力不应比按式(6.4)算得的大50%。

凡属下列情况之一者,不考虑间接钢筋的影响而按式(6.4)计算构件的承载力:

①当 $l_0/d > 12$ 时,此时因长细比较大,有可能因纵向弯曲使得螺旋筋不起作用;

②当按式(6.9)算得的受压承载力小于按式(6.4)算得的受压承载力时;

③当间接钢筋换算截面面积 A_{ss0} 小于纵向钢筋全部截面面积的25%时,可以认为间接钢筋配置得太少,约束混凝土的效果不明显。

如果在正截面受压承载力计算中考虑间接钢筋的作用,箍筋间距不应大于80 mm及 $d_{cor}/5$,也不应小于40 mm。间接钢筋的直径应按箍筋的有关规定采用。

【例6.3】已知:某旅馆底层门厅内现浇混凝土柱,一类环境,承受轴心压力设计值 $N = 6\ 000$ kN,从基础顶面至二层楼面高度为 $H = 5.2$。混凝土强度等级为C40,由于建筑要求柱截面为圆形,直径为 $d = 470$ mm。柱中纵向钢筋用HRB400级钢筋,箍筋用HPB300级钢筋。求柱中配筋。

【解】(1)先按普通纵筋和箍筋柱计算

①求计算长度 l_0。取钢筋混凝土现浇框架底层柱的计算长度 $l_0 = H = 5.2$m。

②求计算稳定系数 φ。$l_0/d = 5\ 200/470 \approx 11.06$,查6.1得 $\varphi = 0.938$,$f_c = 18.4$ N/mm²。

③求纵筋 A_s'。已知圆形混凝土截面积为 $A = \pi d^2/4 \approx 3.14 \times 470^2/4 \approx 17.34 \times 10^4 (\text{mm}^2)$

由式(6.4)得:

$$A_s' = \frac{1}{f_y'}\left(\frac{N}{0.9\varphi} - f_c A\right) = \frac{1}{360}\left(\frac{6\ 000 \times 10^3}{0.9 \times 0.938} - 18.4 \times 17.34 \times 10^4\right) = 10\ 880(\text{mm}^2)$$

④求配筋率。

$$\rho' = \frac{A_s'}{A} = \frac{10\ 880}{17.34 \times 10^4} \approx 6.27\% > 5\%$$

配筋率太高若混凝土强度等级不再提高,并因 $l_0/d < 12$,可采用螺旋箍筋柱。

（2）按螺旋箍筋柱来计算

①假定纵筋配筋率 $\rho'=0.045$，则得 $A'_s=\rho'A=7\,803\ \text{mm}^2$。选用 16 ⊕25，$A'_s=7\,854\ \text{mm}^2$。混凝土的保护层取 20 mm，估计箍筋直径为 10 mm，得：

$$d_{\text{cor}}=d-30\times2=470-60=410(\text{mm})$$

$$A_{\text{cor}}=\frac{\pi d_{\text{cor}}^2}{4}\approx\frac{3.14\times410^2}{4}\approx13.20\times10^4(\text{mm}^2)$$

②混凝土强度等级小于 C50，$\alpha=1.0$；按式（6.9）求螺旋钢筋的换算截面面积 A_{ss0} 得：

$$A_{\text{ss0}}=\frac{N/0.9-(f_cA_{\text{cor}}+f'_yA'_s)}{2f_y}$$

$$=\frac{6\,000\times10^3/0.9-(18.4\times13.20\times10^4+330\times7\,854)}{2\times250}\approx3\,292(\text{mm}^2)$$

$A_{\text{ss0}}>0.25A'_s=0.25\times7\,854=1\,964(\text{mm}^2)$，满足构造要求。

③假定螺旋箍筋直径 $d=10$ mm，则单肢螺旋箍筋面积 $A_{\text{ss1}}=78.5\ \text{mm}^2$。箍筋的间距 s 可通过式（6.7）求得：

$$s=\pi d_{\text{cor}}\frac{A_{\text{ss1}}}{A_{\text{ss0}}}\approx3.14\times410\times\frac{78.5}{3\,292}\approx30.7(\text{mm})$$

取 $s=40$ mm，以满足不小于 40 mm，且不大于 80 mm 及 $0.2d_{\text{cor}}$ 的要求。

④根据所配置的螺旋箍筋 $d=10$ mm，$s=40$ mm，重新用式（6.7）及式（6.9）求得间接配筋柱的轴向力设计值 N_u 如下：

$$N_u=0.9(f_cA_{\text{cor}}+2\alpha f_yA_{\text{ss0}}+f'_yA'_s)$$

$$=0.9\times(18.4\times13.20\times10^4+2\times1\times250\times2\,527+330\times7\,854)=5\,655.71(\text{kN})$$

按式（6.4）得：

$$N_u=0.9\varphi(f_cA+f'_yA'_s)$$

$$=0.9\times0.938\times[18.4\times(17.34\times10^4-7\,854)+330\times7\,854]=5\,637.87(\text{kN})$$

$$1.5\times5\,637.87=8\,456.80(\text{kN})>5\,655.71(\text{kN})$$

故满足要求。

◆ 拓展提高

头脑风暴：长柱和短柱的界定。

同步测试

任务三　偏心受压构件正截面受压承载力计算

◆ 学习准备

①拓展提高成果复盘；
②回顾偏心受压构件类型。

◆ 引导问题

①长柱和短柱的破坏类型是否一致？

②如何界定大偏心破坏和小偏心破坏?

偏心受压构件概述　　偏心受压构件的受力特点和破坏形态

◆知识储备

一、偏心受压构件正截面受压破坏形态

试验表明,钢筋混凝土偏心受压短柱的破坏形态有受拉破坏和受压破坏两种。

(一)偏心受压短柱的破坏形态

1.受拉破坏

受拉破坏又称为大偏心受压破坏,它发生于轴向压力 N 的相对偏心距较大,且受拉钢筋配置得不太多时。此时,靠近轴向压力的一侧受压,另一侧受拉。随着荷载的增加,首先在受拉区产生横向裂缝;荷载再增加,拉区的裂缝不断地开展,在破坏前主裂缝逐渐明显,受拉钢筋的应力达到屈服强度,进入流幅阶段,受拉变形的发展大于受压变形,中性轴上升,使混凝土压区高度迅速减小,最后压区边缘混凝土达到其极限压应变值,出现纵向裂缝而被压碎,构件即告破坏,这种破坏属延性破坏类型;破坏时,压区的纵向钢筋也能达到受压屈服强度。总之,受拉破坏形态的特点是受拉钢筋先达到屈服强度,最终导致受压区边缘混凝土压碎截面破坏。这种破坏形态与适筋梁的破坏形态相似。构件破坏时,其正截面上的应力状态如图6.20(a)所示,构件破坏时的立面展开图如图6.20(b)所示。

2.受压破坏

受压破坏又称为小偏心受压破坏,截面破坏是从受压区边缘开始的,发生于以下两种情况。

(1)第一种情况

当轴向力 N 的相对偏心距较小时,构件截面全部受压或大部分受压,如图 6.21(a)或(b)所示。一般情况下,截面破坏是从靠近轴向力 N 一侧受压区边缘处的压应变达到混凝土极限压应变值开始的。破坏时,受压应力较大一侧的混凝土被压坏,同侧的受压钢筋的应力也达到抗压屈服强度。而离轴向力 N 较远一侧的钢筋(以下简称"远侧钢筋")可能受拉也可能受压,但都未达到受拉屈服,分别如图 6.21(a)、(b)所示。只有当偏心距很小(对矩形截面 $e_0 \leqslant 0.15h_0$)而轴向力 N 又较大($N>\alpha_1 f_c bh_0$)时,远侧钢筋才可能受压屈服。另外,当相对偏心距很小时,由于截面的实际形心和构件的几何中心不重合,若纵向受压钢筋比纵向受拉钢筋多很多,也会发生离轴向力作用点较远一侧的混凝土先被压坏的现象,也称为"反向破坏"。

(2)第二种情况

轴向力 N 的相对偏心距虽然较大,但却配置了特别多的受拉钢筋,致使受拉钢筋始终不屈服。破坏时,受压区边缘混凝土达到极限压应变值,受压钢筋应力达到抗压屈服强度,而远侧钢筋受拉而不屈服,其截面上的应力状态如图 6.21(a)所示。破坏无明显预兆,压碎区段较长,混凝土强度越高,破坏越突然,如图 6.21(c)所示。

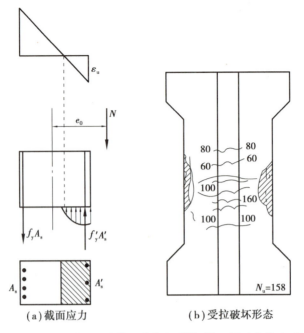

(a) 截面应力　　　　　　(b) 受拉破坏形态

图 6.20　受拉破坏时的截面应力和受拉破坏形态(单位:kN)

　　总之,受压破坏形态或称小偏心受压破坏形态的特点是混凝土先被压碎,远侧钢筋可能受拉也可能受压,但都未达到受拉屈服,属于脆性破坏。

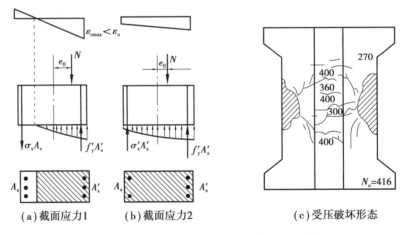

(a) 截面应力1　　　(b) 截面应力2　　　　　(c) 受压破坏形态

图 6.21　受压破坏的截面应力和受压破坏形态(单位:kN)

　　综上所述,"受拉破坏形态"与"受压破坏形态"都属于材料发生了破坏,它们的相同之处是截面的最终破坏都是受压区边缘混凝土达到其极限压应变值而被压碎;不同之处在于截面破坏的起因,受拉破坏的起因是受拉钢筋屈服,受压破坏的起因是受压区边缘混凝土被压碎。

　　在"受拉破坏形态"与"受压破坏形态"之间存在着一种界限破坏形态,这种破坏形态被称为"界限破坏"。它不仅有横向主裂缝,而且比较明显。其主要特征是:在受拉钢筋达到受拉屈服强度的同时,受压区边缘混凝土被压碎。界限破坏也属于受拉破坏形态。

　　试验还表明,从加载开始到接近破坏为止,沿偏心受压构件截面高度,用较大的测量标距量测到的偏心受压构件截面各处的平均应变值都较好地符合平截面假定。图 6.22 反映了两个偏心受压试件中,截面平均应变沿截面高度的变化规律。

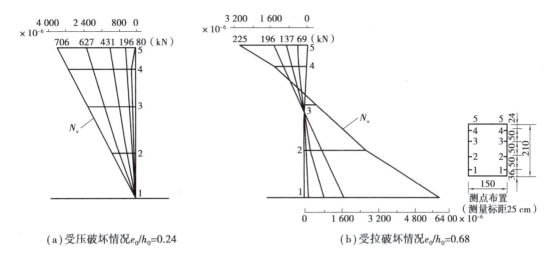

（a）受压破坏情况$e_0/h_0=0.24$　　　　（b）受拉破坏情况$e_0/h_0=0.68$

图6.22　偏心受压构件截面实测的平均应变分布

（二）偏心受压长柱的破坏类型

试验表明,钢筋混凝土柱在承受偏心受压荷载后,会产生纵向弯曲。但长细比小的柱,即所谓"短柱",由于纵向弯曲小,在设计时一般可忽略不计。对于长细比较大的柱则不同,它会产生比较大的纵向弯曲,设计时必须予以考虑。图6.23所示为一根长柱的荷载-侧向变形(N-f)试验曲线。

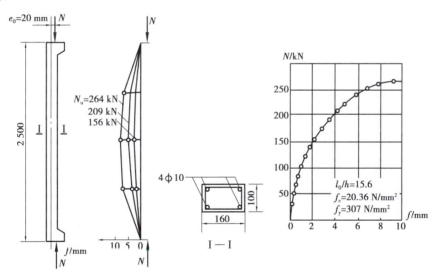

图6.23　长柱实测N-f曲线

偏心受压长柱在纵向弯曲影响下,可能发生失稳破坏和材料破坏两种破坏类型。长细比很大时,构件的破坏不是由材料引起的,而是由构件纵向弯曲失去平衡引起的,称为"失稳破坏"。当柱长细比在一定范围内时,虽然在承受偏心受压荷载后,偏心距由e_i增加到e_i+f,使柱的承载能力比同样截面的短柱减小,但就其破坏特征来说,与短柱一样都属于"材料破坏",即因截面材料强度耗尽而破坏。

图6.24所示为截面尺寸、配筋和材料强度等完全相同,仅长细比不相同的3根柱,以及从加载到破坏的示意图。其中,曲线$ABCD$表示某钢筋混凝土偏心受压构件截面材料破坏时的承

载力 M 与 N 之间的关系。直线 OB 表示长细比小的短柱从加载到破坏点 B 时 N 和 M 的关系曲线。由于短柱的纵向弯曲很小，可假定偏心距自始至终是不变的，即 M/N 为常数，所以其变化轨迹是直线，属"材料破坏"。曲线 OC 是长柱从加载到破坏点 C 时 N 和 M 的关系曲线。在长柱中，偏心距是随着纵向力的加大而不断非线性增加的，也即 M/N 是变量，所以其变化轨迹呈曲线形状，但也属"材料破坏"。若柱的长细比很大时，则在没有达到 M、N 的材料破坏关系曲线 $ABCD$ 前，由于轴向力的微小增量 ΔN 可引起不收敛的弯矩 M 的增加而破坏，即"失稳破坏"。曲线 OE 即属于这种类型，在 E 点的承载力已达最大，但此时截面内的钢筋应力并未达到屈服强度，混凝土也未达到极限压应变值。从图 6.24 中还能看出，这 3 根柱的轴向力偏心距 e_i 值虽然相同，但其承受纵向力 N 值的能力是不同的，分别为 $N_0 > N_1 > N_2$。这表明构件长细比的加大会降低构件的正截面受压承载力。产生这一现象的原因是，当长细比较大时，偏心受压构件的纵向弯曲引起了不可忽略的附加弯矩，或称二阶弯矩。

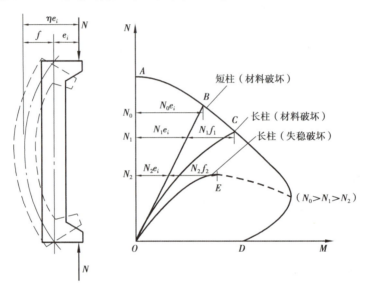

图 6.24　不同长细比柱从加荷到破坏的 N-M 关系

矩形截面偏心
受压构件正截面
承载力计算公式

二、矩形截面偏心受压构件正截面受压承载力基本计算公式

(一)区分大、小偏心受压破坏形态的界限

项目四讲述的正截面受压承载力计算的基本假定同样适用于偏心受压构件正截面受压承载力的计算。与受弯构件相似，利用平截面假定，规定了受压区边缘极限压应变值的数值后，就可以求得偏心受压构件正截面在各种破坏情况下，沿截面高度的平均应变分布(图 6.25)。

图 6.25 中，ε_{cu} 表示受压区边缘混凝土极限压应变值；ε_y 表示受拉纵筋屈服时的应变值；ε'_y 表示受压纵筋屈服时的应变值，$\varepsilon'_y = f'_y / E_s$；$x_{cb}$ 表示界限状态时按应变计算的截面中性轴高度。

从图 6.25 可以看出，当受压区达到 x_{cb} 时，受拉纵筋达到屈服点。因此，相应于界限破坏形态的相对受压区高度 ξ_b 根据项目四确定。

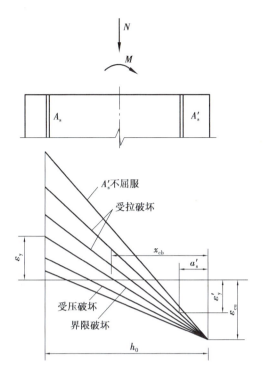

图 6.25 偏心受压构件正截面在各种破坏情况时沿截面高度的平均应变分布

当 $\xi \leqslant \xi_b$ 时,属大偏心受压破坏形态;当 $\xi > \xi_b$ 时,属小偏心受压破坏形态。

(二)矩形截面偏心受压构件正截面的承载力计算

1. 矩形截面大偏心受压构件正截面受压承载力的基本计算公式

按受弯构件的处理方法,将受压区混凝土曲线压应力图用等效矩形图形来替代,其应力值取 $\alpha_1 f_c$,受压区高度取为 x。因此大偏心受压破坏的截面计算简图如图 6.26 所示。

矩形截面偏心受压构件正截面承载力计算

(1)计算公式

由力的平衡条件及各力对受拉钢筋合力点取矩的力矩平衡条件,可以得到下面两个基本计算公式:

$$N_u = \alpha_1 f_c bx + f'_y A'_s - f_y A_s \tag{6.10}$$

$$N_u e = \alpha_1 f_c bx\left(h_0 - \frac{x}{2}\right) + f'_y A'_s(h_0 - a'_s) \tag{6.11}$$

$$e = e_i + \frac{h}{2} - a_s \tag{6.12}$$

$$e_i = e_0 + e_a \tag{6.13}$$

$$e_0 = \frac{M}{N} \tag{6.14}$$

式中　N_u——受压承载力设计值;

　　　α_1——系数,混凝土强度调整系数取 1.0;

　　　e——轴向力作用点至受拉钢筋 A_s 合力点之间的距离,见式(6.12);

　　　e_i——初始偏心距,见式(6.13);

e_0——轴向力对截面重心的偏心距;

e_a——附加偏心距,其值取偏心方向截面尺寸的 $1/30$ 和 20 mm 中的较大者;

M——控制截面弯矩设计值,考虑 P-δ 二阶效应;

N——与 M 相应的轴向压力设计值;

x——混凝土受压区高度。

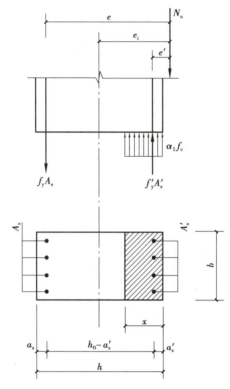

图 6.26　大偏心受压截面承载力计算简图

（2）适用条件

为了保证构件破坏时受拉区钢筋应力先达到屈服强度 f_y,要求满足:

$$x \leqslant x_b \tag{6.15}$$

式中　x_b——界限破坏时的混凝土受压区高度,$x_b = \xi_b h_0$,ξ_b 与受弯构件的相同。

为了保证构件破坏时,受压钢筋应力能达到屈服强度 f_y',与双筋受弯构件一样,要求满足:

$$x \geqslant 2a_s' \tag{6.16}$$

式中　a_s'——纵向受压钢筋合力点至受压区边缘的距离。

2. 矩形截面小偏心受压构件正截面受压承载力的基本计算公式

小偏心受压破坏时,受压区边缘混凝土先被压碎,受压钢筋 A_s' 的应力达到屈服强度,而远侧钢筋 A_s 可能受拉或受压,可能屈服也可能不屈服。

小偏心受压可分为以下 3 种情况:

①$\xi_{cy} > \xi > \xi_b$,这时 A_s 受拉或受压,但都不屈服,如图 6.27（a）所示。

②$h/h_0 > \xi \geqslant \xi_{cr}$,这时 A_s 受压屈服,但 $x < h$,如图 6.27（b）所示。

③$\xi > \xi_{cr}$,且 $\xi \geqslant h/h_0$,这时 A_s 受压屈服,且全截面受压,如图 6.27（c）所示。

ξ_{cr} 为 A_s 受压屈服时的相对受压区高度。

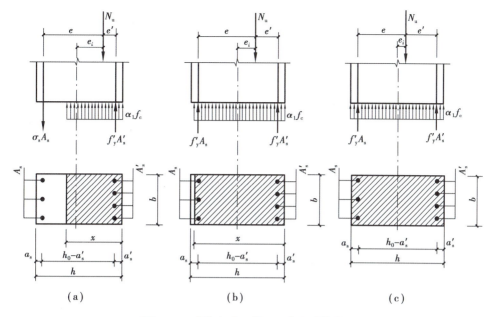

图 6.27　小偏心受压截面承载力计算简图

假定 A_s 是受拉的,如图 6.27(a)所示,根据力的平衡条件及力矩平衡条件得:

$$N_u = \alpha_1 f_c bx + f'_y A'_s - \sigma_s A_s \tag{6.17}$$

$$N_u e = \alpha_1 f_c bx\left(h_0 - \frac{x}{2}\right) + f'_y A'_s(h_0 - a'_s) \tag{6.18}$$

或

$$N_u e' = \alpha_1 f_c bx\left(\frac{x}{2} - a'_s\right) - \sigma_s A_s(h_0 - a'_s) \tag{6.19}$$

式中　x——混凝土受压区高度,当 $x>h$ 时,取 $x=h$;

σ_s——钢筋 A_s 的应力值,可根据截面应变保持平面的假定计算,也可近似取:

$$\sigma_s = \frac{\xi - \beta_1}{\xi_b - \beta_1}f_y \tag{6.20}$$

要求满足 $-f'_y \leqslant \sigma_s \leqslant f_y$;

x_b——界限破坏时的混凝土受压区高度,$x_b = \xi_b h_0$;

ξ,ξ_b——分别为相对受压区高度和相对界限受压区高度;

e,e'——分别为轴向力作用点至受拉钢筋 A_s 合力点和受压钢筋 A'_s 合力点之间的距离:

$$e' = \frac{h}{2} - e_i - a'_s \tag{6.21}$$

在 $x \leqslant h_0$(即 $\xi<1$)的情况下,可利用图 6.27(a)的应变关系图推导出下列公式:

$$\sigma_s = \varepsilon_{cu}E_s\left(\frac{\beta_1}{\xi} - 1\right) = \varepsilon_{cu}E_s\left(\frac{\beta_1 h_0}{\xi} - 1\right) \tag{6.22}$$

式中,系数 β_1 是混凝土受压区高度 x 与截面中性轴高度 x_c 的比值系数(即 $x=\beta_1 x_c$)。当混凝土强度等级不超过 C50 时,$\beta_1 = 0.8$。但用式(6.23a)计算钢筋应力 σ_s 时,需要利用式(6.18)和式(6.19)求解 x 值,势必要解 x 的三次方程,不便于手算。

根据我国试验资料分析,实测的钢筋应变 ε_s 与 ξ 接近直线关系,其线性回归方程为:

$$\varepsilon_s = 0.0044(0.81 - \xi) \tag{6.23a}$$

由于 σ_s 对小偏压截面承载力影响较小,考虑界限条件 $\xi=\xi_b$ 时,$E_s=f_y/E_s$;$\xi=\beta_1$ 时,$\varepsilon_s=0$,调整回归方程(6.23a)后,简化成下式:

$$\varepsilon_s = \frac{f_y}{E_s} \frac{\beta_1 - \xi}{\beta_1 - \xi_b} \tag{6.23b}$$

在式(6.20)中,令 $\sigma_s=-f_y'$,则可得到 A_s 受压屈服时的相对受压区高度:

$$\xi_{cy} = 2\beta_1 - \xi_b \tag{6.24}$$

3. 矩形截面小偏心受压构件及反向破坏的正截面承载力计算

当偏心距很小,A_s' 比 A_s 大得多,且轴向力很大时,截面的实际形心轴偏向 A_s',导致偏心方向的改变,有可能在离轴向力较远一侧的边缘出现混凝土先压坏的情况,称为反向受压破坏。这时的截面承载力计算简图如图 6.28 所示。

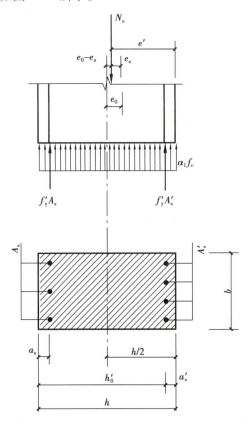

图 6.28　反向破坏时的截面承载力计算简图

这时,附加偏心距 e_a 反向了,使 e_0 减小,即

$$e' = \frac{h}{2} - a_s' - (e_0 - e_a) \tag{6.25}$$

对 A_s' 合力点取矩,得:

$$A_s = \frac{N_u e' - \alpha_1 f_c bh\left(h_0' - \dfrac{h}{2}\right)}{f_y(h_0' - a_s)} \tag{6.26}$$

截面设计时,令 $N_u=N$,按式(6.26)求得的 A_s 应不小于 ρ_{min}($\rho_{min}=0.2\%$),否则应取 $A_s=0.002bh$。

数值分析表明，只有当 $N>a_1f_cbh$ 时，按式(6.26)求得的 A_s 才有可能大于 $0.002bh$；当 $N\leqslant a_1f_cbh$ 时，求得的 A_s 总是小于 $0.002bh$。所以《混凝土结构设计标准》(GB/T 50010—2010)规定，当 $N>f_cbh$ 时，尚应验算反向受压破坏的承载力。

三、矩形截面非对称配筋的计算方法

与构件正截面受弯承载力计算一样，偏心受压构件正截面受压承载力的计算也分为截面设计与截面复核两类问题。计算时，首先要确定是否要考虑 $P\text{-}\delta$ 效应。

(一)截面设计

这时构件截面上的内力设计值 N、M、材料及构件截面尺寸为已知，欲求 A_s 和 A'_s。计算步骤为：先算出偏心距 e_i，初步判别截面的破坏形态，当 $e_i>0.3h_0$ 时，可先按大偏心受压情况计算；当 $e_i\leqslant0.3h_0$ 时，则先按属于小偏心受压情况计算，然后应用有关计算公式求得钢筋截面面积 A_s 及 A'_s。求出 A_s、A'_s 后再计算 x，用 $x\leqslant x_b$、$x>x_b$ 来检查原先假定的是否正确，如果不正确需要重新计算。在所有情况下，A_s 及 A'_s 还要满足最小配筋率的规定，同时 $(A_s+A'_s)$ 不宜大于 bh 的 5%。最后，要按轴心受压构件验算垂直于弯矩作用平面的受压承载力。

1.大偏心受压构件的截面设计

大偏心受压构件的截面设计分为 A'_s 未知与 A'_s 已知的两种情况。

①已知：截面尺寸 $b\times h$，混凝土的强度等级，钢筋种类（一般情况下 A_s 及 A'_s 取同一种钢筋），轴向力设计值 N 及弯矩设计值 M，长细比 l_c/h，求钢筋截面面积 A_s 及 A'_s。

令 $N=N_u$，$M=Ne_0$，从式(6.10)和式(6.11)中可看出，共有 x、A_s 和 A'_s 3个未知数，而只有两个方程式，所以与双筋受弯构件类似。为了使钢筋 $(A_s+A'_s)$ 的总用量为最小，应取 $x=x_b=\xi_bh_0$，代入式(6.11)，得钢筋 A'_s 的计算公式：

$$A'_s = \frac{Ne - \alpha_1 f_cbx_0(h_0-0.5x_b)}{f'_y(h_0-a'_s)} = \frac{Ne - \alpha_1 f_cbh_0^2\xi_b(1-0.5\xi_b)}{f'_y(h_0-a'_s)} \tag{6.27}$$

将求得的 A'_s 及 $x=\xi_bh_0$ 代入式(6.10)，则得：

$$A_s = \frac{\alpha_1 f_cbh_0\xi_b - N}{f_y} + \frac{f'_y}{f_y}A'_s \tag{6.28}$$

最后，按轴心受压构件验算垂直于弯矩作用平面的受压承载力。当其不小于 N 值时，满足要求；否则要重新设计。

②已知：b，h，N，M，f_c，f_y，f'_y，l_c/h 及受压钢筋 A'_s 的数量，求钢筋截面面积 A_s。

令 $N=N_u$，$M=Ne_0$，从式(6.10)及式(6.11)可看出，仅有 x 及 A_s 两个未知数，完全可以通过式(6.10)和式(6.11)的联立，直接求算 A_s 的值，但要解算 x 的二次方程，相当麻烦。对此可仿照双筋截面已知 A'_s 时的情况，令 $M_{u2}=\alpha_1f_cbx(h_0-x/2)$，由式(6.11)知 $M_{u2}=Ne-f'_yA'_s(h_0-a'_s)$，再算出 $\alpha_s=M_{u2}/\alpha_1f_cb,h_0^2$，于是 $\xi=1-(h_0-x/2)$，代入式(6.10)求出 A_s。尚需注意，若求得 $x>\xi_bh_0$，就应改用小偏心受压重新计算；如果仍用大偏心受压计算，则要采取大截面尺寸或提高混凝土强度等级、加大 A'_s 的数量等措施，也可按 A'_s 未知的情况来重新计算，使其满足 $x<\xi_bh_0$ 的条件。若 $x<2a'_s$，仿照双筋受弯构件的办法，对受压钢筋 A'_s 合力点取矩，计算 A_s 值，得：

$$A_s = \frac{N\left(e_i - \dfrac{h}{2} + a'_s\right)}{f_y(h_0 - a'_s)} \qquad (6.29)$$

另外,再按不考虑受压钢筋 A'_s,即取 $A'_s = 0$,利用式(6.10)、式(6.11)求算 A_s 值,然后与用式(6.29)求得的 A'_s 值作比较,取其中较小值配筋。最后,按轴心受压构件验算垂直于弯矩作用平面的受压承载力。

由前述可知,大偏心受压构件的截面设计方法,不论 A'_s 是未知还是已知,都基本上与双筋受弯构件相仿。

2. 小偏心受压构件的截面设计

这时未知数有 x、A_s 和 A'_s 3 个,而独立的平衡方程式只有 2 个,故必须补充一个条件才能求解。注意,式(6.20)并不能作为补充条件,因为式中的 $\xi = x/h_0$,建议按以下两个步骤进行截面设计。

①确定 A_s,作为补充条件。当 $\xi_{cy} < \xi$ 且 $\xi > \xi_b$ 时,不论 A_s 配置多少,它总是不屈服的。为了经济,可取 $A_s = \rho_{\min}$,同时考虑到防止反向破坏的要求,A_s 按以下方法确定:当 $N \leqslant f_c bh$ 时,取 $A_s = 0.002bh$;当 $N > f_c bh$ 时,A_s 由反向受压破坏的式(6.26)求得,如果 $A_s < 0.002bh$,取 $A_s = 0.002bh$。

②求出 ξ 值,再按 ξ 的 3 种情况求出 A'_s。把 A_s 代入力的平衡方程式(6.17)和力矩平衡方程式(6.18)中,消去 A'_s,得:

$$\xi = u + \sqrt{u^2 + \nu} \qquad (6.30)$$

$$u = \frac{a'_s}{h_0} + \frac{f_y A_s}{(\xi_b - \beta_1)\alpha_1 f_c bh_0}\left(1 - \frac{a'_s}{h_0}\right) \qquad (6.31)$$

$$\nu = \frac{2Ne}{\alpha_1 f_c bh_0^2} - \frac{2\beta_1 f_y A_s}{(\xi_b - \beta_1)\alpha_1 f_c bh_0}\left(1 - \frac{a'_s}{h_0}\right) \qquad (6.32)$$

求 ξ 值后,按上述小偏心受压的 3 种情况分别求出 A'_s。

a. $\xi_{cy} > \xi > \xi_b$ 时,把 ξ 代入力的平衡方程式或力矩平衡方程式中,即可求出 A'_s。

b. $h/h_0 > \xi \geqslant \xi_{cy}$ 时,取 $\sigma_s = -f'_y$ 按下式重新求 ξ:

$$\xi = \frac{a'_s}{h_0} + \sqrt{\left(\frac{a'_s}{h_0}\right)^2 + 2\left[\frac{N'e}{\alpha_1 f_c bh_0^2} - \frac{A_s}{bh_0}\frac{f'_y}{\alpha_1 f_c}\left(1 - \frac{a'_s}{h_0}\right)\right]} \qquad (6.33)$$

再按式(6.17)求出 A'_s。

c. $\xi \geqslant \xi_{cy}$ 且 $\xi \geqslant \dfrac{h}{h_0}$ 时,取 $x = h$,$\sigma_s = -f'_y$,由式(6.17)得:

$$A'_s = \frac{N - f'_y A_s - \alpha_1 f_c bh}{f'_y} \qquad (6.34)$$

如果以上求得的 A_s 值小于 $0.002bh$,应取 $A'_s = 0.002bh$。

(二)承载力复核

进行承载力复核时,一般已知 b、h、A_s 和 A'_s,混凝土强度等级及钢筋级别,构件长细比 l_c/h_0。分为两种情况:一种是已知轴向力设计值,求偏心距 e_0,即验算截面能承受的弯矩设计值 M;另一种是已知 e_0,求轴向力设计值。无论在哪种情况下,都需要进行垂直于弯矩作用平面的承载力复核。

1. 弯矩作用平面的承载力复核

①已知轴向力设计值 N，求弯矩设计值 M。先将已知配筋和 ξ_b 代入式(6.10)计算界限情况下的受压承载力设计值 N_{ub}。如果 $N \leqslant N_{uh}$，则为大偏心受压，可按式(6.10)求 x，再将 x 代入式(6.11)求 e，则得弯矩设计值 $M = Ne_0$；如果 $N > N_{uh}$，则为小偏心受压，应按式(6.17)和式(6.20)求 x，再将 x 代入式(6.18)求 e，由式(6.13)、式(15.14)求得 e_0 及 $M = Ne_0$。

另一种方法是，先假定 $\xi \leqslant \xi_b$，由式(6.10)求出 x，如果 $\xi = x/h_0 \leqslant \xi_b$，说明假定是对的，再由式(6.11)求 e_0；如果 $\xi = x/h_0 > \xi_b$，说明假定有误，则应按式(6.17)、式(6.20)求出 x，再由式(6.18)求出 e_0。

②已知偏心距 e_0，求轴向力设计值 N。因截面配筋已知，故可按图6.18对 N 作用点取矩求 x。当 $x \leqslant x_b$ 时，则为大偏压，将 x 及已知数据代入式(6.10)可求解出轴向力设计值 N 即为所求；当 $x > x_b$ 时，则为小偏心受压，将已知数据代入式(6.17)、式(6.18)和式(6.20)联立求解轴向力设计值 N。

综上所述，在进行弯矩作用平面的承载力复核时，与受弯构件正截面承载力复核一样，总是要求出 x 才能使问题得到解决。

2. 垂直于弯矩作用平面的承载力复核

无论是设计题或截面复核题，是大偏心受压还是小偏心受压，除在弯矩作用平面内依照偏心受压进行计算外，都要验算垂直于弯矩作用平面的轴心受压承载力。此时，应考虑 φ 值，并取 b 作为截面高度。

【例6.4】已知：荷载作用下柱的轴向力设计值 $N = 396$ kN，杆端弯矩设计值 $M_1 = 0.92M_2$，$M_2 = 218$ kN·m，截面尺寸：$b = 300$ mm，$h = 400$ mm，$a_s = a_s' = 40$ mm；混凝土强度等级为C30，钢筋采用HRB400级；$l_c/h = 6$。求钢筋截面面积 A_s' 及 A_s。

【解】因 $\dfrac{M_1}{M_2} = 0.92 > 0.9$，故需要考虑 P-δ 效应。

矩形截面偏心受压构件正截面承载力计算例题解析

$$C_m = 0.7 + 0.3 \times \frac{M_1}{M_2} = 0.976$$

$$\zeta_c = \frac{0.5 f_c A}{N} = 0.5 \times \frac{13.8 \times 300 \times 400}{396 \times 10^3} \approx 2.09 > 1 (取 \zeta_c = 1)$$

$$e_a = 20 \text{ mm}$$

$$\eta_{ns} = 1 + \frac{1}{1\,300 \times \dfrac{\left(\dfrac{M_1}{M_2} + e_a\right)}{h_0}} \left(\frac{l_c}{h}\right)^2 \zeta_c = 1 + \frac{1}{1\,300 \times \dfrac{\left(\dfrac{218 \times 10^6}{396 \times 10^3} + 20\right)}{360}} \times 6^2 \times 1 \approx 1.017$$

$$C_m \eta_{ns} = 0.976 \times 1.017 \approx 0.993 < 1 (取 C_m \eta_{ns} = 1)$$

$$M = C_m \eta_{ns} M_2 = M_2 = 218 \text{ kN·m}$$

则

$$e_i = \frac{M}{N} + e_a = \frac{218 \times 10^6}{396 \times 10^3} + 20 \approx 551 + 20 = 571 \text{ (mm)}$$

因 $e_i = 571 \text{ mm} > 0.3 h_0 = 0.3 \times 360 = 108 (\text{mm})$ (先按大偏压情况计算)

$$e = e_i + \frac{h}{2} - a_s = 571 + \frac{400}{2} - 40 = 731 (\text{mm})$$

由式(6.27)得:

$$A'_s = \frac{Ne - \alpha_1 f_c b h_0^2 \xi_b (1 - 0.5 \xi_b)}{f'_y (h_0 - a'_s)}$$

$$= \frac{396 \times 10^3 \times 731 - 1.0 \times 13.8 \times 300 \times 360^2 \times 0.53 \times (1 - 0.5 \times 0.53)}{330 \times (360 - 40)}$$

$$\approx 762 (\text{mm}^2) > \rho'_{\min} bh = 0.002 \times 300 \times 400 = 240 (\text{mm}^2)$$

由式(6.28)得:

$$A_s = \frac{\alpha_1 f_c b h_0 \xi_b - N}{f_y} + \frac{f'_y}{f_y} A'_s$$

$$= \frac{1.0 \times 13.8 \times 300 \times 360 \times 0.53 - 396 \times 10^3}{360} + 762 \approx 1\,956 (\text{mm}^2)$$

受拉钢筋 A_s 选用 2 Φ 28+2 Φ 22($A_s = 1\,992 \text{ mm}^2$),受压钢筋 A'_s 选用 2 Φ 20+1 Φ 16($A'_s = 829.1 \text{ mm}^2$)。

由式(6.10),求出 x:

$$x = \frac{N - f'_y A'_s + f_y A_s}{\alpha_1 f_c b} = \frac{396\,000 - 330 \times 829.1 + 330 \times 1\,992}{1.0 \times 13.8 \times 300} \approx 188 (\text{mm})$$

$$\xi = \frac{x}{h_0} = \frac{188}{360} \approx 0.523 < \xi_b = 0.53$$

故前面假定为大偏心受压是正确的。

垂直于弯矩作用平面的承载力经验算满足要求,此处略。

【例6.5】已知柱的轴向压力设计值 $N = 4\,600 \text{ kN}$,杆端弯矩设计值 $M_1 = 0.5 M_2$, $M_2 = 130 \text{ kN} \cdot \text{m}$,截面尺寸为 $b = 400 \text{ mm}$, $h = 600 \text{ mm}$, $a_s = a'_s = 45 \text{ mm}$,混凝土强度等级为C35, $f_c = 16.1 \text{ N/mm}^2$,采用 HRB400 级钢筋, $l_c = l_0 = 3 \text{ m}$。求钢筋截面面积 A_s 和 A'_s。

【解】轴压比 $\dfrac{N}{f_c bh} = \dfrac{4\,600 \times 10^3}{16.1 \times 400 \times 600} \approx 1.19 > 0.9$,故要考虑 P-δ 效应。

$$C_m = 0.7 + 0.3 \frac{M_1}{M_2} = 0.7 + 0.3 \times 0.5 = 0.85$$

$$\zeta_c = 0.5 \frac{f_c A}{N} = \frac{0.5 \times 16.1 \times 400 \times 600}{4\,600 \times 10^3} \approx 0.420$$

$$\eta_{us} = 1 + \frac{1}{1\,300 \times \dfrac{\dfrac{M_2}{N} + e_a}{h_0}} \left(\frac{l_c}{h}\right)^2 \times \zeta_c$$

$$= 1 + \frac{1}{1\,300 \times \dfrac{\dfrac{130 \times 10^6}{4\,600 \times 10^3} + 20}{555}} \times \left(\frac{3.0}{0.6}\right)^2 \times 0.420 \approx 1.093$$

$$C_m \eta_{us} = 0.85 \times 1.093 \approx 0.929 < 1.0 (\text{取} C_m \eta_{us} = 1.0)$$

故弯矩设计值：

$$M = C_m \eta_{us} M_2 = 1.0 \times 130 = 130 (\text{kN} \cdot \text{m})$$

$$e_0 = \frac{M}{N} = \frac{130 \times 10^6}{4\,600 \times 10^3} \approx 28.26 (\text{mm})$$

$$e_i = e_0 + e_a = 28.26 + 20 = 48.26 (\text{mm}) < 0.3 h_0 = 0.3 \times 555 = 166.5 (\text{mm})$$

故初步按小偏心受压计算，并分为两个步骤。

①确定 A_s。由 $N = 4\,600$ kN $> f_c bh = 16.1 \times 400 \times 600 = 3\,864$ kN，故令 $N = N_u$，按反向破坏式（6.28）或式（6.29）求 A_s。

$$e = \frac{h}{2} - a_s' - (e_0 - e_a) = \frac{600}{2} - 45 - (28.26 - 20) = 246.74 (\text{mm})$$

$$\begin{aligned}
A_s &= \frac{Ne - \alpha_1 f_c bh \left(h_0' - \dfrac{h}{2} \right)}{f_y (h_0 - a_s)} \\
&= \frac{4\,600 \times 10^3 \times 246.74 - 1 \times 16.1 \times 400 \times 600 \times (555 - 300)}{330 \times (555 - 45)} \\
&\approx 889 (\text{mm}^2) > 0.002 bh = 0.002 \times 400 \times 600 = 480 (\text{mm}^2)
\end{aligned}$$

因此，取 $A_s = 889$ mm^2 作为补充条件。

②求 ξ 并按 ξ 的情况求 A_s'。

$$\xi = u + \sqrt{u^2 + v}$$

$$\begin{aligned}
u &= \frac{a_s'}{h_0} + \frac{f_y A_s}{(\xi_b - \beta) \alpha_1 f_c bh_0} \left(1 - \frac{a_s'}{h_0} \right) \\
&= \frac{45}{555} + \frac{330 \times 615}{(0.53 - 0.8) \times 1 \times 16.1 \times 400 \times 555} \times \left(1 - \frac{45}{555} \right) \\
&\approx 0.112\,2
\end{aligned}$$

$$\begin{aligned}
v &= \frac{2Ne}{\alpha_1 f_c bh_0^2} - \frac{2\beta_1 f_y A_s}{(\xi_b - \beta_1) \alpha_1 f_c bh_0} \left(1 - \frac{a_s'}{h_0} \right) \\
&= \frac{2 \times 4\,600 \times 10^3 \times 246.74}{1 \times 16.1 \times 400 \times 555^2} - \frac{2 \times 0.8 \times 330 \times 889}{(0.53 - 0.8) \times 1 \times 16.1 \times 400 \times 555^2} \times \left(1 - \frac{45}{555} \right) \\
&= 1.144 + 0.000\,8 = 1.144\,8
\end{aligned}$$

根据式（6.30），$\xi = u + \sqrt{u^2 + v} = 0.112\,2 + \sqrt{0.112\,2^2 + 1.448} = 0.963\,6 > \xi_b = 0.518$

故确定是小偏心受压。

$$\xi_{cy} = 2\beta - \xi_b = 2 \times 0.8 - 0.53 = 1.07 > \xi = 0.963\,6$$

故属于小偏心受压的第一种情况：$\xi_{cy} > \xi > \xi_b$，由力的平衡方程得：

$$\begin{aligned}
A_s' &= \frac{N - \alpha_1 f_c bh_0 + \left(\dfrac{\xi - \beta}{\xi_b - \beta} \right) f_y A_s}{f_y'} \\
&= \frac{4\,600 \times 10^3 - 1 \times 16.1 \times 400 \times 600 + \dfrac{0.963\,6 - 0.8}{0.53 - 0.8} \times 330 \times 889}{330} \approx 1\,692 (\text{mm}^2)
\end{aligned}$$

对 A_s 采用 3Φ20，A_s = 942（mm²）；对 A_s' 采用 4Φ25，A_s' = 1 966（mm²）。

再验算垂直弯矩作用平面的轴心受压承载力。由，$\dfrac{l_0}{b}=\dfrac{3\ 000}{400}=7.5$，查表 5.1，得 $\varphi=1.0$。按式（6.4）得：

$$N_u = 0.9\varphi\left[f_c bh + f_y'(A_s'+A_s)\right]$$
$$= 0.9\times1.0\times\left[16.1\times400\times600+330\times(942+1\ 966)\right]$$
$$= 4\ 823.64\ \text{kN} > N = 4\ 600\ \text{kN}（满足要求）$$

以上是理论计算的结果，A_s 与 A_s' 相差太大。为了实用，可加大 A_s，使 A_s' 减小，但（$A_s'+A_s$）的用量将增加。

四、矩形截面对称配筋的计算方法

实际工程中，偏心受压构件在不同内力组合下，可能会产生相反方向的弯矩。当其数值相差不大时，或即使相反方向的弯矩值相差较大，但按对称配筋设计求得的纵向钢筋的总量比按不对称配筋设计所得纵向钢筋的总量增加不多时，均宜采用对称配筋。装配式柱为了保证吊装不会出错，一般采用对称配筋。

（一）截面设计

对称配筋时，截面两侧的配筋相同，即 $A_s=A_s'$，$f_y=f_y'$。

1. 大偏心受压构件计算

令 $N=N_u$，由式（6.10）可得：

$$x = \frac{N}{\alpha_1 f_c b} \tag{6.35}$$

代入式（6.11），可以求得：

$$A_s = A_s' = \frac{Ne - \alpha_1 f_c bx\left(h_0 - \dfrac{x}{2}\right)}{f_y'(h_0 - a_s')} \tag{6.36}$$

当 $x<2a_s'$ 时，可按不对称配筋计算方法处理。若 $x>x_b$（也即 $\xi>\xi_b$ 时），则认为受拉筋 A_s 达不到受拉屈服强度，而属于"受压破坏"情况，不能用大偏心受压的计算公式进行配筋计算。此时，要用小偏心受压公式进行计算。

2. 小偏心受压构件计算

由于是对称配筋，即 $A_s=A_s'$，可以由式（6.17）、式（6.18）和式（6.19）直接计算 x 和 $A_s=A_s'$。取 $f_y=f_y'$，由式（6.19）代入式（6.17），并取 $x=\xi/h_0$，$N=N_u$，得：

$$N = \alpha_1 f_c bh_0\xi + (f_y' - \sigma_s)A_s'$$

也即

$$f_y'A_s' = \frac{N - \alpha_1 f_c bh_0\xi}{\dfrac{\xi_b - \xi}{\xi_b - \beta_1}}$$

代入式（6.18），得：

$$Ne = \alpha_1 f_c b h_0^2 \xi\left(1 - \frac{\xi}{2}\right) + \frac{N - \alpha_1 f_c b h_0 \xi}{\dfrac{\xi_b - \xi}{\xi_b - \beta_1}}(h_0 - a_s')$$

也即

$$Ne\left(\frac{\xi_b - \xi}{\xi_b - \beta_1}\right) = \alpha_1 f_c b h_0^2 \xi(1 - 0.5\xi)\left(\frac{\xi_b - \xi}{\xi_b - \beta_1}\right) + (N - \alpha_1 f_c b h_0 \xi)(h_0 - a_s') \quad (6.37)$$

由式(6.37)可知,求 $x(x=\xi h_0)$ 需要求解 3 次方程,手算十分麻烦,可采用下述简化方法:令

$$\bar{y} = \xi(1 - 0.5\xi)\frac{\xi - \xi_b}{\beta_1 - \xi_b} \quad (6.38)$$

代入式(6.37),得:

$$\frac{Ne}{\alpha_1 f_c b h_0^2}\left(\frac{\xi_b - \xi}{\xi_b - \beta_1}\right) - \left(\frac{N}{\alpha_1 f_c b h_0^2} - \frac{\xi}{h_0}\right)(h_0 - a_s') = \bar{y} \quad (6.39)$$

对于给定的钢筋级别和混凝土强度等级,ξ_b、β_1 为已知,则由式(6.39)可画出 $\bar{y}$-ξ 关系曲线。

在小偏心受压($\xi_b < \xi \leq \xi_{cy}$)区段内,$\bar{y}$-$\xi$ 逼近于直线关系。对于 HPB300、HRB400(或 RRB400)级钢筋,$\bar{y}$ 与 ξ 的线性方程可近似取为:

$$\bar{y} = 0.43 \times \frac{\xi - \xi_b}{\beta_1 - \xi_b} \quad (6.40)$$

将式(6.40)代入式(6.39),经整理后可得到《混凝土结构设计标准》(GB/T 50010—2010)给出了 ξ 的近似公式。

$$\xi = \frac{N - \xi_b \alpha_1 f_c b h_0}{\dfrac{Ne - 0.43\alpha_1 f_c b h_0^2}{(\beta_1 - \xi_b)(h_0 - a_s') + \alpha_1 f_c b h_0}} + \xi_b \quad (6.41)$$

代入式(6.36)即可求得钢筋面积:

$$A_s = A_s' = \frac{Ne - \alpha_1 f_c b h_0^2 \xi(1 - 0.5\xi)}{f_y'(h_0 - a_s')} \quad (6.42)$$

(二)截面复核

可按不对称配筋的截面复核方法进行验算,但取 $A_s = A_s'$,$f_y = f_y'$。

【例6.6】已知条件同例6.4,设计成对称配筋。求钢筋截面面积 $A_s' = A_u$。

【解】由[例6.4]的已知条件,可求得 $e_i = 571$ mm$>0.3h_0$,属于大偏心受压情况。由式(6.35)及式(6.36)得:

$$x = \frac{N}{\alpha_1 f_c b} = \frac{396\times10^3}{1.0\times14.3\times300} \approx 92.3(\text{mm})$$

$$A_s = A_s' = \frac{Ne - \alpha_1 f_c b x\left(h_0 - \dfrac{x}{2}\right)}{f_y'(h_0 - a_s')}$$

$$= \frac{396\times10^3\times731 - 1.0\times14.3\times300\times92.3\times\left(360 - \dfrac{92.3}{2}\right)}{360\times(360-40)} \approx 1\,434(\text{mm}^2)$$

每边配置 $3\underline{\Phi}20+1\underline{\Phi}18\,(A_s=A'_s=1\,451\ \text{mm}^2)$。

将本题与[例6.4]比较可以看出,当采用对称配筋时,钢筋用量需要多一些。

计算值的比较为:[例6.4]中 $A_s+A'_s=1\,780+662.9=2\,442.9\,(\text{mm}^2)$;本题中 $A_s+A'_s=2\times1\,434=2\,868\,(\text{mm}^2)$。

可见,采用对称配筋时,钢筋用量稍大一些。

验算结果安全。

综上所述,在矩形截面偏心受压构件的正截面受压承载力计算中,能利用的只有力与力矩两个平衡方程式。故当未知数多于2个时,就要采用补充条件[小偏心受压时,σ_s 的近似计算公式(6.20)中也含有未知数 x,所以不是补充条件];当未知数不多于2个时,计算也必须采用适当的方法才能顺利求解。

◆ **拓展提高**

用思维导图绘制偏心受压构件截面设计和承载力复核的流程。

任务四　偏心受压构件斜截面受剪承载力计算

◆ **学习准备**

①拓展提高成果之思维导图复盘点评;
②复习受弯构件斜截面承载力计算知识点。

◆ **引导问题**

①什么情况下,需要对受压构件进行抗剪验算?
②偏心受压构件斜截面受剪承载力的计算公式是怎样的?

◆ **知识储备**

一、轴向压力对构件斜截面受剪承载力的影响

对于偏心受压构件,一般情况下剪力值相对较小,可不进行斜截面受剪承载力的计算;但对于有较大水平力作用下的框架柱、有横向力作用下的桁架上弦压杆,剪力影响相对较大,必须予以考虑。

试验表明,轴压力的存在可推迟垂直裂缝的形成,使裂缝宽度减小,出现受压区高度增大、斜裂缝倾角变小而水平投影长度基本不变、纵筋拉力降低的现象。这种现象导致构件斜截面受剪承载力要高一些。但有一定限度,当轴压比 $N/(f_cbh)=0.3\sim0.5$ 时,再增加轴向压力将转变为带有斜裂缝的小偏心受压的破坏情况,斜截面受剪承载力达到最大值,如图6.29所示。

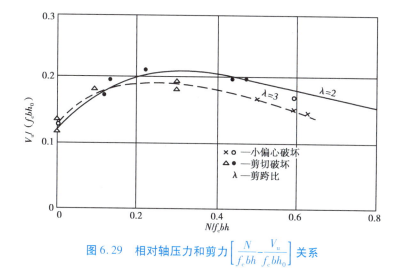

图 6.29　相对轴压力和剪力 $\left[\dfrac{N}{f_c bh} - \dfrac{V_u}{f_c bh_0}\right]$ 关系

试验还表明,当 $N < 0.3 f_c bh$ 时,不同剪跨比构件受到的轴压力影响相差不大,如图 6.30 所示。

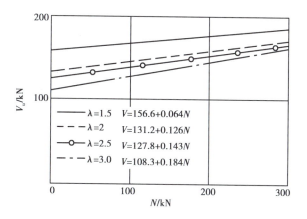

图 6.30　不同剪跨比时 V_u 和 N 的回归公式对比图

二、偏心受压构件斜截面受剪承载力的计算

通过试验资料分析和可靠度计算,规范建议对承受轴压力和横向力作用的矩形、T 形和工形截面偏心受压构件,其斜截面受剪承载力应按下列公式计算:

$$V_u = \frac{1.75}{\lambda + 1.0} f_c bh_0 + 1.0 \times f_{yv} \frac{A_{sv}}{S} h_0 + 0.07N \tag{6.43}$$

其中,λ 为偏心受压构件计算截面的剪跨比;对各类结构的框架柱,取 $\lambda = M/Vh_0$;当框架结构中柱的反弯点在层高范围内时,可取 $\lambda = \dfrac{H_n}{2h_0}$($H_n$ 为柱净高);当 $\lambda < 1$ 时,取 $\lambda = 1$;当 $\lambda > 3$ 时,取 $\lambda = 3$。此处,M 为计算截面上与剪力设计值 V 相应的弯矩设计值,H_n 为柱净高;对其他偏心受压构件,当承受均布荷载时,取 $\lambda = 1.5$;当承受集中荷载时(包括作用有多种荷载且集中荷载对支座截面或节点边缘所产生的剪力值占总剪力的 75% 以上的情况),取 $\lambda = a/h_0$;当 $\lambda < 1.5$ 时,取 $\lambda = 1.5$;当 $\lambda > 3$ 时,取 $\lambda = 3$。此处,a 为集中荷载至支座或节点边缘的距离;N 为与剪力设计值 V

相应的轴向压力设计值;当 $N>0.3f_cA$ 时,取 $N=0.3f_cA$(A 为构件的截面面积)。

若符合下列公式的要求时,则可不进行斜截面受剪承载力计算,而仅需根据构造要求配置箍筋。

$$V \leqslant \frac{1.75}{\lambda + 1.0} f_t b h_0 + 0.07N \tag{6.44}$$

偏心受压构件的受剪截面尺寸应符合《混凝土结构设计标准》(GB/T 50010—2010)的有关规定。

同步测试

◆ **拓展提高**

偏心受压构件抗剪承载力计算为什么不需要按照截面形式(矩形、T 形和工形)的不同情况讨论?

任务五　型钢混凝土柱和钢管混凝土柱认知

◆ **学习准备**

①考察学校工地,收集型钢混凝土柱和钢管混凝土柱图片,上传并分享;
②提前学习规范中有关本任务的知识点。

◆ **引导问题**

①型钢混凝土柱和钢管混凝土柱的由来?
②型钢混凝土柱和钢管混凝土柱的截面形式有哪些?

◆ **知识储备**

一、型钢混凝土柱简介

(一)型钢混凝土柱概述

型钢混凝土柱又称钢骨混凝土柱,也称为劲性钢筋混凝土柱。在型钢混凝土柱中,除主要配置轧制或焊接的型钢外,还配有少量的纵向钢筋与箍筋。

按配置的型钢形式不同,型钢混凝土柱可分为实腹式和空腹式两类。实腹式型钢混凝土柱的截面形式如图 6.31 所示。空腹式型钢混凝土柱中的型钢不贯通柱截面的宽度和高度。例如,在柱截面的四角设置角钢,角钢间用钢缀条或钢缀板连接而成的钢骨架。

震害表明,实腹式型钢混凝土柱有较好的抗震性能,而空腹式型钢混凝土柱的抗震性能较差,故工程中大多采用实腹式型钢混凝土柱。

由于含钢率较高,因此型钢混凝土柱与同等截面的钢筋混凝土柱相比,承载力大大提高。另外,混凝土中配置型钢以后,混凝土与型钢相互约束。钢筋混凝土包裹型钢使其受到约束,从而使型钢基本不发生局部屈曲,同时,型钢又对柱中核心混凝土起着约束作用。又因为整体的型钢构件比钢筋混凝土中分散的钢筋刚度大得多,所以型钢混凝土柱较钢筋混凝土柱的刚度明

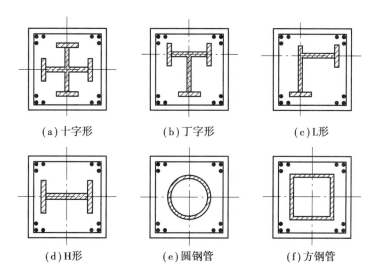

(a) 十字形　　　　(b) 丁字形　　　　(c) L形

(d) H形　　　　(e) 圆钢管　　　　(f) 方钢管

图 6.31　实腹式型钢混凝土柱的截面形式

显提高。

实腹式型钢混凝土柱,不仅承载力高、刚度大,而且具有良好的延性和韧性。因此,它更加适合用于要求抗震和要求承受较大荷载的柱子。

(二)型钢混凝土柱承载力的计算

1.轴心受压柱承载力计算公式

在型钢混凝土柱轴心受压试验中,无论是短柱还是长柱,由于混凝土对型钢的约束,均未发现型钢有局部屈曲现象。因此,在设计中不予考虑型钢局部屈曲。其轴心受压柱的正截面承载力可按下式计算:

$$N_u = 0.9\varphi(f_c A_c + f'_y A'_s + f'_s A_{ss}) \tag{6.45}$$

式中　N_u——轴心受压承载力设计值;

　　　φ——型钢混凝土柱的稳定系数;

　　　f_c——混凝土轴心抗压强度设计值;

　　　A_c——混凝土的净面积;

　　　A_{ss}——型钢的有效截面面积,即应扣除因孔洞而削弱的部分;

　　　A'_s——纵向钢筋的截面面积;

　　　f'_y——纵向钢筋的抗压强度设计值;

　　　f'_s——型钢的抗压强度设计值;

　　　0.9——系数,考虑到与偏心受压型钢柱的正截面承载力计算具有相近的可靠度。

2.型钢混凝土偏心受压柱正截面承载力计算

对于配置实腹型钢的混凝土柱,其偏心受压柱正截面承载力的计算,可按《型钢混凝土组合结构技术规程》(JGJ 138—2001)进行。

根据试验分析型钢混凝土偏心受压柱的受力性能及破坏特点,型钢混凝土柱正截面偏心承载力计算,采用如下基本假定:

①截面中,型钢、钢筋与混凝土的应变均保持平面;

②不考虑混凝土的抗压强度;

③受压区边缘混凝土极限压应变取 $\varepsilon_{cu}=0.003\,3$，相应的最大应力取混凝土轴心抗压强度设计值为 f_c；

④受压区混凝土的应力图形简化为等效的矩形，其高度取按平截面假定中确定的中性轴高度乘以系数 0.8；

⑤型钢腹板的拉、压应力图形均为梯形，设计计算时，简化为等效的矩形应力图形；

⑥钢筋的应力等于其应变与弹性模量的乘积，但不应大于其强度设计值，受拉钢筋和型钢受拉翼缘的极限拉应变取 $\varepsilon_{cu}=0.01$。

（三）承载力计算公式

型钢混凝土柱正截面受压承载力的计算简图如图 6.32 所示。

$$N_u = f_c bx + f'_y A'_s + f'_a A'_a - \sigma_s A_s - \sigma_a A_a + N_{aw} \tag{6.46}$$

$$N_u e = f_c bx\left(h - \frac{x}{2}\right) + f'_y A'_s(h - a) + f'_a A'_a(h - a) + M_{aw} \tag{6.47}$$

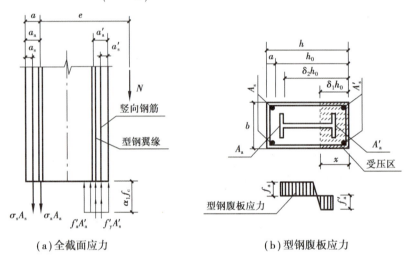

（a）全截面应力　　　　　　　（b）型钢腹板应力

图 6.32　偏心受压柱的截面应力图形

式中　N——轴向压力设计值；

$\quad e$——轴向力作用点至受拉钢筋和型钢受拉翼缘的合力点之间的距离，按式（6.12）和式（6.13）计算；

$\quad f'_y$，f'_a——受压钢筋、型钢的抗压强度设计值；

$\quad A'_s$，A'_a——竖向受压钢筋、型钢受压翼缘的截面面积；

$\quad A_s$，A_a——竖向受拉钢筋、型钢受拉翼缘的截面面积；

$\quad b$，x——柱截面宽度和柱截面受压区高度；

$\quad a'_s$，a'_a——受压纵筋合力点、型钢受压翼缘合力点到截面受压边缘的距离；

$\quad a_s$，a_a——受拉纵筋合力点、型钢受拉翼缘合力点到截面受拉边缘的距离；

$\quad a$——受拉纵筋和型钢受拉翼缘合力点到截面受拉边缘的距离；

$\quad N_{aw}$，M_{aw}——按《型钢混凝土组合结构技术规程》（JGJ 138—2001）6.1.2 节计算。受拉边或受压较小边的钢筋应力 σ_s 和型钢翼缘应力 σ_a 可按下列条件计算：当 $x \leqslant \xi_b h_0$ 时，为大偏心受压构件，取 $\sigma_s = f_y$，$\sigma_a = f_a$；当 $x \geqslant \xi_b h_0$ 时，为小偏心受压构件，取：

$$\sigma_s = \frac{f_y}{\xi_b - 0.8}\left(\frac{x}{h_0} - 0.8\right) \tag{6.48}$$

$$\sigma_a = \frac{f_a}{\xi_b - 0.8}\left(\frac{x}{h_0} - 0.8\right) \tag{6.49}$$

其中，ξ_b 为柱混凝土截面的相对界限受压区高度，即

$$\xi_b = \frac{0.8}{1 + \frac{f_y + f_a}{2 \times 0.003E_s}} \tag{6.50}$$

二、钢管混凝土柱简介

（一）钢管混凝土柱概述

钢管混凝土柱是指在钢管中填充混凝土而形成的构件。按钢管截面形式的不同，钢管混凝土柱可分为方钢管混凝土柱、圆钢管混凝土柱和多边形钢管混凝土柱。常用的钢管混凝土组合柱为圆钢管混凝土柱，其次为方形截面、矩形截面钢管混凝土柱，如图 6.33 所示。为了提高抗火性能，有时还在钢管内设置纵向钢筋和箍筋。

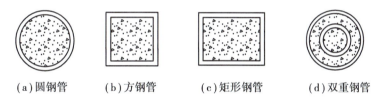

| （a）圆钢管 | （b）方钢管 | （c）矩形钢管 | （d）双重钢管 |

图 6.33　钢管混凝土柱的截面形式

钢管混凝土柱的基本原理是：首先借助内填混凝土增强钢管壁的稳定性；其次借助钢管对核心混凝土的约束（套箍）作用，使核心混凝土处于三向受压状态，从而使混凝土具有更高的抗压强度和压缩变形能力，这样不仅使混凝土的塑性和韧性大为改善，而且可以避免或延缓钢管发生局部屈曲。因此，与钢筋混凝土柱相比，钢管混凝土柱具有承载力高、质量轻、塑性好、耐疲劳、耐冲击、省工、省料、施工速度快等优点。

钢管混凝土柱最能发挥其轴心受压的特长，因此，钢管混凝土柱最适合于轴心受压或小偏心受压构件。当轴心力偏心较大或采用单肢钢管混凝土柱不够经济合理时，宜采用双肢或多肢钢管混凝土组合结构，如图 6.34 所示。

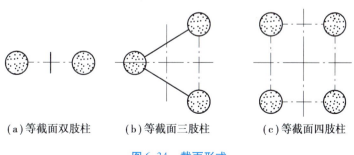

| （a）等截面双肢柱 | （b）等截面三肢柱 | （c）等截面四肢柱 |

图 6.34　截面形式

(二)钢管混凝土受压柱承载力计算

1. 钢管混凝土轴心受压承载力计算

钢管混凝土轴心受压柱的承载力设计值按下式计算：

$$N_u = \varphi(f_s A_s + k_1 f_c A_c) \tag{6.51}$$

式中　N_u——轴心受压承载力设计值；

　　　φ——钢管混凝土轴心受压稳定系数；

　　　A_s——钢管截面面积；

　　　f_s——钢管钢材的抗压强度设计值；

　　　A_c——钢管内核心混凝土截面面积；

　　　f_c——混凝土轴心抗压强度设计值；

　　　k_1——核心混凝土轴心的抗压强度提高系数。

2. 钢管混凝土偏心受压柱正截面承载力计算

①钢管混凝土偏心受压杆件承载力设计值可按下式计算：

$$N_u = \gamma \varphi_c (f_s A_s + k_1 f_c A_c) \tag{6.52}$$

式中　N_u——轴向力设计值；

　　　φ_c——钢管混凝土偏心受压杆件的设计承载力折减系数；

　　　k_1——核心混凝土强度提高系数；

　　　γ——钢管混凝土强度的修正值,按下式计算：$\gamma = 1.124 \times \dfrac{2t}{D} - 0.0003f$；

　　　D,t——钢管的外直径和厚度；

　　　f——钢管钢材抗压强度设计值。

②钢管混凝土偏心受压杆件在外荷载作用下的设计计算偏心距 e_i 按下列公式计算：

$$e_i = \eta e_1 \tag{6.53}$$

$$e_i = e_0 + e_a \tag{6.54}$$

$$e_0 = \frac{M}{N_c} \tag{6.55}$$

$$e_a = 0.12 \times \left(0.3D - \frac{M}{N_c}\right) \tag{6.56}$$

式中　e_a——杆件附加偏心距,当 $\dfrac{M}{N_c} \geq 0.3D$ 时,取 $e_0 = 0$；

　　　e_0——杆件初始偏心距；

　　　η——偏心距增大系数,按式(6.57)计算；

　　　M——荷载作用下在杆件内产生的最大弯矩设计值。

③钢管混凝土偏心受压杆件偏心距增大系数 η 按下式计算：

$$\eta = \frac{1}{1 - \dfrac{N_e}{N_k}} \tag{6.57}$$

$$N_k = \varphi(A_s f_{sk} + k_1 A_c f_{ck})$$

(6.58)

式中　N_e——钢管混凝土偏心受压杆件纵向压力设计值；

　　　N_k——相同杆件在轴心受压下的极限承载力；

　　　φ——钢管混凝土轴心受压稳定系数；

　　　f_{sk}——钢材抗压、抗拉、抗弯强度的设计值。

◆ 拓展提高

同步测试

收集型钢混凝土柱和钢管混凝土柱的受压承载力算例。

项目小结

1. 介绍受压构件的构造要求。

2. 轴心受压螺旋筋柱间接配筋的原理。

3. 偏心受压构件的破坏形态和矩形截面受压承载力的计算简图和基本计算公式。

4. 矩形截面对称配筋偏心受压构件的受压承载力计算。

5. 受压构件中纵向钢筋和箍筋的主要构造要求。

6. 简要介绍型钢混凝土柱和钢管混凝土柱。

◆ 思考练习题

6.1　为什么轴心受压构件不宜采用高强度钢筋？

6.2　如何划分受压构件的长柱和短柱？

6.3　为什么实际工程中没有绝对的轴压构件？

6.4　为什么随着偏心距的增加,受压构件的承载力会降低？

6.5　大小偏心破坏的界限是什么？

6.6　普通受压柱中箍筋的作用是什么？

6.7　什么是轴心受压构件的稳定系数？影响稳定系数的主要因素是什么？

6.8　某钢筋混凝土框架结构底层柱,截面尺寸 $b \times h = 350 \text{ mm} \times 350 \text{ mm}$,从基础顶面到一层楼盖顶面的高度 $H = 4.5 \text{ m}$,承受轴向压力设计值为 $N = 1\,840 \text{ kN}$,C25 混凝土,纵向钢筋为 HRB400 级钢筋。求所需纵向受压钢筋的面积 A'_s。

项目七 受拉构件截面承载力计算

◆ 项目导入

2022 年 2 月 5 日,太原市公安局交警支队发布《关于南中环桥禁止通行的通告》,禁止通行的原因是太原南中环桥钢索检修。而钢索检修的起因是一根斜拉杆意外断裂,导致该桥出现受力不均衡的不安全状态,需要全封闭检修。

该桥设计新颖,将太原市八景之一的"蒙山晓月"体现在桥梁建设中,从桥两端看,犹如一只大雁。巧合的是宜宾南门大桥为中承式钢筋混凝土拱桥,主跨 243.367 m,桥宽 19.5 m,1990年 7 月建成通车,2001 年 11 月 7 日,通车仅 11 年多一点,两端动静结合点处吊杆同时断裂,致该吊点段桥面坠落。两个桥吊杆或拉杆的寿命惊人一致,难道说拱桥吊杆、拉杆、系杆索的寿命只有 11 年多一点?

①拱桥设计应考虑维修保养更换吊杆方便,满足限载限速通行要求;对意外断裂的 1 根或2 根吊杆,要留足余地,避免桥面坍塌事故的发生。

②施工单位严格检测,把关吊杆、拉杆、系杆索及相应配件、锚夹具的质量,分多次张拉的要做到精准控制,避免对吊杆、拉杆造成损伤或超(欠)张拉。

③管养单位应科学检测吊杆、拉杆、系杆索,如果通车时间超过 10 年,建议每年 1 次检测和评估。严禁超载车辆上桥。

④规范对吊杆、拉杆、系杆索的合理使用寿命规定要满足 20 年以上。以上桥梁设计、施工单位,均代表国内顶尖水平,建议将规范改为 10 年以上,每 10 年更换一次。

⑤吊杆、拉杆、系杆索在运营阶段的检测、评估使用寿命有一定的难度,需要生产单位及科研单位重视并解决。

和项目六架构类似,本项目同样分为轴心和偏心两大类构件,在偏心类中又分为大偏心和小偏心结构。学习中应注意对比受拉构件与受压构件在各种状态下的构造方面、受力方面和设计计算中的不同。

◆ 学习目标

能力目标:会进行轴心受拉构件、大偏心受拉构件和小偏心受拉构件正截面承载力的计算与复核;会进行轴心受拉构件、大偏心受拉构件和小偏心受拉构件截面设计。

知识目标:理解轴心受拉构件、大偏心受拉构件和小偏心受拉构件正截面承载力的计算原理;明确轴心受拉构件、大偏心受拉构件和小偏心受拉构件正截面承载力的计算方法;了解偏心受拉构件斜截面承载力的计算方法。

素质目标:培养学生严谨细致的学习态度和一丝不苟的工作作风;培养学生认真制图、精益求精的大国工匠精神。

学习重点:轴心受拉构件的正截面承载力计算;偏心受拉构件的正截面承载力计算。

学习难点:偏心受拉构件的正截面承载力计算。

◆ **思维导图**

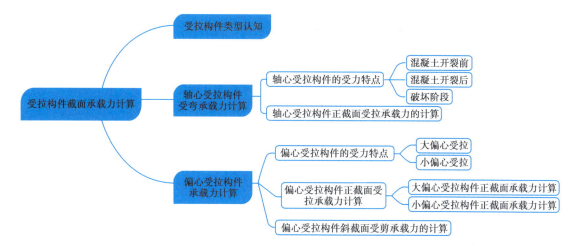

◆ **项目实施**

任务一　受拉构件类型认知

◆ **学习准备**

①提前领取课前学习任务;

②收集身边的受拉构件图例和案例。

◆ **引导问题**

仿照受压构件,联想受拉构件的分类?

◆ **知识储备**

受拉构件(通常不用钢筋混凝土作受拉构件)可分为两类:

①轴心受拉构件:纵向拉力作用线与构件截面形心轴线重合。

②偏心受拉构件:纵向拉力作用线与构件截面形心轴线不重合。另外,偏心受拉构件也可定义为轴心拉力和弯矩(有时还有剪力)共同作用的构件。它介于轴拉构件和受弯构件之间。

工程上,理想的轴拉构件实际上是不存在的,但对于屋架的受拉弦杆和腹杆以及拱的拉杆和圆形水池壁等[图7.1(a)],可近似按轴心受拉构件计算。

偏心受拉构件在工程实际中很常见,如悬臂桁架上弦等[图7.1(b)]。

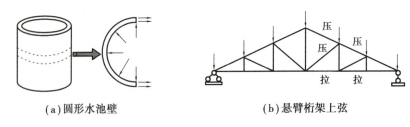

(a)圆形水池壁　　　　　(b)悬臂桁架上弦

图7.1　受拉构件

同步测试

◆拓展提高

复盘受拉构件的概念与分类。

任务二　轴心受拉构件受弯承载力计算

◆学习准备

①提前加入班课,领取课前学习任务;
②提前学习规范中关于轴心受拉构件的构造要求。

◆引导问题

①观看视频,了解轴心受拉构件的破坏过程分为哪几个阶段?
②类比上一项目的轴心受压构件,尝试自行推导轴心受拉构件的承载力计算公式。

◆知识储备

一、轴心受拉构件的受力特点

轴心受拉构件的试验结果如图7.2所示。

构件从开始加荷到破坏的受力过程分为3个阶段:混凝土开裂前、混凝土开裂后和破坏阶段(钢筋屈服后阶段)。

(一)混凝土开裂前

开始加载时,轴心拉力很小,混凝土和钢筋都处于弹性受力状态。如果荷载继续增加,混凝土和钢筋的应力将继续增加。当混凝土的应力达到其抗拉强度值时,构件即将开裂。

(二)混凝土开裂后

构件开裂后,裂缝截面与构件轴线垂直,并贯穿整个截面(截面全部裂通)。在裂缝截面上,混凝土退出工作,即不能承担拉力,所有外力全部由钢筋承受。在开裂前和开裂后的瞬间,裂缝截面处的钢筋应力发生突变。由于钢筋的抗拉强度远高于混凝土的抗拉强度,所以构件开裂并不意味着丧失承载力,因而荷载还可以继续增加,新的裂缝也将产生,原有的裂缝将随荷载的增加不断加宽。

(三)破坏阶段

钢筋屈服后,构件进入破坏阶段。

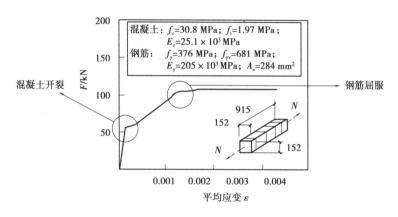

图 7.2 轴心受拉构件试验结果

二、轴心受拉构件正截面受拉承载力的计算

与适筋梁相似,轴心受拉构件从加载开始到破坏为止,其受力全过程也可分为 3 个阶段。第 Ⅰ 阶段为从加载到混凝土受拉开裂前,第 Ⅱ 阶段为混凝土开裂后至钢筋即将屈服,第 Ⅲ 阶段为受拉钢筋开始屈服到全部受拉钢筋屈服。此时,混凝土裂缝开展很大,可认为构件达到了破坏状态,即达到极限荷载 N_u。

轴心受拉构件破坏时,混凝土早已被拉裂,全部拉力由钢筋来承受,直到钢筋受拉屈服。故轴心受拉构件正截面受拉承载力计算公式如下:

$$N_u = f_y A_s \tag{7.1}$$

式中 N_u——轴心受拉承载力设计值;

f_y——钢筋的抗拉强度设计值;

A_s——受拉钢筋的全部截面面积。

【例 7.1】已知某钢筋混凝土屋架下弦,截面尺寸 $b \times h = 200 \text{ mm} \times 150 \text{ mm}$,其所受的轴心拉力设计值为 288 kN,混凝土强度等级为 C30,钢筋为 HRB400 级。求钢筋截面面积。

【解】对于 HRB400 钢筋,$f_y = 360 \text{ N/mm}^2$,代入式(7.1)得:

$$A_s = \frac{N}{f_y} = 288 \times 10^3 / 360 = 800 \text{ (mm}^2\text{)}$$

选用 4 ⏀ 16,$A_s = 804 \text{ mm}^2$。

◆ 拓展提高

土木工程中,常见的轴心受拉构件有哪些?

同步测试

任务三 偏心受拉构件承载力计算

◆ 学习准备

①提前领取课前学习任务;

②提前学习《混凝土设计规范》中关于轴心受拉构件的构造要求。

◆引导问题

①类比偏心受压构件,联想偏心受拉构件的分类。

②在土木工程结构中,常见的偏心受拉构件有哪些? 举例说明。

◆知识储备

偏心受拉构件是指在结构工程中,构件承受的拉力作用点与构件的轴心不重合,导致构件同时受到弯曲和拉伸作用的现象。

一、偏心受拉构件的受力特点

偏心受拉构件正截面的承载力计算,按纵向拉力 N 的位置不同,可分为大偏心受拉与小偏心受拉两种情况(图7.3):当纵向拉力 N 作用在钢筋合力点 A_s 及 A'_s 的合力点范围以外时,属于大偏心受拉的情况;当纵向拉力 N 作用在钢筋 A_s 合力点及 A'_s 合力点范围以内时,属于小偏心受拉的情况。

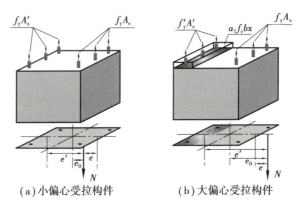

(a)小偏心受拉构件　　　　(b)大偏心受拉构件

图7.3　大偏心受拉和小偏心受拉构件受力分析图

1. 大偏心受拉

由于拉力作用在 A_s 和 A'_s 之外,随 N 增大,靠近 N 一侧的混凝土开裂,但不会贯通,最终破坏特征取决于 A'_s 的多少。当 A_s 适量时,A_s 先屈服,最后混凝土被压碎而破坏(A'_s 也能屈服)(同大偏压,多数情况);A_s 当过多时,混凝土被压碎时,A_s 没有屈服(类似小偏压),属脆性破坏(少数情况)。

2. 小偏心受拉

由于拉力在 A_s 和 A'_s 之间,故临近破坏时截面裂缝全部贯通,拉力完全由钢筋承担,A_s 和 A'_s 一般都能受拉屈服。

值得注意的是,偏拉构件也产生纵向弯曲,但与偏压相反,纵向弯曲使截面的弯矩 M 减小,这在设计中不考虑(有利影响)。

大偏心受拉构件的受力特点是:当拉力增大到一定程度时,受拉钢筋首先达到抗拉屈服强度;随着受拉钢筋塑性变形的增长,受压区面积逐步缩小;最后构件由于受压区混凝土达到极限应变而破坏。其破坏形态与小偏心受压构件相似。

小偏心受拉构件的受力特点是:混凝土开裂后,裂缝贯穿整个截面,全部轴向拉力由纵向钢筋承担;当纵向钢筋达到屈服强度时,截面即达到极限状态。

偏心受拉构件的分类及特点,见表7.1。

表7.1　偏心受拉构件的分类及特点

类型	特点
小偏心受拉构件	当轴向力作用在钢筋合力点之间时属于小偏心受拉构件。这种破坏以钢筋受拉屈服破坏为基本特征,混凝土也同时被拉并全截面开裂
大偏心受拉构件	当轴向力作用在钢筋合力点和 A_s' 合力点之外时属于大偏心受拉构件,钢筋配置适当时,破坏时受拉钢筋受拉屈服,受压区混凝土会被压碎,与适筋梁破坏类似

二、偏心受拉构件正截面受拉承载力计算

(一)大偏心受拉构件正截面承载力计算

当轴向拉力作用在 A_s 合力点及 A_s' 合力点以外时,截面虽开裂,但仍有受压区,否则拉力 N 得不到平衡。既然还有受压区,截面就不会裂通,这种情况称为大偏心受拉。

图7.4所示为矩形截面大偏心受拉构件的计算简图。构件破坏时,钢筋 A_s 及 A_s' 的应力都达到屈服强度,受压区混凝土强度达到 $\alpha_1 f_c$。

基本公式如下:

$$N_u = f_y A_s - f_y' A_s' - \alpha_1 f_c bx \tag{7.2}$$

$$N_u e = \alpha_1 f_c bx \left(h_0 - \frac{x}{2} \right) + f_y' A_s' (h_0 - a_s') \tag{7.3}$$

$$e = e_0 - \frac{h}{2} + a_s \tag{7.4}$$

受压区的高度应当符合 $x \leqslant x_b$ 的条件,在计算中考虑受压钢筋时,还要符合 $x \geqslant 2a_s'$ 的条件。

设计时,为了使钢筋总用量 $(A_s + A_s')$ 最少,与偏心受压构件一样,应取 $x = x_b$,代入式(7.3)及式(7.2),可得:

$$A_s' = \frac{N_u e - \alpha_1 f_c bx_b \left(h_0 - \dfrac{x_b}{2} \right)}{f_y' (h_0 - a_s')} \tag{7.5}$$

$$A_s = \frac{\alpha_1 f_c bx_b + N_u}{f_y} + \frac{f_y'}{f_y} A_s' \tag{7.6}$$

式中　x_b——界限破坏时受压区高度,$x_b = \xi_b h_0$。

对称配筋时,由于 $A_s = A_s'$ 和 $f_y = f_y'$,将其代入基本公式(7.2)后,必然会求得 x 为负值,即属于 $x < 2a_s'$ 的情况。此时,可按偏心受压的相应情况类似处理,即取 $x = 2a_s'$,并对 A_s' 合力点取矩和取 $A_s' = 0$ 分别计算 A_s 值,最后按所得较小值配筋。

其他情况的设计题和复核题的计算与大偏心受压构件相似,不同的是轴向力为拉力。

(二)小偏心受拉构件正截面承载力计算

在小偏心拉力作用下,临近破坏前,一般情况是截面裂缝全部贯通。拉力完全由钢筋承担,其计算简图如图7.4所示。

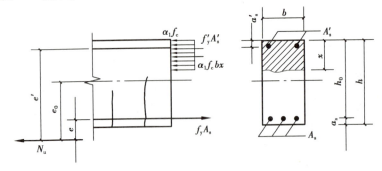

图7.4 大偏心受拉构件截面受拉承载力计算简图

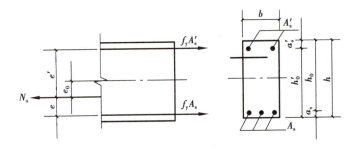

图7.5 小偏心受拉构件截面受拉承载力计算简图

这种情况下,不考虑混凝土的受拉强度。设计时,可假定构件破坏时钢筋 A_s 及 A'_s 的应力都达到屈服强度。根据内外力分别对钢筋 A_s 及 A'_s 的合力点取矩的平衡条件,可得:

$$N_u e = f_y A'_s (h_0 - a'_s) \tag{7.7}$$

$$N_u e' = f_y A_s (h'_0 - a_s) \tag{7.8}$$

$$e = \frac{h}{2} - e_0 - a_s \tag{7.9}$$

$$e' = e_0 + \frac{h}{2} - a'_s \tag{7.10}$$

对称配筋时,可取:

$$A'_s = A_s = \frac{N_u e'}{f_y (h_0 - a'_s)} \tag{7.11}$$

$$e' = e_0 + \frac{h}{2} - a'_s \tag{7.12}$$

《混凝土结构设计标准》(GB/T 50010—2010)规定,轴心受拉及小偏心受拉杆件的纵向受力钢筋不得采用绑扎接头。

【例7.2】如图7.6所示,已知某矩形水池,壁厚为300 mm。通过内力分析,求得跨中水平方向每米宽度上最大弯矩设计值 $M = 120$ kN·m,相应的每米宽度上的轴向拉力设计值 $N = 240$ kN。该水池的混凝土强度等级为C25,钢筋用HRB400级。求水池在该处需要的 A_s 及 A'_s 值。

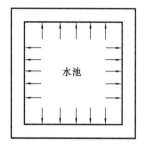 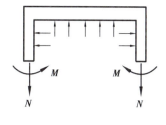

图 7.6　矩形水池池壁弯矩 M 和拉力 N 示意图

【解】令 $N=N_u,M=N_u e_0,b\times h=1\ 000\ \text{mm}\times 300\ \text{mm}$；取 $a_s=a_s'=35\ \text{mm}$。

$$e_0=\frac{M}{N}=\frac{120\times 1\ 000}{240}=500(\text{mm})\ (\text{大偏心受拉})$$

$$e=e_0-\frac{h}{2}+a_s=500-150+35=385(\text{mm})$$

先假定 $x=x_b=0.53h_0=0.53\times 265\approx 140(\text{mm})$ 来计算 A_s' 值，因为这样能使 (A_s+A_s') 的用量最少。

$$A_s'=\frac{N_u e-\alpha_1 f_c bx_b\left(h_0-\dfrac{x_b}{2}\right)}{f_y'(h_0-a_s')}$$

$$=\frac{240\times 10^3\times 385-1.0\times 11.5\times 1\ 000\times 140\times(265-140/2)}{330\times(265-45)}<0$$

取 $A_s'=\rho_{\min}'bh=0.002\times 1\ 000\times 300=600\ \text{mm}^2$，选用 $\oplus 12@180\ \text{mm}(A_s'=628\ \text{mm}^2)$。

该题由计算 A_s' 及 A_s 的问题转化为已知 A_s' 求 A_s 的问题。此时，x 不再是界限值 x_b，必须重新求算 x 值，计算方法和偏心受压构件计算相同。由式(7.3)计算 x 值。

将式(7.3)转化成下式：

$$\alpha_1 f_c bx^2/2-\alpha_1 f_c bh_0 x+Ne-f_y'A_s'(h_0-a_s')=0$$

代入数据得：

$$1.0\times 11.5\times 1\ 000\times\frac{x^2}{2}-1.0\times 11.5\times 1\ 000\times 265x+240\times 10^3\times 385-330\times 628\times(265-35)=0$$

化简得：

$$5.75x^2-3\ 047.5x+44\ 734.8=0$$

求解得：

$$x=\frac{3\ 047.5-\sqrt{3\ 047.5^2-4\times 5.75\times 44\ 734.8}}{2\times 5.75}\approx 15.1(\text{mm})$$

$x=15.1\ \text{mm}<2a_s'=90\ \text{mm}$，取 $x=2a_s'$，并对 A_s' 合力点取距，可求得：

$$A_s=\frac{Ne}{f_y(h_0-a_s')}=\frac{240\ 000\times(500+150-35)}{330\times(265-35)}\approx 1\ 944.7(\text{mm}^2)$$

另外，当不考虑 A_s'，即取 $A_s'=0$，由式(7.3)重求 x 值。

$$\alpha_1 f_c bx^2/2-\alpha_1 f_c bh_0 x+Ne=0$$

代入数据得：

$$1.0\times 11.5\times 1\ 000\times\frac{x^2}{2}-1.0\times 11.5\times 1\ 000\times 265x+240\times 10^3\times 385=0$$

化简得：

$$5.75x^2-3\ 047.5x+92\ 400=0$$

求解得： $x = \dfrac{3\,047.5 - \sqrt{3\,047.5^2 - 4 \times 5.75 \times 92\,400}}{2 \times 5.75} \approx 32.29(\text{mm})$

由式(7.2)重求得 A_s 值：

$A_s = \dfrac{N + f'_y A'_s + \alpha_1 f_c bx}{f_y} = \dfrac{240 \times 10^3 + 330 \times 0 + 1.0 \times 11.9 \times 1\,000 \times 32.29}{330} \approx 1\,853(\text{mm}^2)$

从上面的计算中取小者配筋(即在 $A_s = 1\,944.7\ \text{mm}^2$ 和 $1\,853\ \text{mm}^2$ 中取小的值配筋)。

取 $A_s = 1\,853\ \text{mm}^2$ 来配筋,选用直径 6 单 20@90 mm($A_s = 1\,884\ \text{mm}^2$)。

三、偏心受拉构件斜截面受剪承载力的计算

一般偏心受拉构件,在承受弯矩和拉力的同时,也存在着剪力。当剪力较大时,不能忽视斜截面承载力的计算。

试验表明,拉力 N 的存在有时会使斜裂缝贯穿全截面,使斜截面末端没有剪压区,构件的斜截面承载力比无轴向拉力时要降低一些,降低的程度与轴向拉力的数值有关。

通过对试验资料的分析,偏心受拉构件的斜截面受剪承载力可按下式计算：

$$V_u = \frac{1.75}{\lambda + 1.0} f_t b h_0 + f_{yv} \frac{A_{sv}}{s} h_0 - 0.2N \tag{7.13}$$

式中　λ——计算截面的剪跨比；

　　　N——轴向拉力设计值。

式(7.13)右侧的计算值小于 $f_{yv} \dfrac{A_{sv}}{s} h_0$ 时,应取等于 $f_{yv} \dfrac{A_{sv}}{s} h_0$,且 $f_{yv} \dfrac{A_{sv}}{s} h_0$ 不得小于 $0.36 f_t b h_0$。

与偏心受压构件相同,受剪截面尺寸应符合《混凝土结构设计标准》(GB/T 50010—2010)的有关要求。

◆ 拓展提高

利用力学基础知识,自行推导偏心受拉构件正截面和斜截面受拉承载力计算公式。

同步测试

项目小结

1.轴心受拉构件的承载力是由截面所配的纵向钢筋的强度和面积所决定的。

2.偏心受拉构件根据偏心力的位置分为大偏心受拉构件和小偏心受拉构件。当轴心拉力 N 作用点落在两侧受拉钢筋之间时,为小偏心受拉构件；当轴心拉力 N 作用点落在两侧受拉钢筋的外侧时,为大偏心受拉构件。

3.大偏心受拉构件与大偏心受压构件正截面承载力计算公式相似,截面配筋计算方法也可参照大偏心受压构件进行；区别在于轴向力方向相反,大偏心受拉构件不考虑二阶弯矩影响下的偏心距增大,也不考虑附加偏心距的影响。

4.偏心受拉构件斜截面承载力计算公式是在受弯构件斜截面受剪承载力计算公式的基础上,考虑到轴心拉力对斜截面受剪的不利影响后修正得到的。

◆ **思考练习题**

7.1　试举例说明实际工程结构中,哪些构件属于受拉构件?

7.2　大、小偏心受拉构件如何区分? 两种受拉构件的受力特点和破坏形态有何不同?

7.3　为什么在小偏心受拉设计计算公式中,只采用弯矩受力状态,没有采用力受力状态,而在大偏心受拉设计计算公式中,既采用了力受力状态又采用弯矩受力状态建立?

7.4　已知截面尺寸为 $b \times h = 300 \text{ mm} \times 500 \text{ mm}$ 的钢筋混凝土偏拉构件,承受轴向拉力设计值 $N = 300 \text{ kN}$,弯矩设计值 $M = 90 \text{ kN} \cdot \text{m}$。采用的混凝土强度等级为 C30,钢筋为 HRB400 级。试确定该柱所需的纵向钢筋截面面积 A_s 和 A'_s。

项目八　钢筋混凝土构件的应力、变形和裂缝验算

◆ 项目导入

某住宅楼,总建筑面积约 4 000 m²,每户建筑面积 150 m²。其中大厅楼板为四边简支,尺寸为 6.6 m×4.95 m 的现浇钢筋混凝土板,设计板厚为 140 mm,混凝土强度 C20,钢筋 ϕ8@120,完工后尚未交付使用,即发现较明显裂缝及较大挠度,经检测最大裂缝宽度为 2 mm,最大挠度为 10 mm,构件无法正常使用。

原因分析:

①板厚、钢筋间距不符合设计要求:经过调查检测,将设计板厚 140 mm 改为 80 mm,钢筋间距由 120 mm 改为 200 mm,这是挠度过大和板底出现裂缝的主要原因。

②混凝土强度不满足要求:采用回弹仪检测,该板混凝土强度为 C18。

③腹筋未参与工作:在支座处凿开混凝土后,发现负筋被踩倒或踩弯,使负筋不起作用,导致板顶支座处产生裂缝。

处理措施:

增加板的截面高度和配筋,以提高构件的承载能力、刚度和抗裂性能。因此,该工程选择加大截面法进行加固,此方法工艺简单,适用面广,可有效提高其承载力和满足正常使用要求。从经济角度出发,利用原钢筋混凝土板作为模板,在其上再浇 70 mm 厚的新板,并重新配筋,这样,原板不仅可做模板使用,还可承担部分荷载。

通过本项目的学习,加深对钢筋混凝土结构几个受力阶段的特性以及对正常使用极限状态的验算理解。

◆ 学习目标

能力目标:会进行挠度和裂缝宽度的验算;能给出混凝土结构耐久性设计的技术措施。

知识目标:理解正常使用阶段截面弯曲刚度的定义;解裂缝间纵向受拉钢筋应变不均匀系数 φ 的物理意义和裂缝开展的机理;明确混凝土结构耐久性设计的主要内容。

素质目标:培养学生见微知著、一丝不苟的学习品质;引导学生迎难而上、主动探索的工匠精神。

学习重点:钢筋混凝土构件的变形、裂缝及最大裂缝宽度验算。

学习难点:最大裂缝宽度的验算。

◆ 思维导图

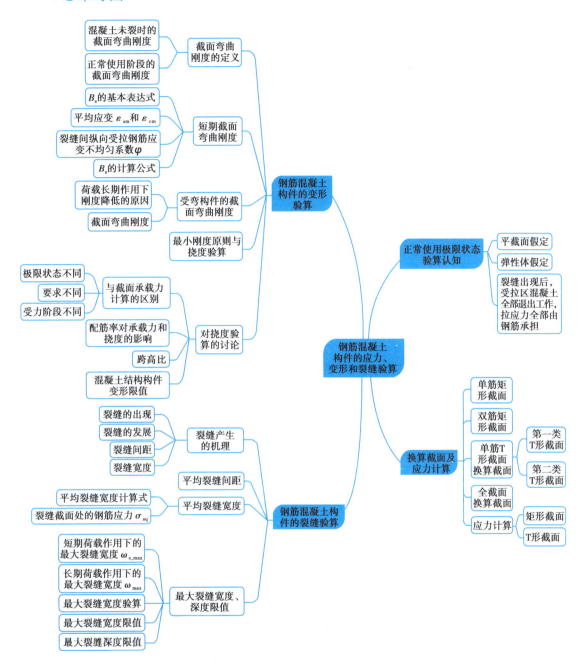

◆**项目实施**

任务一　正常使用极限状态验算认知

◆**学习准备**

①复习项目三结构极限状态分类;

②根据结构极限状态分类,项目四至项目八分别属于哪类极限状态设计?

◆**引导问题**

应力、变形和裂缝验算分别对应结构的哪种极限状态?

钢筋混凝土受弯
构件正常使用
状态验算概述

◆**知识储备**

钢筋混凝土构件除了按前几章所述的承载能力极限状态计算外,还应进行正常使用极限状态的验算,以防止构件因变形过大或裂缝过宽而影响构件的适用性、耐久性等要求或导致构件不能正常使用。

《公路桥规》规定,钢筋混凝土受弯构件必须进行使用阶段的变形和最大裂缝、宽度验算,除此之外,还应进行受弯构件在施工阶段混凝土和钢筋应力验算。

对钢筋混凝土受弯构件进行使用阶段验算时,通常取荷载挠度曲线图上的第Ⅱ阶段——带裂缝工作阶段进行验算。带裂缝工作阶段的主要特征是:竖向裂缝已形成并开展,中性轴以下大部分混凝土已退出工作,拉力由钢筋承受,钢筋应力 σ_s 还远小于其屈服强度,受压区混凝土的压应力图形大致呈抛物线。而受弯构件的荷载-挠度(跨中)关系曲线是一条接近于直线的曲线。因此,第Ⅱ阶段又称为开裂后弹性阶段。

根据上述主要特征,对于第Ⅱ阶段的计算,可作如下假定:

一、平截面假定

假定梁在受力发生弯曲变形后,各截面仍保持为平面。根据平截面假定,平行于梁中性轴的各纵向纤维的应变与其到中性轴的距离成正比,且由于钢筋与混凝土之间的黏结力,两者共同变形,钢筋与同一水平线的混凝土应变相等。因此,由图8.1可得:

$$\frac{\varepsilon'_c}{x} = \frac{\varepsilon_c}{h_0 - x} \tag{8.1}$$

$$\varepsilon_s = \varepsilon_c \tag{8.2}$$

式中　ε_c——混凝土的受拉平均应变;

　　　ε'_c——混凝土的受压平均应变;

　　　ε_s——与混凝土受拉平均应变 ε_c 同一水平位置处的钢筋平均拉应变;

　　　x——受压区高度;

　　　h_0——截面有效高度。

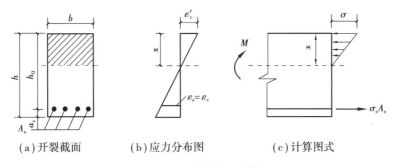

（a）开裂截面　　　　（b）应力分布图　　　　（c）计算图式

图 8.1　受弯构件开裂截面

二、弹性体假定

钢筋混凝土受弯构件在第 Ⅱ 工作阶段时，受压区混凝土的压应力图形大致呈抛物线，但并不丰满，可近似看作直线分布，即受压区混凝土的应力与平均应变成正比，即：

$$\sigma'_c = \varepsilon'_c E_c \tag{8.3}$$

同时，假定在受拉钢筋水平位置处混凝土的平均拉应变与应力成正比，即：

$$\sigma_c = \varepsilon_c E_c \tag{8.4}$$

三、裂缝出现后，受拉区混凝土全部退出工作，拉应力全部由钢筋承担

根据前述 3 项基本假定，钢筋混凝土受弯构件在第 Ⅱ 工作阶段的计算图式如图 8.1 所示。由式（8.2）、式（8.4）可得：

$$\sigma_c = \varepsilon_c E_c = \varepsilon_s E_s$$

将 $\varepsilon_s = \sigma_s / E_s$ 代入上式，可得：

$$\sigma_c = \frac{\sigma_s}{E_s} E_c = \frac{\sigma_s}{\alpha_{E_s}} \tag{8.5}$$

$$\alpha_{E_s} = \frac{E_s}{E_c}$$

式中　E_s，E_c——钢筋、混凝土的弹性模量；

　　　α_{E_s}——钢筋混凝土构件的截面换算系数，表明钢筋的拉应力 σ 是同位置处混凝土拉应力 σ_c 的 α_{E_s} 倍。

◆拓展提高

列表或绘制思维导图来总结结构承载能力的极限状态计算项目和正常使用极限状态验算项目。

同步测试

任务二　换算截面及应力计算

◆学习准备

①复习 T 形截面类型划分的知识点；

②回顾工程力学中截面几何特性知识。

◆ 引导问题

①什么是换算截面？换算截面提出的背景是什么？
②什么是应力的概念和计算公式？

钢筋混凝土受弯
构件的应力验算

◆ 知识储备

钢筋混凝土构件是由钢筋和混凝土两种受力性能完全不同的材料组成的,无法直接按照材料力学的方法进行构件截面的应力计算。因此,考虑换算截面,即将钢筋和受压区混凝土换算成一种拉压性能相同的假想材料组成的匀质截面,再借助材料力学的方法进行计算。

通常,将钢筋截面 A_s 换算成假想的受力混凝土截面 A_{sc},该截面位于钢筋的重心处,如图 8.2 所示。

因假想的混凝土所承受的总拉力应该与钢筋所承受的总拉力相等,故:

$$A_s \sigma_s = A_{sc} \sigma_c = A_{sc} \frac{\sigma_s}{\alpha_{E_s}}$$

$$A_{sc} = \alpha_{E_s} A_s \tag{8.6}$$

式中 A_{sc}——钢筋换算成混凝土的截面面积。

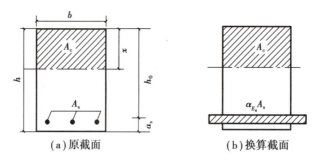

(a)原截面　　　　　(b)换算截面

图 8.2　截面换算示意图

(一)单筋矩形截面

其开裂截面换算截面的几何特性表达式如下:

1. 开裂截面换算截面面积 A_c^r

$$A_c^r = bx + \alpha_{E_s} A_s \tag{8.7}$$

2. 开裂截面换算截面对中性轴的静矩 S_{cr}

受压区:

$$S_{cra} = \frac{1}{2} bx^2 \tag{8.8}$$

受拉区:

$$S_{crl} = \alpha_{E_s} A_s (h_0 - x) \tag{8.9}$$

3. 开裂截面换算截面惯性矩 I_{cr}

$$I_{cr} = \frac{1}{3} bx^3 + \alpha_{E_s} A_s (h_0 - x)^2 \tag{8.10}$$

4. 开裂截面换算截面抵抗矩 W_{cr}

对混凝土受压边缘：

$$W_{cra} = \frac{I_{cr}}{x} \tag{8.11}$$

对混凝土受拉边缘：

$$W_{crl} = \frac{I_{cr}}{h_0 - x} \tag{8.12}$$

5. 受压区高度 x

由 $S_{cra} = S_{crl}$，可得：

$$\frac{1}{2}bx^2 = \alpha_{E_s}A_s(h_0 - x) \tag{8.13}$$

化简计算，求得换算截面的受压区高度 x 为：

$$x = \frac{\alpha_{E_s}A_s}{b}\left[\sqrt{1 + \frac{2bh_0}{\alpha_{E_s}A_s}} - 1\right] \tag{8.14}$$

（二）双筋矩形截面

与单筋矩形截面不同的是，双筋矩形截面在受压区配置了受压钢筋。因此进行截面换算时，将受拉钢筋的截面 A_s 和受压钢筋截面 A'_s 分别用假想的两个混凝土块代替，换算截面的几何特性表达式可在单筋矩形截面的基础上，计入受压钢筋换算截面，$\alpha_{E_s}A'_s$ 即可。

（三）单筋 T 形截面换算截面（图 8.3）

①第一类 T 形截面：$x \leqslant h'_f$，中性轴在翼缘板内［图 8.3（a）］，此时可按宽度为 b'_f 的单筋矩形截面采用前述公式进行计算。

②第二类 T 形截面：$x > h'_f$，中性轴在梁肋内［图 8.3（b）］，其换算截面几何特性表达式如下：

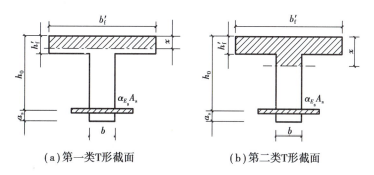

（a）第一类T形截面　　　　（b）第二类T形截面

图 8.3　开裂状态下 T 形截面换算图式

a. 开裂截面换算截面面积 A_{cr}：

$$A_{cr} = bx + (b'_f - b)h'_f + \alpha_{E_s}A_s \tag{8.15}$$

受压区：

$$S_{cra} = \frac{1}{2}bx^2 + (b'_f - b)h'_f\left(x - \frac{1}{2}h'_f\right) \tag{8.16}$$

受拉区：

$$S_{crl} = \alpha_{E_s} A_s (h_0 - x) \tag{8.17}$$

b. 开裂截面换算截面惯性矩 I_{cr}：

$$I_{cr} = \frac{1}{3} b'_f x^3 - \frac{1}{3} (b'_f - b)(x - h'_f)^3 + \alpha_{E_s} A_s (h_0 - x)^2 \tag{8.18}$$

c. 开裂截面换算截面抵抗矩 W_{cr}：

对混凝土受压边缘：

$$W_{cra} = \frac{I_{cr}}{x} \tag{8.19}$$

对混凝土受拉边缘：

$$W_{crl} = \frac{I_{cr}}{h_0 - x} \tag{8.20}$$

d. 受压区高度 x。由 $S_{cra} = S_{crl}$，可得：

$$\frac{1}{2} b x^2 + (b'_f - b) h'_f \left(x - \frac{1}{2} h'_f \right) = \alpha_{E_s} A_s (h_0 - x) \tag{8.21}$$

化简计算，求得换算截面的受压区高度 x 为：

$$x = \sqrt{A^2 + B} - A \tag{8.22}$$

其中，$A = \dfrac{\alpha_{E_s} A_s + (b'_f - b) h'_f}{b}, B = \dfrac{2\alpha_{E_s} A_s h_0 + (b'_f - b) h'^2_f}{B}$。

（四）全截面换算截面

钢筋混凝土受弯构件在使用阶段和施工阶段的应力计算中，会遇到全截面换算截面的问题。

全截面换算截面是混凝土全截面面积和钢筋的换算面积所组成的截面。对于图 7.4 所示的 T 形截面，全截面的换算截面几何特性计算式为：

①全截面换算截面面积 A_0：

$$A_0 = bh + (b'_f - b) h'_f + (\alpha_{E_s} - 1) A_s \tag{8.23}$$

②受压区高度 x：

$$x = \frac{\frac{1}{2} bh^2 + \frac{1}{2} (b'_f - b) h'^2_f + (\alpha_{E_s} - 1) A_s h_0}{A_0} \tag{8.24}$$

③全截面换算截面对中性轴的惯性矩 I_0：

$$I_0 = \frac{1}{12} bh^3 + bh \left(\frac{1}{2} h - x \right)^2 - \frac{1}{12} (b'_f - b) h'^3_f + (b'_f - b) h'_f \left(\frac{h'_f}{2} - x \right)^2 + (\alpha_{E_s} - 1) A_s (h_0 - x)^2 \tag{8.25}$$

（五）应力计算

对于钢筋混凝土梁在施工阶段，特别是梁的运输和安装过程中，梁的支承条件、受力图式会发生变化，应根据受弯构件在施工中的实际受力体系进行应力计算。例如，简支梁吊装吊点的

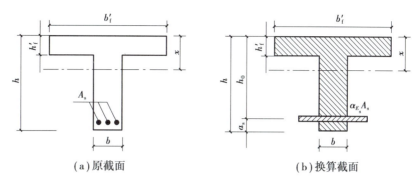

图 8.4　全截面换算图式

位置并不在支座截面处,当吊点位置 a 较大时,将会在吊点截面处引起较大的负弯矩(图 8.5),因此,应根据受弯构件在施工中的实际受力体系进行应力计算。

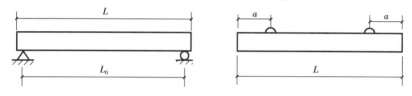

图 8.5　简支梁吊装施工

下面按照换算截面法分别介绍矩形截面和 T 形截面正应力验算方法。

1. 矩形截面(图 8.2)

《公路桥规》规定,钢筋混凝土受弯构件施工阶段的应力计算按短暂状况计算,正截面应力计算公式如下:

①受压区混凝土边缘纤维应力:

$$\sigma_{cc}^{t} = \frac{M_{k}^{t}}{I_{cr}} \leqslant 0.80 f_{ck}' \tag{8.26}$$

②受拉钢筋应力:

$$\sigma_{si}^{t} = \alpha_{E_{s}} \frac{M_{k}^{t}(h_{0i} - x)}{I_{cr}} \leqslant 0.75 f_{sk} \tag{8.27}$$

式中　M_{k}^{t}——由临时的施工荷载标准值引起的弯矩值;

　　　x——换算截面的受压区高度,按换算截面受压区和受拉区对中性轴面积矩相等的原则求得;

　　　I_{cr}——开裂截面换算截面的惯性矩,根据已求得的受压区高度 x_{0},按开裂换算截面对中性轴惯性矩之和求得;

　　　σ_{si}^{t}——按短暂状况计算时受拉区第 i 层钢筋的应力;

　　　h_{0i}——受压区边缘至受拉区第 i 层钢筋截面重心的距离;

　　　f_{ck}'——施工阶段相应于混凝土立方体抗压强度 f_{cu}' 的混凝土轴心抗压强度标准值;

　　　f_{sk}——普通钢筋抗拉强度标准值。

2. T 形截面(图 8.6)

当翼缘板位于受压区时,先按下式进行计算判断:

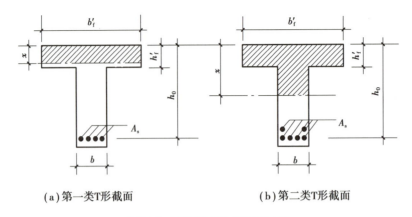

（a）第一类T形截面   （b）第二类T形截面

图8.6　T形截面应力计算图式

$$\frac{1}{2}b'_f x^2 = \alpha_{E_s} A_s (h_0 - x) \tag{8.28}$$

若 $x \leq h'_f$，中性轴在翼缘板内，为第一类 T 形截面，此时可按宽度为 b'_f 的单筋矩形截面进行计算。

若 $x \geq h'_f$，中性轴在梁肋内，为第二类 T 形截面，按式（8.22）重新计算 x 值和换算截面惯性矩，然后按式（8.26）和式（8.27）进行截面应力验算。

◆ **拓展提高**

应力计算与验算算例搜集。

同步测试

任务三　钢筋混凝土构件的变形验算

◆ **学习准备**

①拓展提高成果展示与分享；
②学习规范中有关钢筋混凝土构件变形限制的部分内容。

◆ **引导问题**

①为什么要限制钢筋混凝土构件的变形？
②钢筋混凝土构件的变形种类有哪些？

◆ **知识储备**

钢筋混凝土受弯
构件的变形
（挠度）验算

一、截面弯曲刚度的定义

结构或结构构件受力后将在截面上产生内力，并使截面产生变形。截面上的材料抵抗内力的能力就是截面承载力，抵抗变形的能力就是截面刚度。对于承受弯矩的截面来说，抵抗截面转动的能力，就是截面弯曲刚度。截面的转动是以截面曲率 ϕ 来度量的，因此截面弯曲刚度就是使截面产生单位曲率需要施加的弯矩值。

对于匀质弹性材料，M-ϕ 关系是不变的（正比例关系，如图 8.7 中虚线 OA 所示），故其截面弯曲刚度 EI 是常数，$EI = M/\phi$。这里，E 是材料的弹性模量，I 是截面的惯性矩。可见，当弯矩一定时，截面弯曲刚度越大，其截面曲率就越小。由材料力学知，匀质弹性材料梁当忽略剪切变形的影响时，其跨中挠度：

$$f = S\frac{Ml_0^2}{EI} \text{ 或 } f = S\phi l_0^2 \tag{8.29}$$

式中　S——与荷载形式、支承条件有关的挠度系数，例如承受均布荷载的简支梁，$S = 5/48$；

　　　l_0——梁的计算跨度。

由式(8.29)知，截面弯曲刚度 EI 越大，挠度 f 越小。

注意，这里研究的是截面弯曲刚度，而不是杆件的弯曲刚度 $i = EI/l_0$。但是，钢筋混凝土是不匀质的非弹性材料。钢筋混凝土受弯构件的正截面在其受力全过程中，弯矩与曲率(M-ϕ)的关系在不断变化，所以截面弯曲刚度不是常数，而是变化的，记作 B。

图 8.7 所示为适筋梁正截面的 M-ϕ 曲线，曲线上任一点处切线的斜率 $\mathrm{d}M/\mathrm{d}\phi$ 就是该点处的截面弯曲刚度 B。虽然这样做在理论上是正确的，但既有困难，又不实用。为了便于工程应用，截面弯曲刚度的确定采用以下两种简化方法。

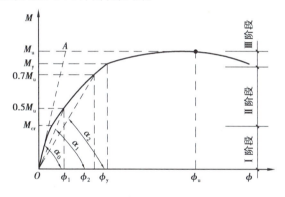

图 8.7　弯曲刚度的定义

(一)混凝土未裂时的截面弯曲刚度

在混凝土开裂前的第 I 阶段，可近似地把 M-ϕ 关系曲线看成是直线，它的斜率就是截面弯曲刚度。考虑到受拉区混凝土的塑性，故把混凝土的弹性模量降低 15%，即取截面弯曲刚度：

$$B = 0.85E_cI_0 \tag{8.30}$$

式中　E_c——混凝土的弹性模量；

　　　I_0——换算截面的截面惯性矩。

换算截面是指把截面上的钢筋换算成混凝土后的纯混凝土截面。换算的方法是把钢筋截面面积乘以钢筋弹性模量 E_s 与混凝土弹性模量 E_c 的 $\alpha_E = E_s/E_c$，把钢筋换算成混凝土后，其重心应仍在钢筋原来的重心处。式(8.30)也可用于要求不出现裂缝的预应力混凝土构件。

(二)正常使用阶段的截面弯曲刚度

钢筋混凝土受弯构件的挠度验算按正常使用极限状态的要求进行，正常使用时它是带裂缝工作的，即处于第 II 阶段，这时 M-ϕ 不能简化成直线，所以截面弯曲刚度应该比 $0.85E_cI_0$ 小，而且随弯矩的增大而变小，是变化的值。

研究表明,钢筋混凝土受弯构件正常使用时,正截面承受的弯矩大致是其受弯承载力 M_u 的 50%~70%。此外,还要求所给出的截面弯曲刚度必须适合用手算的方法来进行挠度验算。

在大量科学试验以及工程实践经验的基础上,《混凝土结构设计标准》(GB/T 50010—2010)给出了受弯构件截面弯曲刚度 B 的定义,即在 $M\text{-}\phi$ 曲线的 $0.5M_u \sim 0.7M_u$ 区段内,曲线上的任一点与坐标原点相连割线的斜率。

因此,由图 8.7 可知,$B = \tan\alpha = M/\phi$,$M = 0.5M_u \sim 0.7M_u$;在弯矩的这个区段内割线的倾角 α 随弯矩的增大而减小,由 α_0 减小到 α_1,再减小到 α_2,也就是说,截面弯曲刚度随弯矩的增大而减小。

可以理解到,这样定义的截面弯曲刚度就是弯矩由零增加到 $0.5M_u \sim 0.7M_u$ 过程中,截面弯曲刚度的总平均值。

二、短期截面弯曲刚度

截面弯曲刚度不仅会随着弯矩(或者说荷载)的增大而减小,还会随着荷载作用时间的增长而减小。这里先讲不考虑时间因素的短期截面弯曲刚度,记作 B_s。

(一) B_s 的基本表达式

研究变形、裂缝的钢筋混凝土试验梁如图 8.8 所示。

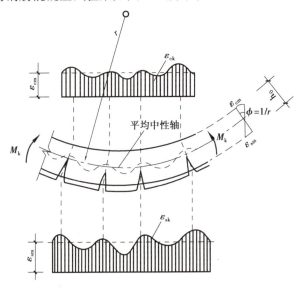

图 8.8 纯弯段内的平均应变

纯弯区段内,弯矩 $M_k = 0.5M_u^0 \sim 0.7M_u^0$ 时,测得的钢筋和混凝土的应变情况如下:

①沿梁长,各正截面上受拉钢筋的拉应变和受压区边缘混凝土的压应变都是不均匀分布的,裂缝截面处最大,分别为 ε_{sk}、ε_{ck},裂缝与裂缝之间逐渐变小,呈曲线变化。这里 ε_{sk}、ε_{ck} 的第 2 个下标"k"表示它们是由弯矩的标准组合值 M_k 产生的。

②沿梁长,截面受压区高度是变化的,裂缝截面处最小,因此沿梁长中性轴呈波浪形变化。

③当量测范围比较长($\geqslant 750$ mm)时,各水平纤维的平均应变沿截面高度的变化符合平截面假定。

根据平截面假定,可得纯弯区段的平均曲率:

$$\varphi = \frac{1}{r} = \frac{\varepsilon_{sm} + \varepsilon_{cm}}{h_0} \tag{8.31}$$

式中　r——与平均中性轴相对应的平均曲率半径;

　　　ε_{sm},ε_{cm}——纵向受拉钢筋重心处的平均拉应变和受压区边缘混凝土的平均压应变,这里第二个下标"m"表示平均值;

　　　h_0——截面的有效高度。

前面讲过,截面弯曲刚度就是使截面产生单位曲率需要施加的弯矩值。因此,短期截面弯曲刚度为:

$$B_s = \frac{M_k}{\varphi} = \frac{M_k h_0}{\varepsilon_{sm} + \varepsilon_{cm}} \tag{8.32}$$

式(8.32)中,M_k 称为弯矩的标准组合值:挠度验算时要用荷载标准值,由荷载标准值在截面上产生的弯矩称为弯矩的标准值,为了区别于弯矩设计值 M,故添加下标"k";荷载有多种,如结构自重的永久荷载、楼面活荷载等,把每一种荷载标准值在同一截面上产生的弯矩标准值组合起来就是弯矩的标准组合值。

(二)平均应变 ε_{sm} 和 ε_{cm}

纵向受拉钢筋的平均应变 ε_{sm} 可以由裂缝截面处纵向受拉钢筋的应变 ε_{sk} 来表达,即

$$\varepsilon_{sm} = \varphi \varepsilon_{sk} \tag{8.33}$$

式中　φ——裂缝间纵向受拉钢筋应变不均匀系数。

如图8.9所示为第Ⅱ阶段裂缝截面的应力图。对受压区合压力点取矩,可得裂缝截面处纵向受拉钢筋的应力:

$$\sigma_{sk} = \frac{M_k}{A_s \eta h_0} \tag{8.34}$$

式中　η——正常使用阶段裂缝截面处的内力臂系数。

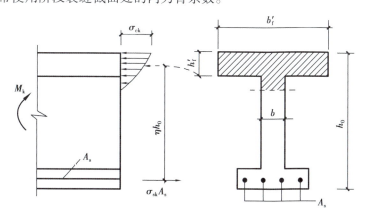

图8.9　第Ⅱ阶段裂缝截面的应力图

研究表明,对常用的混凝土强度等级及配筋率,可近似地取:

$$\eta = 0.87 \tag{8.35}$$

$$\varepsilon_{sm} = \varphi \varepsilon_{sk} = \varphi \frac{M_k}{A_s \eta h_0 E_s} = 1.15\varphi \frac{M_k}{A_s h_0 E_s} \tag{8.36}$$

另外,通过试验研究,对受压区边缘混凝土等级及配筋率,可近似地取:

$$\varepsilon_{cm} = \frac{M_k}{\xi bh_0^2 E_c} \tag{8.37}$$

以上公式中，E_s、E_c 分别为钢筋、混凝土的弹性模量，ξ 为受压区边缘混凝土平均应变综合系数。

（三）裂缝间纵向受拉钢筋应变不均匀系数 φ

图 8.10 所示沿一根试验梁的梁长，实测的纵向受拉钢筋的应变分布图。由图 8.10 可知，在纯弯区段 A—A 内，钢筋应变是不均匀的，裂缝截面处最大应变为 ε_{sk}，离开裂缝截面就逐渐减小，这是裂缝间的受拉混凝土参加工作，承担部分拉力的缘故。图 8.10 中的水平虚线表示平均应变 $\varepsilon_{sm} = \varphi\varepsilon_{sk}$。因此，系数 φ 反映了受拉钢筋应变的不均匀性，其物理意义就是裂缝间受拉混凝土参加工作，减小了变形和裂缝宽度。φ 越小，说明裂缝间受拉混凝土帮助纵向受拉钢筋承担的拉力越大，ε_{sm} 降低得越多，对增大截面弯曲刚度、减小变形和裂缝宽度的贡献越大。φ 越大，则效果相反。

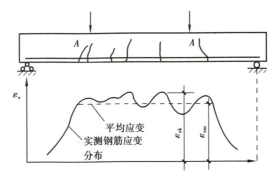

图 8.10　纯弯曲段内受拉钢筋的应变分布

试验表明，随着荷载（或弯矩）的增大，ε_{sm} 与 ε_{sk} 间的差距逐渐减小，也就是说，随着荷载（或弯矩）的增大，裂缝间受拉混凝土逐渐退出工作。当 $\varepsilon_{sm} = \varepsilon_{sk}$ 时，即 $\varphi = 1$，此时裂缝间受拉混凝土全部退出工作。当然，φ 不可能大于 1。φ 的大小还与有效受拉混凝土截面面积计算、考虑钢筋黏结性能差异后的有效纵向受拉钢筋配筋率 ρ_{te} 有关。这是因为参加工作的受拉混凝土面积主要是指钢筋周围的那部分有效范围内的受拉混凝土面积。当 ρ_{te} 较小时，说明参加受拉的混凝土相对面积大些，对纵向受拉钢筋应变的影响程度也相应大些，因此 φ 就小一些。

对轴心受拉构件，有效受拉混凝土截面面积 A_{te} 即为构件的截面面积。对受弯（即偏心受压和偏心受拉）构件，按图 8.11 采取计算，并近似取：

$$A_{te} = 0.5bh + (b_f - b)h_f \tag{8.38}$$

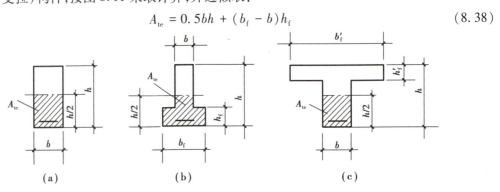

图 8.11　有效受拉混凝土面积

此外,φ 值还受到截面尺寸的影响,即 φ 随截面高度的增加而增大。

试验研究表明,φ 可近似表达为:

$$\varphi = 1.1 - 0.65 \frac{f_{tk}}{\rho_{te}\sigma_{sq}} \tag{8.39}$$

式中　σ_{sq}——与计算最大裂缝宽度时的相同,即按荷载准永久组合计算的钢筋混凝土构件纵向受拉普通钢筋应力。

对于受弯构件:

$$\sigma_{sq} = \frac{M_q}{0.87h_0 A_s} \tag{8.40}$$

式中　M_q——按荷载标准永久组合计算的截面弯矩。

当 $\varphi<0.2$ 时,取 $\varphi=0.2$;当 $\varphi>1$ 时,取 $\varphi=1$;对直接承受重复荷载的构件,取 $\varphi=1$。

按有效受拉混凝土截面面积计算的纵向受拉钢筋配筋率 ρ_{te} 为:

$$\rho_{te} = \frac{A_s}{A_{te}} \tag{8.41}$$

在最大裂缝宽度和挠度验算中,当 $\rho_{te}<0.01$ 时,都取 $\rho_{te}=0.01$。

(四)B_s 的计算公式

国内外试验资料表明,受压区边缘混凝土平均应变综合系数 ξ 与 $\alpha_E\rho$ 及受压翼缘加强系数 γ_f' 有关。为简化计算,可直接给出 $\alpha_E\rho/\xi$ 的值:

$$\frac{\alpha_E\rho}{\xi} = 0.2 + \frac{6\alpha_E\rho}{1+3.5\gamma_f'} \tag{8.42}$$

其中,$\alpha_E = E_s/E_c$,$\gamma_f' = (b_f'-b)h_f'/(bh_0)$,即 γ_f' 等于受压翼缘截面面积与腹板有效截面面积的比值。

把式(8.33)、式(8.36)和式(8.37)、式(8.42)代入 B_s 的基本表达式(8.32)中,即得短期截面弯曲刚度 B_s 的计算公式:

$$B_s = \frac{E_s A_s h_0^2}{1.15\varphi + 0.2 + \dfrac{6\alpha_E\rho}{1+3.5\gamma_f'}} \tag{8.43}$$

其中,当 $h_f'>0.2h_0$ 时,取 $h_f'=0.2h_0$ 计算。γ_f' 因为当翼缘较厚时,靠近中性轴的翼缘部分受力较小,如仍按全部 h_f' 计算 γ_f',将使 B_s 的计算值偏高。在荷载效应的标准组合作用下,受压钢筋对刚度的影响不大,计算时可不考虑。如需估计其影响,可在 γ_f' 计算式中加入 $\alpha_E\rho'$,即:

$$\gamma_f' = \frac{(b_f'-b)h_f'}{bh_0} + \alpha_E\rho' \tag{8.44}$$

式中　ρ'——受压钢筋的配筋率,$\rho'=A_s'/(bh_0)$。

式(8.43)适用于矩形、T 形、倒 T 形和工形截面受弯构件,由该式计算的平均曲率与试验结果符合较好。

综上所述,短期截面弯曲刚度 B_s 是受弯构件纯弯区段在承受 50% ~70% 的正截面受弯承载力 M_u 的第Ⅱ阶段区段内,考虑了裂缝间受拉混凝土的工作,即纵向受拉钢筋应变不均匀系数 φ,也考虑了受压区边缘混凝土压应变的不均匀性,从而用纯弯区段的平均曲率来求得 B_s 的。对 B_s 可有以下认识:

①B_s 主要用纵向受拉钢筋来表达,其计算公式表面上复杂,实际上比用混凝土表达更简单。

②B_s 不是常数,随弯矩而变化,弯矩 M_k 增大,B_s 减小;M_k 减小,B_s 增大,这种影响通过 φ 来反映。

③当其他条件相同时,截面有效高度 h_0 对截面弯曲刚度的影响最为显著。

④当截面有受拉翼缘或有受压翼缘时,都会使 B_s 有所增大。

⑤具体计算表明,纵向受拉钢筋配筋率 ρ 增大的同时,B_s 也略有增大。

⑥在常用配筋率 $\rho=1\% \sim 2\%$ 的情况下,提高混凝土强度等级对提高 B_s 的作用不大。

⑦B_s 的单位与弹性材料的 EI 一样,都是"N/mm²",因为弯矩的单位是"N·mm",截面曲率的单位是"1/mm"。

三、受弯构件的截面弯曲刚度

在荷载长期作用下,构件截面弯曲刚度将会降低,致使构件的挠度增大。在实际工程中,总是有部分荷载长期作用在构件上,因此计算挠度时必须采用按荷载效应的标准组合并考虑荷载效应的长期作用影响的刚度。

(一)荷载长期作用下刚度降低的原因

在荷载长期作用下,受压混凝土将发生徐变,即荷载不增加而变形却随时间增长。在配筋率不高的梁中,由于裂缝间受拉混凝土的应力松弛以及混凝土和钢筋的徐变滑移,受拉区混凝土不断退出工作区,因而受拉钢筋的平均应变和平均应力也将随时间而增大。同时,由于裂缝不断向上发展,上部原来受拉的混凝土脱离工作以及受压混凝土的塑性发展,使内力臂减小,也将引起钢筋应变和应力的增大。以上这些情况都会导致曲率增大、刚度降低。此外,受拉区和受压区混凝土的收缩不一致,使梁发生翘曲,也将导致曲率增大和刚度降低。总之,凡是影响混凝土徐变和收缩的因素都将导致刚度降低,使构件挠度增大。

(二)截面弯曲刚度

前面讲了弯矩的标准组合值 M_k,现在简单介绍弯矩的准永久组合值 M_q。

在结构设计使用期间,荷载的值不随时间而变化,或其变化与平均值相比可以忽略不计的荷载,称为永久荷载或恒荷载,如结构的自身重力等。在结构设计使用期间,荷载的值随时间而变化,或其变化与平均值相比不可忽略的荷载,称为可变荷载或活荷载,如楼面活荷载等。

不过,活荷载中也会有一部分荷载值随时间变化不大,这部分荷载称为准永久荷载,如住宅中的家具等。而书库等建筑物的楼面活荷载中,准永久荷载值占的比例将达到80%。

作用在结构上的荷载往往有多种,如作用在楼面梁上的荷载有结构自重(永久荷载)和楼面活荷载。由永久荷载产生的弯矩与由活荷载中的准永久荷载产生的弯矩组合起来,就称为弯矩的准永久组合。

受弯构件挠度验算时,采用的截面弯曲刚度 B 是在它的短期刚度 B_s 的基础上,用弯矩的准永久组合值 M_q 计算得来的。通常用 M_q 对挠度增大的影响系数 θ 来考虑荷载长期作用部分的影响。因此,仅需对在 M_q 作用下的那部分长期挠度乘以 θ,而在 (M_k-M_q) 作用下产生的短期挠度部分不必增大。参照式(8.29),受弯构件的挠度为:

$$f = S\frac{(M_k - M_q)l_0^2}{B_s} + S\frac{M_q l_0^2 \theta}{B_s} \tag{8.45}$$

式中　θ——考虑荷载长期作用对挠度增大的影响系数。

如果式(8.45)仅用刚度 B 表达,则有:

$$f = S \frac{M_k l_0^2}{B} \tag{8.46}$$

当荷载作用形式相同时,式(8.46)等于式(8.45),可得截面刚度 B 的计算公式:

$$B = \frac{M_k}{M_q(\theta - 1) + M_k} B_s \tag{8.47}$$

该式即为弯矩的标准组合并考虑荷载长期作用影响的刚度,实质上是在考虑荷载长期作用部分使刚度降低的因素后,对短期刚度 B_s 进行了修正。

关于 θ 的取值,根据有关长期荷载试验的结果,考虑了受压钢筋在荷载长期作用下对混凝土受压徐变及收缩所起的约束作用,从而减小了刚度的降低,《混凝土结构设计标准》(GB/T 50010—2010)建议对混凝土受弯构件:当 $\rho' = 0$ 时,$\theta = 2.0$;当 $\rho' = \rho$ 时,$\theta = 1.6$;当 ρ' 为中间数值时,θ 按直线内插。即:

$$\theta = 2.0 - 0.4 \frac{\rho'}{\rho} \tag{8.48}$$

式中　ρ, ρ'——受拉及受压钢筋的配筋率。

上述 θ 值适用于一般情况下的矩形、T 形和工形截面梁。由于 θ 值与温度、湿度有关,对于干燥地区,收缩影响大,因此建议 θ 应酌情增加 $15\% \sim 25\%$。对翼缘位于受拉区的倒 T 形梁,由于在荷载标准组合作用下受拉混凝土参加工作较多,而在荷载准永久组合作用下退出工作的影响较大,《混凝土结构设计标准》(GB/T 50010—2010)建议 θ 应增大 20%(但当按此求得的挠度大于按肋宽为矩形截面计算得的挠度时,应取后者)。此外,对于因水泥用量较大等导致混凝土的徐变和收缩较大的构件,也应考虑使用经验,将 θ 酌情增大。

四、最小刚度原则与挠度验算

前述刚度计算公式都是指纯弯区段内平均的截面弯曲刚度。但是,一个受弯构件,如图 8.12 所示简支梁,在剪跨范围内各截面弯矩是不相等的,靠近支座的截面弯曲刚度要比纯弯区段内的大,如果都用纯弯区段的截面弯曲刚度,似乎会使挠度计算值偏大。但实际情况却不是这样,因为在剪跨段内还存在着剪切变形,甚至可能出现少量斜裂缝,它们都会使梁的挠度增大,而这在计算中是没有考虑到的。为了简化计算,对图 8.12 所示的梁,可近似地都按纯弯区段平均的截面弯曲刚度采用,这就是"最小刚度原则"。

最小刚度原则就是在简支梁全跨长范围内,可都按弯矩最大处的截面弯曲刚度,也即按最小的截面弯曲刚度[图 8.12(b)中虚线所示],用材料力学方法中不考虑剪切变形影响的公式来计算挠度。当构件上存在正、负弯矩时,可分别取同号弯矩区段内 $|M_{max}|$ 处截面的最小刚度计算挠度。

试验分析表明,一方面按 B_{min} 计算的挠度值偏大,即如图 8.12(c)中多算了用阴影线示出的两小块 M_k/B_{min} 面积;另一方面,不考虑剪切变形的影响,对出现如图 8.13 所示斜裂缝的情况,剪跨内钢筋应力大于按正截面的计算值,这些均导致挠度计算值偏小。然而,上述两方面的影响大致可以相互抵消。对国内外约 350 根试验梁验算的结果表明,计算值与试验值符合较好。因此,采用"最小刚度原则"是可以满足工程要求的。

当用 B_{min} 代替匀质弹性材料梁截面弯曲刚度 EI 后,梁的挠度计算就十分简便。按《混凝土结构设计标准》(GB/T 50010—2010)要求,挠度验算应满足下式:

$$f \leqslant f_{lim} \tag{8.49}$$

式中 f_{lim} ——挠度限值;

 f ——根据最小刚度原则采用的刚度 B 进行计算的挠度,当跨间为同号弯矩时,由式(8.29)可得:

$$f = S \frac{M_k l_0^2}{B} \tag{8.50}$$

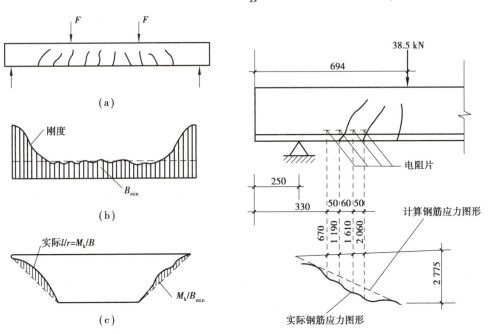

图 8.12　沿梁长的刚度和曲率分布　　　　图 8.13　梁剪跨段内钢筋应力分布

对连续梁的跨中挠度,当等截面且计算跨度内的支座截面弯曲刚度不大于跨中截面弯曲刚度的 2 倍或不小于跨中截面弯曲刚度的 1/2 时,也可按跨中最大弯矩截面的截面弯曲刚度计算。

五、对挠度验算的讨论

(一)与截面承载力计算的区别

需要注意的是,这里所讲的挠度验算以及裂缝宽度验算与前面几个项目所讲的截面承载力计算有以下 3 个方面的区别。

1.极限状态不同

截面承载力计算是为了使结构构件满足承载能力极限状态要求,挠度、裂缝宽度验算则是为了满足正常使用极限状态要求。

2.要求不同

结构构件不满足正常使用极限状态对生命财产的危害程度比不满足承载能力极限状态的要小,因此对满足正常使用极限状态的要求可以放宽些(在有关规范中将讲到其相应的目标可靠指标$[\beta]$值要小些)。所以,称挠度、裂缝宽度为"验算"而不是"计算",并在验算时采用由荷载标准组合值、荷载准永久组合值产生的内力标准值、内力准永久值以及材料强度的标准值,而不是像截面承载力计算时那样采用由荷载设计值产生的内力设计值以及材料强度的设计值(详见项目三)。

3. 受力阶段不同

项目四指出,钢筋混凝土结构的 3 个受力阶段是其基本属性,截面承载力以破坏阶段为计算的依据;第 II 阶段是构件正常使用时的受力状态,它是挠度、裂缝宽度验算的依据。

(二)配筋率对承载力和挠度的影响

一根梁,如果满足了承载力的计算要求,是否就满足了挠度的验算要求呢? 这就要看它的配筋率大小了。当梁的尺寸和材料性能给定时,若其正截面弯矩设计值 M 比较大,就应配置较多的受拉钢筋方可满足 $M_u \geq M$ 的要求。然而,配筋率加大对提高截面弯曲刚度并不显著,因此就有可能出现不满足挠度验算的要求。

(三)跨高比

由式(8.50)可知,l_0 越大,f 越大。因此,在承载力计算前若选定足够的截面高度或较小的跨高比 l_0/h,配筋率又限制在一定范围内时,如满足承载力要求,挠度也必然同时满足。对此,可以给出不需做挠度验算的最大跨高比。

根据工程经验,为了便于满足挠度的要求,建议设计时可选用下列跨高比:对采用 HRB335 级钢筋配筋的简支梁,当允许挠度为 $l_0/200$ 时,l_0/h 在 20 ~ 10 选取;当永久荷载所占比例大时,取较小值;当用 HPB235 级或 HRB400 级钢筋配筋时,分别取较大值或较小值;当允许挠度为 $l_0/250$ 或 $l_0/300$ 时,l_0/h 取值应相应减小些;当为整体肋形梁或连续梁时,则取值可大些。

(四)混凝土结构构件变形限值

一般建筑中,对混凝土构件的变形有一定的要求,主要从以下 4 个方面考虑。

1. 保证建筑的使用功能要求

结构构件产生过大的变形将损害甚至丧失其使用功能。例如,楼盖梁、板的挠度过大,将使仪器设备难以保持水平;吊车梁的挠度过大会妨碍吊车的正常运行;屋面构件和挑檐的挠度过大会造成积水和渗漏等。

2. 防止对结构构件产生不良影响

这是指防止结构性能与设计中的假定不符。例如,梁端的旋转将使支承面积减小,当梁支承在砖墙上时,可能使墙体沿梁顶、底出现内外水平缝,严重时将产生局部承压或墙体失稳破坏(图 8.14);又如,当构件挠度过大时,在可变荷载下可能出现因动力效应引起的共振等。

3. 防止对非结构构件产生不良影响

这包括防止结构构件变形过大使门窗等活动部件不能正常开关,防止非结构构件(如隔墙)及天花板的开

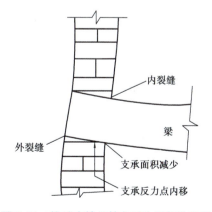

图 8.14　梁端支撑处转角过大引起的问题

裂、压碎、膨出或其他形式的损坏等。

4.保证人们的感觉在可接受程度之内

例如,防止梁、板明显下垂引起的不安全感,防止可变荷载引起的振动及噪声产生的不良感觉等。调查表明,从外观要求来看,构件的挠度宜控制在 $l_0/250$ 的限值以内。

随着高强度混凝土和钢筋的采用,构件截面尺寸相应减小,变形问题更为突出。

《混凝土结构设计标准》(GB/T 50010—2010)在考虑前述因素的基础上,根据工程经验,对受弯构件规定了允许挠度值。

◆拓展提高

总结对比刚度、挠度;应力、应变两组概念的不同。

同步测试

任务四 钢筋混凝土构件的裂缝验算

◆学习准备

①任务三拓展提高结果复盘。
②提前学习规范中关于钢筋混凝土构件的裂缝宽度限值是如何规定的?

◆引导问题

①钢筋混凝土构件裂缝是如何发生的?
②钢筋混凝土构件裂缝的验算项目有哪些?试着一一罗列。

钢筋混凝土受弯
构件的裂缝和
裂缝宽度验算

◆知识储备

裂缝有多种,这里讲的是与轴心受拉、受弯、偏心受力等构件的计算轴线相垂直的垂直裂缝,即正截面裂缝。与挠度验算时一样,裂缝宽度验算也采用荷载准永久组合和材料强度的标准值。

一、裂缝产生的机理

(一)裂缝的出现

未出现裂缝时,在受弯构件纯弯区段内,各截面受拉混凝土的拉应力、拉应变大致相同;由于这时钢筋和混凝土间的黏结没有被破坏,因此钢筋的拉应力、拉应变沿纯弯区段长度也大致相同。

当受拉区外边缘混凝土达到其抗拉强度 f_t^0 时,由于混凝土的塑性变形,因此还不会马上开裂;当其拉应变接近混凝土的极限拉应变值时,就处于即将出现裂缝的状态,这就是第Ⅰ阶段,如图 8.15(a)所示。

当受拉区外边缘混凝土在最薄弱的截面处达到其极限拉应变值 ε_{ct}^0 后,就会出现第一批裂缝,一条或几条裂缝,如图 8.15(b)所示中的 $a—a$、$c—c$ 截面处。

混凝土一开裂,张紧的混凝土就像剪断了的橡皮筋那样向裂缝两侧回缩,但这种回缩是不自由的,它受到钢筋的约束,直到被阻止。在回缩的那一段长度 l 中,混凝土与钢筋之间有相对滑移,产生黏结应力 τ^0。通过黏结应力的作用,随着离裂缝截面距离的增大,混凝土拉应力由裂缝处的零逐渐增大,达到 l 后,黏结应力消失,混凝土的应力又趋于均匀分布,如图 8.15(b)所示。在此,l 即为黏结应力作用长度,也可称为传递长度。

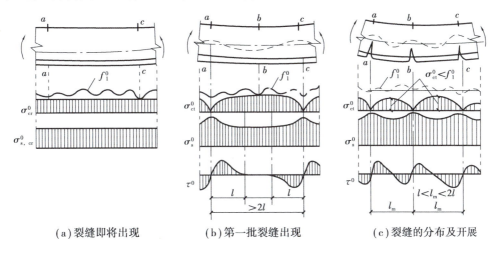

(a)裂缝即将出现　　(b)第一批裂缝出现　　(c)裂缝的分布及开展

图 8.15　裂缝的出现、分布和开展

在裂缝处,钢筋的情况与混凝土相反。在裂缝出现瞬间,裂缝处的混凝土应力突然降至零,使钢筋的拉应力突然增大。通过黏结应力的作用,随着离开裂缝截面距离的增大,钢筋拉应力逐渐降低,混凝土逐渐张紧达到 l 后,混凝土又处于要开裂状态。

(二)裂缝的发展

第一批裂缝出现后,在黏结应力作用长度 l 以外的那部分混凝土仍处于受拉张紧状态之中,因此当弯矩继续增大时,就有可能在离裂缝截面大于或等于 l 的另一薄弱截面处出现新裂缝,如图 8.15(b)、(c)所示中的 b—b 截面处。

按此规律,随着弯矩的增大,裂缝将逐条出现。当截面弯矩为 $0.5M_u^0 \sim 0.7M_u^0$ 时,裂缝将基本"出齐",即裂缝的分布处于稳定状态。由图 8.15(c)可知,此时,在两条裂缝之间,混凝土拉应力,σ_{cr}^0 小于实际混凝土抗拉强度,即不足以产生新的裂缝。

(三)裂缝间距

假设材料是匀质的,则两条相邻裂缝的最大间距应为 $2l$。比 $2l$ 稍大一点时,就会在其中央再出现一条新裂缝,使裂缝间距变为 l。因此,从理论上讲,裂缝间距在 $l \sim 2l$,其平均裂缝间距为 $1.5l$。

(四)裂缝宽度

同一条裂缝,不同位置处的裂缝宽度是不同的,如梁底面的裂缝宽度比梁侧表面的大。试验表明,沿裂缝深度,裂缝宽度也是不相等的,钢筋表面处的裂缝宽度大约只有构件混凝土表面裂缝宽度的 $1/5 \sim 1/3$。

《混凝土结构设计标准》(GB/T 50010—2010)定义的裂缝开展宽度是指受拉钢筋重心水平处构件侧表面混凝土的裂缝宽度。

裂缝的开展是混凝土的回缩、钢筋的伸长,导致混凝土与钢筋之间不断产生相对滑移,因此裂缝的宽度就等于裂缝间钢筋的伸长减去混凝土的伸长。可见,裂缝间距小,裂缝宽度就小,即裂缝密而细,这是工程中所希望的。

在长期的荷载作用下,混凝土的滑移徐变和拉应力的松弛会导致裂缝间受拉混凝土不断退出工作,从而使裂缝开展宽度增大;混凝土的收缩会使裂缝间混凝土的长度缩短,进而引起裂缝的开展。此外,荷载的变动使钢筋直径时胀时缩等因素,也将引起黏结强度降低,导致裂缝宽度增大。

实际上,由于材料的不均匀性以及受截面尺寸偏差等因素的影响,裂缝的出现具有某种程度的偶然性,因此裂缝的分布和宽度同样是不均匀的。但是,大量试验资料的统计分析表明,从平均的观点来看,平均裂缝间距和平均裂缝宽度是有规律的,平均裂缝宽度与最大裂缝宽度之间也具有一定的规律性。

二、平均裂缝间距

前面讲过,平均裂缝间距 $l_m = 1.5l$。黏结应力传递长度 l 可由平衡条件求得。以轴心受拉构件为例,当即将出现裂缝时(I_a 阶段),截面上混凝土的拉应力为 f,钢筋的拉应力为 σ_{s2},如图 8.16 所示。当薄弱截面 a—a 出现裂缝后,混凝土拉应力降至零,钢筋应力由 $\sigma_{s,cr}$ 突然增至 σ_{s1}。如前文所述,通过黏结应力的传递,经过传递长度 l 后,混凝土拉应力从截面 a—a 处为零提高到截面 b—b 处的 f,钢筋应力则降至 σ_{s2},又恢复到出现裂缝时的状态。

按图 8.16(a)所示的内力平衡条件,有:

$$\sigma_{s1}A_s = \sigma_{s2}A_s + f_t A_{te} \tag{8.51}$$

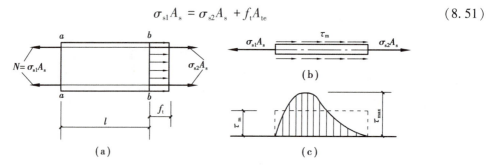

图 8.16 轴心受拉构件黏结应力传递长度

取 l 段内的钢筋为隔离体,作用在其两端的不平衡力由黏结力来平衡。黏结力是钢筋表面积上黏结应力的总和,考虑黏结应力的不均匀分布,在此取平均黏结应力 τ_m。由图 8.16(b)得:

$$\sigma_{s1}A_s = \sigma_{s2}A_s + \tau_m u l \tag{8.52}$$

代入式(8.51),即得:

$$l = \frac{f_t}{\tau_m}\frac{A_{te}}{u} \tag{8.53}$$

钢筋直径相同时,$A_{te}/u = d/4\rho_{te}$(u 为钢筋总周界长度),乘以 3/2 后得平均裂缝间距:

$$l_m = \frac{3}{8}\frac{f_t}{\tau_m}\frac{d}{\rho_{te}} \tag{8.54}$$

试验表明,混凝土和钢筋间的黏结强度大致与混凝土抗拉强度成正比例关系,且可取 f_t^0/τ_m 为常数。因此,式(8.54)可表示为:

$$l_m = k_1\frac{d}{\rho_{te}} \tag{8.55}$$

式中 k_1——经验系数;

d——钢筋直径。

试验还表明,l_m 不仅与 d/ρ_{te} 有关,而且与混凝土保护层厚度 c 有较大的关系。此外,用带肋变形钢筋时比用光圆钢筋的平均裂缝间距要小些,钢筋表面特征同样影响平均裂缝间距。对此,可用钢筋的等效直径 d_{eq} 代替 d。据此,对 l_m 采用两项表达式:

$$l_m = k_2 c + k_1 \frac{d_{eq}}{\rho_{te}} \tag{8.56}$$

对受弯构件、偏心受拉和偏心受压构件,均可采用式(8.56)的表达式,但其中的经验系数 k_2、k_1 的取值不同。下文讨论最大裂缝宽度表达式时,k_2、k_1 值还将与其他影响系数合并起来。

三、平均裂缝宽度

如前所述,裂缝宽度是指受拉钢筋截面重心水平处构件侧表面的裂缝宽度。试验表明,裂缝宽度的离散性比裂缝间距更大。因此,平均裂缝宽度的确定,必须以平均裂缝间距为基础。

(一) 平均裂缝宽度计算式

平均裂缝宽度 ω_m 等于构件裂缝区段内钢筋的平均伸长与相应水平处构件侧表面混凝土平均伸长的差值(图8.17),即

$$\omega_m = \varepsilon_{sm} l_m - \varepsilon_{ctm} l_m = \varepsilon_{sm}\left(1 - \frac{\varepsilon_{ctm}}{\varepsilon_{sm}}\right) l_m \tag{8.57}$$

式中 ε_{sm}——纵向受拉钢筋的平均拉应变,$\varepsilon_{sm} = \varphi \varepsilon_{sq} = \varphi \sigma_{sq}/E_s$;

ε_{ctm}——与纵向受拉钢筋相同水平处侧表面混凝土的平均拉应变。

令

$$a_c = 1 - \frac{\varepsilon_{ctm}}{\varepsilon_{sm}} \tag{8.58}$$

其中,a_c 称为裂缝间混凝土自身伸长对裂缝宽度的影响系数。

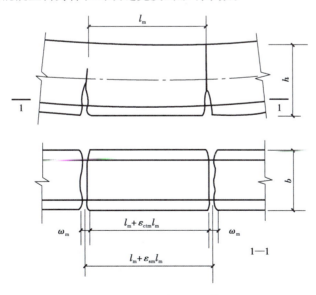

图8.17 平均裂缝宽度计算图式

试验研究表明,系数 a_c 虽然与配筋率、截面形状和混凝土保护层厚度等因素有关,但在一

般情况下，a_c 变化不大，且对裂缝开展宽度的影响也不大。为简化计算，对受弯、轴心受拉、偏心受力构件，均可近似取 $a_c = 0.85$。

$$\omega_m = a_c \varphi \frac{\sigma_{sq}}{E_s} l_m = 0.85 \varphi \frac{\sigma_{sq}}{E_s} l_m \tag{8.59}$$

（二）裂缝截面处的钢筋应力 σ_{sq}

式(8.59)中，φ 可按式(8.39)取值，σ_{sq} 是指按荷载准永久组合计算的钢筋混凝土构件裂缝截面处纵向受拉普通钢筋的应力。对于受弯、轴心受拉、偏心受拉以及偏心受压构件，σ_{sq} 均可按裂缝截面处力的平衡条件求得。

1.受弯构件

σ_{sq} 按下式计算：

$$\sigma_{sq} = \frac{M_q}{0.87 A_s h_0} \tag{8.60a}$$

2.轴心受拉构件

σ_{sq} 按下式计算：

$$\sigma_{sq} = \frac{N_q}{A_s} \tag{8.60b}$$

式中　N_q——按荷载准永久组合计算的轴向力值；

　　　A_s——受拉钢筋总截面面积。

3.偏心受拉构件

大、小偏心受拉构件裂缝截面应力图形分别如图8.18(a)、(b)所示。

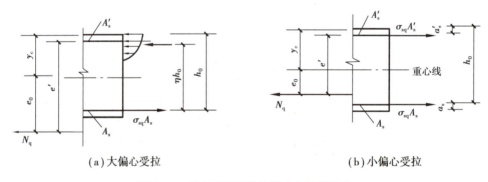

（a）大偏心受拉　　　　　　　　　　　　（b）小偏心受拉

图8.18　偏心受拉构件钢筋应力计算图式

若近似采用大偏心受拉构件[图8.18(a)]的截面内力臂长度 $\eta h_0 = h_0 - a'_s$，则大小偏心受拉构件的 σ_{sq} 计算可统一由下式表达：

$$\sigma_{sq} = \frac{N_q e'}{A_s (h_0 - a'_s)} \tag{8.61}$$

式中　e'——轴向拉力作用点至受压区或受拉较小边纵向钢筋合力点的距离，$e' = e_0 + y_c - a'_s$；

　　　y_c——截面重心至受压或较小受拉边缘的距离。

4.偏心受压构件

偏心受压构件裂缝截面的应力图形如图8.19所示。对受压区合力点取矩，得：

$$\sigma_{sq} = \frac{N_q(e-z)}{A_s z} \qquad (8.62)$$

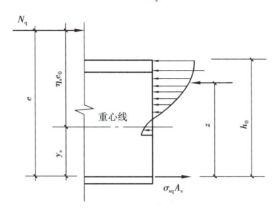

图 8.19　偏心受压构件钢筋应力计算图式

式中　N_q——按荷载准永久组合计算的轴向压力值；

　　　e——N_q 至受拉钢筋 A_s 合力点的距离，$e = \eta_s e_0 + y_s$，即考虑了侧向挠度的影响，此处 y_s 为截面重心至纵向受拉钢筋合力点的距离，η_s 是指使用阶段的轴向压力偏心距增大系数，可近似地取：

$$\eta_s = 1 + \frac{1}{\dfrac{4\,000 e_0}{h_0}}\left(\frac{l_0}{h}\right)^2 \qquad (8.63)$$

当 $l_0/h \leqslant 14$ 时，取 $\eta_s = 1.0$；

　　　z——纵向受拉钢筋合力点至受压区合力点的距离，近似地取：

$$z = \left[0.87 - 0.12(1 - r_f')\left(\frac{h_0}{e}\right)^2\right]h_0 \qquad (8.64)$$

四、最大裂缝宽度、深度限值

(一)短期荷载作用下的最大裂缝宽度 $\omega_{s,max}$

短期荷载作用下的最大裂缝宽度 $\omega_{s,max}$ 可由平均裂缝宽度乘以裂缝宽度扩大系数 τ 得到，即

$$\omega_{s,max} = \tau \omega_m$$

(二)长期荷载作用下的最大裂缝宽度 ω_{max}

在长期荷载作用下，混凝土收缩将使裂缝宽度不断增大，同时由于受拉区混凝土的应力松弛和滑移徐变，裂缝间受拉钢筋的平均应变将不断增大，从而也使裂缝宽度不断增大。研究表明，长期荷载作用下的最大裂缝宽度可由短期荷载作用下的最大裂缝宽度乘以裂缝扩大系数 τ_l 得到，即

$$\omega_{max} = \tau_l \omega_{s,max} = \tau \tau_l \omega_m \qquad (8.65)$$

根据有关长期加载试验梁的试验结果，分别给出了荷载标准组合下的扩大系数 τ 以及荷载长期作用下的扩大系数 τ_l：对于轴心受拉构件和偏心受拉构件，$\tau = 1.9$；对于偏心受压构件，$\tau = $

$1.66;\tau_l=1.5$。

根据试验结果,将相关的各种系数归并后,《混凝土结构设计标准》(GB/T 50010—2010)规定,对矩形、T形、倒T形和工形截面的钢筋混凝土受拉、受弯和偏心受压构件,按荷载效应的准永久组合并考虑长期作用影响的最大裂缝宽度可按下式计算:

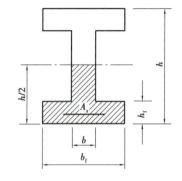

$$\omega_{max} = \alpha_{cr}\psi\frac{\sigma_{sq}}{E_s}\left(1.9c_s + 0.08\frac{d_{eq}}{\rho_{te}}\right) \qquad (8.66)$$

图 8.20　最大裂缝宽度计算示意图

式中　ψ——钢筋应变不均匀系数,$\psi = 1.1 - 0.65\dfrac{f_{tk}}{\sigma_{sk}\rho_{te}}$,

当 $\psi < 0.2$ 时,取 $\psi = 0.2$;当 $\psi > 1.0$ 时,取 $\psi = 1.0$;对直接承受重复荷载作用的构件,取 $\psi = 1.0$;

ρ_{te}——$\rho_{te} = \dfrac{A_s}{A_{te}}$,对受拉构件,$A_{te} = bh$;对受弯构件,

$A_{te} = 0.5bh + (b_f - b)h_f$(图 8.20);

c_s——最外层纵向受拉钢筋外边缘至受拉区底边的距离,mm;当 $c_s < 20$ mm 时,取 $c_s = 20$ mm;当 $c_s > 65$ mm 时,取 $c_s = 65$ mm;

σ_{sq}——按荷载准永久组合计算的钢筋混凝土构件纵向受拉普通钢筋应力;

d_{eq}——纵向受拉钢筋的等效直径,mm;$d_{eq} = \sum n_i d_i^2 / \sum n_i v_i d_i$;$n_i$、$d_i$ 分别为受拉区第 i 种纵向钢筋的根数、公称直径,mm;v_i 为第 i 种纵向钢筋的相对黏结特性系数,光面钢筋 $v_i = 0.7$,带肋钢筋 $v_i = 1.0$;

α_{cr}——构件受力特征系数,对钢筋混凝土构件有:轴心受拉构件,$\alpha_{cr} = 2.7$;偏心受拉构件,$\alpha_{cr} = 2.4$;受弯和偏心受压构件,$\alpha_{cr} = 1.9$。

应该指出,由式(8.66)计算出的最大裂缝宽度,并非绝对最大值,而是具有 95% 保证率的相对最大裂缝宽度。

(三)最大裂缝宽度验算

《混凝土结构设计标准》(GB/T 50010—2010)把钢筋混凝土构件和预应力混凝土构件的裂缝控制等级分为 3 个等级。一级和二级是指要求不出现裂缝的预应力混凝土构件,详见项目九;采用三级裂缝控制等级时,钢筋混凝土构件的最大裂缝宽度可按荷载准永久组合并考虑长期作用影响的效应计算,最大裂缝宽度应符合下列规定:

$$\omega_{max} \leqslant \omega_{lim} \qquad (8.67)$$

式中　ω_{lim}——《混凝土结构设计标准》(GB/T 50010—2010)规定的最大裂缝宽度限值。

与受弯构件挠度验算相同,裂缝宽度的验算也是在满足构件承载力的前提下进行的,因而诸如截面尺寸、配筋率等均已确定。在验算中,可能会满足了挠度的要求却不满足裂缝宽度的要求,这通常在配筋率较低而选用的钢筋直径较大的情况下出现。因此,当计算最大裂缝宽度超过允许值不大时,常可用减小钢筋直径的方法解决,必要时可适当增加配筋率。

由式(8.66)可知,ω_{max} 主要与钢筋应力、有效配筋率及钢筋直径等有关。为简化起见,根据 ρ_{sq}、σ_{eq} 及 d_s 三者的关系,可以给出钢筋混凝土构件不需做裂缝宽度验算的最大钢筋直径图表,可供参考。

对于受拉及受弯构件,当承载力要求较高时,往往会出现不能同时满足裂缝宽度或变形限值要求的情况,这时增大截面尺寸或增加用钢量,显然是不经济也是不合理的。对此,有效的措施是施加预应力。

此外,应注意《混凝土结构设计标准》(GB/T 50010—2010)中的有关规定。例如,对直接承受吊车荷载的受弯构件,因吊车荷载满载的可能性较小,且已取 $\varphi = 1$,所以可将计算求得的最大裂缝宽度乘以0.85;对于 $e_0/h_0 \leqslant 0.55$ 的偏心受压构件,试验表明,最大裂缝宽度小于允许值,因此可不予验算。

(四)最大裂缝宽度限值

确定最大裂缝宽度限值,主要考虑两个方面的理由:一是外观要求;二是耐久性要求,并以后者为主。

从外观要求考虑,裂缝过宽将给人以不安全感,同时也影响对结构质量的评价。满足外观要求的裂缝宽度限值,与人们的心理反应、裂缝开展长度、裂缝所处位置,乃至光线条件等因素有关。这方面尚待进一步研究,目前有提出可取0.25~0.3 mm。

对于斜裂缝宽度,当配置受剪承载力所需的腹筋后,使用阶段的裂缝宽度一般小于0.2 mm,故不必验算。

(五)最大裂缝深度限值

混凝土裂缝深度的允许标准是指在一定的荷载作用下,混凝土构件出现裂缝时,裂缝的深度不能超过规定的标准。目前,《混凝土结构设计标准》(GB/T 50010—2010)规定了混凝土构件裂缝深度的允许标准:

普通混凝土构件:裂缝宽度不得大于0.3 mm,混凝土构件裂缝深度不得大于控制裂缝深度。

预应力混凝土构件:裂缝宽度不得大于0.1 mm,混凝土构件裂缝深度不得大于控制裂缝深度的1/3。

控制裂缝深度是指在混凝土构件中设置裂缝控制钢筋或其他控制措施,以控制混凝土构件裂缝深度的标准。在实际工程中,裂缝深度的控制还要考虑混凝土的强度等因素。

◆ 拓展提高

归纳总结钢筋混凝土构件裂缝验算项目。

无损检测混凝土
裂缝深度

同步测试

项目小结

1.本项目主要对钢筋混凝土结构3个受力阶段的特性以及对正常使用极限状态的验算进行介绍。重点介绍构件在第Ⅱ工作阶段中的基本特性,包括截面上与截面间的应力分布、裂缝开展的原理与过程、截面曲率的变化等。

2.换算截面及应力计算讲解。

3. 裂缝宽度、截面受弯刚度的定义与计算原理讲解。

4. 裂缝宽度与构件挠度的验算方法介绍。

◆思考练习题

8.1 简介裂缝宽度的定义,为何其与保护层厚度有关?

8.2 为什么裂缝条数不会无限增加,最终将趋于稳定?

8.3 T形截面、侧T形截面的 A_{te} 有何区别? 为什么?

8.4 裂缝宽度与哪些因素有关? 如不满足裂缝宽度限值,应如何处理?

8.5 钢筋混凝土构件挠度计算与材料力学中挠度计算有何不同?

8.6 简述参数 ϕ 的物理意义和影响因素。

8.7 什么是"最小刚度原则"? 挠度计算时为何要引入这一原则?

8.8 受弯构件短期刚度 B_s 与哪些因素有关? 如不满足构件变形限值,应如何处理?

8.9 确定构件裂缝宽度限值和变形限值时,分别考虑哪些因素?

项目九 预应力混凝土结构设计计算

◆ 项目导入

林同炎是享誉国际的著名桥梁专家、土木工程教育家。他一生致力于桥梁工程的研究与实践,被誉为"预应力混凝土桥梁之父"。

1. 创新与突破

林同炎先生在桥梁工程领域进行了大量的创新与突破。他提出了预应力混凝土桥梁的设计理论和技术,这一创新极大地提高了桥梁的承载能力和延长了其使用寿命,使得预应力混凝土桥梁成为现代桥梁建设的重要形式之一。

2. 精益求精

林同炎先生在工作中始终坚持精益求精的原则。他对每一个设计细节都严格把控,力求完美。他的这种态度不仅体现在桥梁设计上,也体现在他对学生的教育和培养上。他注重培养学生严谨的科学态度和扎实的专业技能,希望他们能够在未来的工程实践中展现出卓越的能力。

3. 执着与坚持

林同炎先生在面对困难和挑战时,始终保持着执着与坚持的态度。他在研究预应力混凝土桥梁的过程中,遇到了许多技术难题,但他并没有因此放弃,而是通过不断的试验和探索,最终解决了这些问题,实现了技术上的突破。

4. 对行业的贡献

林同炎先生的工匠精神不仅体现在他的个人成就上,更体现在他对整个行业的贡献上。他的研究成果和设计理念被广泛应用于世界各地的桥梁建设中,极大地推动了桥梁工程的发展。他的工作为后来者树立了榜样,激励着一代又一代的工程师追求卓越,不断创新,不断进步。

传统的钢筋混凝土结构已经不能满足大跨度结构和大体积混凝土结构的要求,预应力混凝土结构也由此问世。预应力混凝土结构的工作原理是怎样的,在工作过程中应力是如何损失的,构造中如何进行保证,如何进行设计计算,将在本项目中一一揭秘。学习本项目要学会和传统的混凝土结构进行对比,采用类比法有助于更好更轻松地掌握预应力混凝土结构的学习要点。

◆ 学习目标

能力目标:会进行预应力混凝土轴心受拉和受弯构件设计计算;能给出减小张拉预应力损失的建议。

知识目标:理解预应力混凝土的基本原理;明确预应力混凝土对材料的要求;了解施加预应力的方法;了解预应力损失种类及减少损失的措施;了解无黏结预应力混凝土的施工过程及优缺点。

素质目标:培养学生一丝不苟、严谨细致的学习态度;增强学生团队精神与集体使命感。

学习重点:掌握预应力混凝土对材料的要求。

学习难点:预应力混凝土结构设计与计算。

◆ **思维导图**

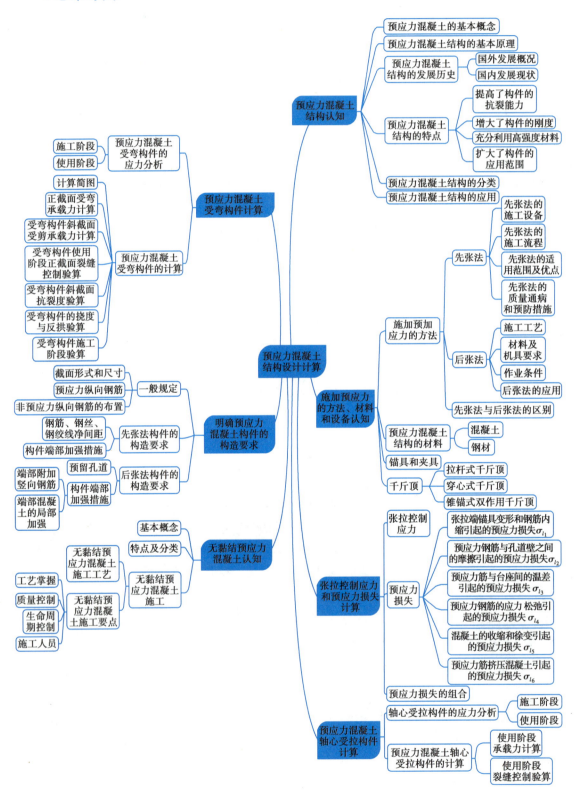

◆ **项目实施**

任务一　预应力混凝土结构认知

◆ **学习准备**

①收集课前资料:预应力混凝土的发展历史。
②钢筋混凝土简支梁荷载-应力图复习。

◆ **引导问题**

①预应力混凝土主要能解决传统钢筋混凝土结构的哪类弊病?
②预应力混凝土简支梁的荷载-应力图是怎样的?

◆ **知识储备**

预应力混凝土
概述

一、预应力混凝土的基本概念

钢筋混凝土构件的最大缺点是抗裂性能差。当应力达到较高值时,构件因裂缝宽度过大而无法满足使用要求,因此普通钢筋混凝土结构不能充分发挥采用高强度材料的作用。为了满足变形和裂缝控制的要求,需增加构件的截面尺寸和用钢量,这既不经济也不合理,因为此方法会增加构件的自重。

预应力混凝土是改善构件抗裂性能的有效途径。在混凝土构件承受外荷载之前对其受拉区预先施加压应力,就成为预应力混凝土结构。预压应力可以部分或全部抵消外荷载产生的拉应力,这样可推迟甚至避免裂缝的出现。

如图9.1(a)所示简支梁,在承受外荷载之前,先在梁的受拉区施加一对偏心预压力 N_p,从而在梁截面混凝土中产生预压应力[图9.1(b)];而后,按荷载标准值 p_k 计算时,梁跨中截面应力如图9.1(c)所示,将图9.1(b)、(c)叠加得梁跨中截面应力分布,如图9.1(d)所示。显然通过人为控制预压力的大小,可使梁截面受拉边缘混凝土产生压应力、零应力或很小的拉应力,以满足不同的裂缝控制要求,从而改善了普通钢筋混凝土构件原有的抗裂性能差的缺点。

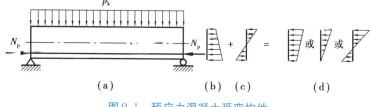

图9.1　预应力混凝土受弯构件

二、预应力混凝土结构的基本原理

钢筋混凝土受拉与受弯等构件,由于混凝土抗拉强度及极限拉应变值都很低,其极限拉应变为 $(0.1 \sim 0.15) \times 10^{-3}$,即每米只能拉长 $0.1 \sim 0.15$ mm,所以在使用荷载作用下,通常是带裂缝工作的。因而对使用上不允许开裂的构件,受拉钢筋的应力只能用到 $(20 \sim 30)$ N/mm^2,此时的裂缝宽已达到 0.2 ~ 0.3 mm,构件耐久性有所降低,故不宜用于高湿度或侵蚀性环境中。为了满足变形和裂缝控制的要求,则需增大构件的截面尺寸和用钢量。这将导致自重过大,使钢筋混凝土结构用于大跨度或承受动力荷载的结构成为不可能或很不经济。如果采用高强度钢筋,在使用荷载作用下,其应力可达 $(500 ~ 1\ 000)\ N/mm^2$,此时的裂缝宽度将很大,无法满足使用要求。因此,钢筋混凝土结构中采用高强度钢筋不能充分发挥其作用。

为了避免钢筋混凝土结构的裂缝过早出现,充分利用高强度钢筋及高强度混凝土,可以设法在结构构件受荷载前,用预压的办法来减小或抵消荷载引起的混凝土拉应力,甚至使其处于受压状态。在构件承受荷载以前预先对混凝土施加压应力的方法有多种,有配置预应力钢筋,再通过张拉或其他方法建立预加应力的;也有在离心制管中采用膨胀混凝土生产的自应力混凝土等。本项目所讨论的预应力混凝土构件是指常用的张拉预应力钢筋的预应力混凝土构件。

以图 9.2 所示预应力混凝土简支梁为例,说明预应力混凝土结构的基本原理。

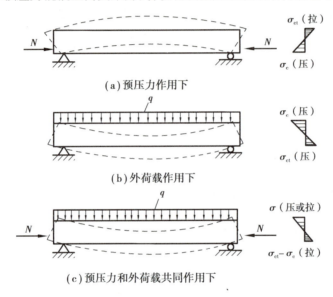

图 9.2　预应力混凝土简支梁受力示意图

在荷载作用之前,预先在梁的受拉区施加偏心压力 N,使梁下边缘混凝土产生预压应力为 σ_c,梁上边缘产生预拉应力 σ_{ct},如图 9.2(a)所示。当荷载 q(包括梁自重)作用时,如果梁跨中截面下边缘产生拉应力 σ_{ct},梁上边缘产生压应力 σ_c,如图 9.2(b)所示。这样,在预压力 N 和荷载 q 共同作用下,梁的下边缘拉应力将减至 $\sigma_{ct}-\sigma_c$。梁上边缘应力一般为压应力,但也有可能为拉应力,如图 9.2(c)所示。如果增大预压力 N,则在荷载作用下梁的下边缘的拉应力还可减小,甚至变成压应力。

由此可见,预应力混凝土构件可延缓混凝土构件的开裂,提高构件的抗裂度和刚度,还能节约钢筋,减轻自重,克服钢筋混凝土的主要缺点。

预应力混凝土具有很多优点,其缺点是构造、施工和计算较钢筋混凝土构件复杂,延性也较差。

下列结构物宜优先采用预应力混凝土:

①要求裂缝控制等级较高的结构;

②大跨度或受力很大的构件;

③对构件的刚度和变形控制要求较高的结构构件,如工业厂房中的吊车梁(图 9.3)、码头

和桥梁中的大跨度梁式构件(图9.4)等。

图9.3　鱼腹式吊车梁

图9.4　大跨度连续梁桥

三、预应力混凝土结构的发展历史

(一)国外发展概况

将预应力的概念用于混凝土结构的是美国工程师 P. H. 杰克孙于 1886 年首先提出的。1928 年,法国工程师 E. 弗雷西内提出必须采用高强钢材和高强混凝土以减少混凝土收缩与徐变(蠕变)所造成的预应力损失,使混凝土构件长期保持预应力之后,预应力混凝土才开始进入实用阶段。1939 年,奥地利的 V. 恩佩格提出了部分预应力新概念,即在普通钢筋混凝土中附加少量预应力高强钢丝以改善裂缝和挠度性状。1940 年,英国的埃伯利斯进一步提出预应力混凝土结构的预应力与非预应力配筋都可以采用高强钢丝的建议。

预应力混凝土的大量采用是在 1945 年第二次世界大战结束之后,当时西欧面临着大量战后恢复工作。由于钢材奇缺,一些传统上采用钢结构的工程以预应力混凝土代替。开始用于公路桥梁和工业厂房,逐步扩大到公共建筑和其他工程领域。在 20 世纪 50 年代,中国和苏联对采用冷处理钢筋的预应力混凝土作出了容许开裂的规定。直到 1970 年,第六届国际预应力混凝土会议上才肯定了部分预应力混凝土的合理性和经济意义。认识到预应力混凝土与钢筋混凝土并不是截然不同的两种结构材料,而是同属于一个统一的加筋混凝土系列。在以全预应力混凝土与钢筋混凝土为两个边界之间的范围,则为容许混凝土出现拉应力或开裂的部分预应力混凝土范围。设计人员可以根据对结构功能的要求和所处的环境条件,合理选用预应力的大小,以寻求使用性能好、造价低的最优结构设计方案,这是预应力混凝土结构设计思想上的重大发展 。

(二)国内发展现状

我国于 1956 年开始推广预应力混凝土。20 世纪 50 年代,我国主要采用冷拉钢筋作为预应力筋,生产预制预应力混凝土屋架、吊车梁等工业厂房构件。20 世纪 70 年代,在民用建筑中开始推广冷拔低碳钢丝配筋的预应力混凝土中小型构件。自 20 世纪 80 年代以来,预应力混凝土已大量应用于大型公共建筑、高层及超高层建筑、大跨度桥梁和多层工业厂房等现代工程。经过 50 多年的努力探索,中国在预应力混凝土的设计理论、计算方法、构件系列、结构体系、张拉锚固体系、预应力工艺、预应力筋和混凝土材料等方面,已经形成了一套独特的体系;在预应力混凝土的施工技术与施工管理方面,已经积累了丰富的经验 。

四、预应力混凝土结构的特点

与普通钢筋混凝土相比,预应力混凝土有如下特点。

(一)提高了构件的抗裂能力

因为承受外荷载之前,受拉区已有预压应力存在,所以在外荷载作用下只有当混凝土的预压应力被全部抵消转而受拉且拉应变超过混凝土的极限拉应变时,构件才会开裂。

(二)增大了构件的刚度

因为预应力混凝土构件正常使用时,在荷载效应标准组合下可能不开裂或只有很小的裂缝,混凝土基本上处于弹性阶段工作,因此构件的刚度比普通钢筋混凝土构件有所增大。

(三)充分利用高强度材料

预应力钢筋先被预拉,而后在外荷载作用下钢筋拉应力进一步增大,因而始终处于高拉应力状态,即能够有效利用高强度钢筋;采用强度等级较高的混凝土,以便与高强度钢筋相配合,获得较经济的构件截面尺寸。

(四)扩大了构件的应用范围

由于预应力混凝土改善了构件的抗裂性能,因此可用于有防水、抗渗透及抗腐蚀要求的环境;采用高强度材料,结构轻巧,刚度大、变形小,可用于大跨度、重荷载及承受反复荷载的结构。

五、预应力混凝土结构的分类

根据预加应力值大小对构件截面裂缝控制程度的不同,预应力混凝土构件分为全预应力构件与部分预应力构件两类。

荷载作用下不允许截面上混凝土出现拉应力的构件,称为全预应力混凝土构件,大致相当于《混凝土结构设计标准》(GB/T 50010—2010)中裂缝控制等级为一级,即严格要求不出现裂缝的构件。

在使用荷载作用下,允许出现裂缝,但最大裂缝宽度不超过允许值的构件,则称为部分预应力混凝土构件,大致相当于《混凝土结构设计标准》(GB/T 50010—2010)中裂缝控制等级为三级,即允许出现裂缝的构件。

在使用荷载作用下根据荷载效应组合情况,不同程度地保证混凝土不开裂的构件,则称为限值预应力混凝土构件,大致相当于《混凝土结构设计标准》(GB/T 50010—2010)中裂缝控制等级为二级,即一般要求不出现裂缝的构件。限值预应力混凝土也属部分预应力混凝土。

《部分预应力混凝土结构设计建议》(以下简称《建议》)中提出按预应力度大小不同,将预应力混凝土分成全预应力混凝土、部分预应力混凝土和钢筋混凝土 3 类。

预应力度 λ 定义为:

$$\lambda = \frac{M_0}{M}(受弯构件)$$

$$\lambda = \frac{N_0}{N}(轴心受拉构件)$$

式中　M_0——消压弯矩,即使构件控制截面受拉边缘应力抵消到零时的弯矩;

　　　M——使用荷载(不包括预加力)标准组合作用下控制截面的弯矩;

　　　N_0——消压轴向力,即使构件截面应力抵消到零时的轴向力;

　　　N——使用荷载(不包括预加力)标准组合作用下截面上的轴向拉力。

按照预应力度的不同,将预应力混凝土分为以下三类:

①当 $\lambda \geqslant 1$,为全预应力混凝土;

②当 $0 < \lambda < 1$，为部分预应力混凝土；

③当 $\lambda = 0$，为钢筋混凝土。

可见，部分预应力混凝土介于全预应力混凝土和钢筋混凝土两者之间。

部分预应力混凝土的特点如下：

①可合理控制裂缝与变形，节约钢材因可根据结构构件的不同使用要求、可变荷载的作用情况及环境条件等对裂缝和变形进行合理的控制，降低预加力值，从而减少了锚具的用量，适量降低了费用。

②可控制反拱值不致过大由于预加力值相对较小，构件的初始反拱值小，徐变变形也减小。

③延性较好，在部分预应力混凝土构件中，通常配置普通钢筋，因而其正截面受弯的延性较好，有利于结构抗震，并可改善裂缝分布，减小裂缝宽度。

④与全预应力混凝土相比，可简化张拉、锚固等工艺，获得较好的综合经济效果。

⑤计算较为复杂的部分预应力混凝土构件需按开裂截面分析，计算较繁冗，又如部分预应力混凝土多层框架的内力分析中，除需计算由荷载及预加力作用引起的内力外，还需考虑框架在预加力作用下的轴向压缩变形引起的内力。此外，在超静定结构中还需考虑预应力次弯矩和次剪力的影响，并需计算及配置普通钢筋。

综上所述，对在使用荷载作用下不允许开裂的构件，应设计成全预应力的，对于允许开裂或不变荷载较小、可变荷载较大并且可变荷载的持续作用值较小的构件则宜设计成部分预应力的。在工程实际中，应根据预应力混凝土结构所处的环境类别和使用要求，按受力裂缝控制等级、分别对不同荷载组合进行设计。

为设计方便，按照使用荷载标准组合作用下正截面的应力状态，《建议》又将部分预应力混凝土分为以下两类：

A 类：正截面混凝土的拉应力不超过表 9.1 的规定限值。

B 类：正截面中混凝土的拉应力虽已超过表 9.1 的规定值，但裂缝宽度不超过表 9.2 的规定值。

表 9.1　A 类构件混凝土拉应力限值表

构件类型	受弯构件	受拉构件
拉应力限值	$0.8f_t$	$0.5f_t$

表 9.2　预应力混凝土裂缝宽度限值表　　　　单位:mm

环境条件	荷载组合	钢丝、钢绞线、V 级钢筋	冷拉 II、III、IV 级钢筋
轻度	短期	0.15	0.3
	长期	0.05	（不验算）
中度	短期	0.10	0.2
	长期	（不得消压）	（不验算）
严重	短期	（不得采用 B 类）	0.10
	长期	（不得消压）	（不验算）

六、预应力混凝土结构的应用

预应力混凝土结构的应用非常广泛(图9.5)。

①高层建筑:预应力混凝土结构可以提供更大的跨度和更高的稳定性,适用于建造高层建筑。

②住宅楼板:预应力技术可以使楼板更加轻薄,节省材料,并提高居住舒适度。

③桥梁和水坝结构:预应力混凝土桥和水坝能够承受巨大的荷载和水压力,具有良好的耐久性和安全性。

④筒仓和储罐:预应力混凝土结构适用于建造大型筒仓和储罐,能够有效地储存和保护内部物质。

⑤工业路面:预应力混凝土路面具有较高的承载能力和耐久性,适合于重型车辆通行的工业区域。

⑥核安全壳结构:在核电站中,预应力混凝土结构用于建造安全壳,以确保放射性物质不会泄漏到外界环境中。

⑦公路桥梁:预应力混凝土在公路桥梁建设中得到了广泛应用,能够提供足够的跨度和承载力,同时减轻桥梁自重。

⑧工业厂房:预应力混凝土结构适用于建造大跨度的工业厂房,提供灵活的内部空间布局。

⑨公共建筑和其他工程领域:预应力混凝土结构也被应用于体育馆、机场航站楼等公共建筑以及其他需要大跨度结构的工程领域。

综上所述,预应力混凝土结构因其独特的优点,在现代建筑和土木工程中发挥着重要作用。

(a)厂房　　　　　　　　(b)机场航站楼　　　　　　(c)预应力混凝土桥

图9.5　预应力混凝土结构的应用

◆拓展提高

根据本任务所学知识,整理你见过的预应力混凝土结构图片及案例。

同步测试

任务二　施加预应力的方法、材料和设备认知

◆学习准备

①课前预习。

②预习笔记,学习重难点标记。

◆**引导问题**

①制作预应力混凝土的材料有哪些?

②怎样施加预应力?

◆**知识储备**

预应力混凝土
材料要求

施加预应力的
方法

一、施加预加应力的方法

预应力混凝土是指为了提高钢筋混凝土构件的抗裂性能以及避免钢筋混凝土构件过早出现裂缝,而在混凝土构件预制过程中对其预先施加应力以提高构件性能的一种方法。

构件在使用阶段的外荷载作用下产生的拉应力,首先要抵消预压应力,在推迟混凝土裂缝出现的同时也限制了裂缝的开展,从而提高了构件的抗裂度和刚度。

施加预加应力的方法:张拉受拉区中的预应力钢筋,通过预应力钢筋和混凝土之间的黏结力或锚具,将预应力钢筋的弹性收缩力传递到混凝土构件中,并产生预压应力。

施加预应力的方法主要包括先张法和后张法两种。

(一)先张法

先张法是指在浇筑混凝土构件前张拉预应力钢筋,并将张拉的预应力钢筋临时固定在台座或钢模上,然后再浇筑混凝土,待混凝土达到一定强度(一般不低于设计强度等级的75%),保证预应力筋与混凝土有足够的黏结力时,放松预应力筋,借助于混凝土与预应力筋的黏结,使混凝土产生预压应力的方法。

先张法预应力
筋施工

1.先张法的施工设备

(1)台座

台座由台面、横梁和承力结构组成,它承受全部预应力筋的拉力,要求有足够的强度、刚度和稳定性。台座可成批生产预应力构件。台座分为墩式台座(图 9.6)和槽式台座。

(2)张拉机械

如 YC-20 穿心式千斤顶、电动螺杆张拉机、油压千斤顶、卷扬机等。

(3)夹具

要求工作可靠,构造简单,施工方便,成本低,并能多次周转使用,分为张拉夹具和锚固夹具。

2.先张法的施工流程

(1)张拉前的准备工作

先张法梁的预应力筋是在底模整理后,在台座上进行张拉已加工好的预应力筋。

对于长线台座,预应力筋或者预应力筋与拉杆、拉索的连接,必须先用连接器串联后才能张拉。

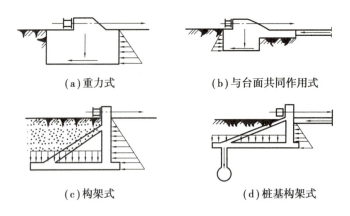

（a）重力式　　　　　　　　（b）与台面共同作用式

（c）构架式　　　　　　　　（d）桩基构架式

图 9.6　墩式台座形式

（2）张拉施工

张拉施工分为单根张拉和整体张拉。

多根整批张拉时为了使多根力筋的初应力基本相等，在整体张拉前要进行初调应力，应力一般取张拉应力的 10%～15%。

（3）模板制作与安装

梁体的侧模、端模均采用定型钢模板。模板必须清理干净，并均匀地涂上脱模剂。安装模板需在钢筋安装完成后进行，安装时严禁在台座上进行焊接，以免影响钢绞线。

梁体的模板安装均采用边包底办法。上口、下口用螺杆拉接，用斜撑将模板调直调顺。侧模间及侧模与底模之间、侧模与端模之间的缝隙用海绵条密封，模板间用螺栓连接。

为了保证胶囊不上浮，每 40 cm 设一道 $\phi 8$ 箍筋，并与底板钢筋扎牢。

模板位置靠定位钢筋控制；模板内部支撑用钢筋定型架支牢，在施工中由专人负责检查加固定位。

采用气囊作为内模，为了保证内模的顺利拆除，内模每次使用前必须清理并刷脱模剂。待混凝土浇筑完成后，控制好气囊的拆除时间，在 4 h 左右拆除气囊，拆除时，要缓慢进行放气。

（4）混凝土的浇筑与养护

混凝土拌制必须按照事先确定的配合比进行配料，其强度和弹性模量均需满足设计要求，拌制时掌握好最佳搅拌时间（2～3 min）和混凝土，保证骨料粒径和清洁，计量要准确。

梁内模采用充气橡胶囊，待梁完成底板部分混凝土后，穿入气囊后充气，压力保持在 0.03～0.05 MPa，再继续浇筑梁，其他部分上下层浇筑间隔时间应控制在底层混凝土的初凝时间。

混凝土凝结后应立即进行浇水养护，保证充足的水分、温度以及防止日晒、大风、冲击造成的不良影响。

（5）预应力筋的放松

采用砂箱放松法、千斤顶放松法、张拉放松法和氧割法等方法。

3. 先张法的适用范围及优点

（1）适用范围

多用于预制构件厂生产定型的中小型构件，也常用于生产预应力桥跨结构等（图 9.7、图 9.8）。

（2）优点

生产工序少，工艺简单，施工质量容易保证，不需在构件上设永久性锚具，生产成本低，在长线台座上,一次可生产多个构件。

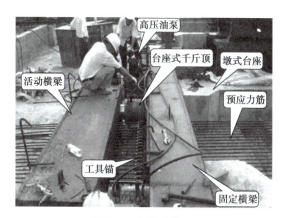

图 9.7　先张法施工

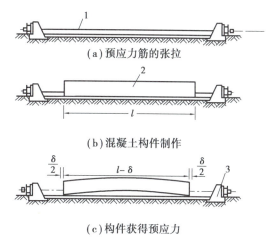

图 9.8　先张法生产示意图

1—预应力筋;2—混凝土构件;3—台座

4.先张法的质量通病和预防措施

(1)"放张"时产生的端部裂缝

问题:"放张"时,预应力筋立即回弹,钢筋中巨大的拉力便转而作用在混凝土构件上,致使预应力筋周围的混凝土和其相邻的混凝土之间产生纵向水平裂缝。

预防措施:应在端部 $10d$(d 为预应力筋直径)范围内设置 3~5 片钢箍或钢筋网片。

(2)钢丝滑动

问题:放松预应力筋时,钢丝与混凝土之间的黏结力遭到破坏,钢丝向构件内缩。

预防措施:冷拔钢丝在使用前,可进行 4 h 的汽蒸或水煮,温度保持在 90 ℃ 以上;隔离剂宜用皂角类。

(3)构件翘曲

问题:由于台面不平,预应力筋位置不准确,以及混凝土质量低劣等,会使预应力筋对构件施加一个偏心荷载,在这种情况下,对截面较小的构件尤为严重。

预防措施:保证台面平整,作为垫层,最好是用素土夯实后,铺碎石垫层,再浇筑素混凝土;严格防止因温度变化而引起的台面开裂、起鼓。必要时,可以对台面施加预应力;避免台面积水,一般台面应略高于地面;设置伸缩缝。

(4)构件刚度差

问题:这种情况表现为使用荷载下,实际挠度超过设计规定值或构件过早开裂。产生的原因为混凝土强度低、台座变形、摩阻损失、夹具回缩量以及温差等造成预应力损失过大,超过定值。

预防措施:保证台座有足够的强度、刚度和稳定性,以防止产生倾覆、滑移和变形过大。如果利用台面作为承力结构的一部分与台墩浇筑成整体,可有效抵抗倾覆和滑移;减少摩阻损失值。张拉时应尽可能地使张拉设备的轴线与钢丝中心线一致,以减少钢丝与锚固板孔洞之间的摩擦,还应防止钢丝自重下垂增加与底模之间的摩擦。

(二)后张法

后张法是指先浇筑水泥混凝土,待达到设计强度的75%以上后再张拉预应力钢材以形成预应力混凝土构件的施工方法。这种方法在桥梁、大跨度建筑中得到广泛运用。

后张法预应力筋施工

1. 施工工艺(图9.9和图9.10)

①先制作构件,并在构件体内按预应力筋的位置留出相应的孔道。

②待构件的混凝土强度达到规定的强度(一般不低于设计强度标准值的75%)后,在预留孔道中穿入预应力筋进行张拉。

③利用锚具把张拉后的预应力筋锚固在构件的端部,依靠构件端部的锚具将预应力筋的预张拉力传给混凝土,使其产生预压应力。

④在孔道中灌入水泥浆,使预应力筋与混凝土构件形成整体。

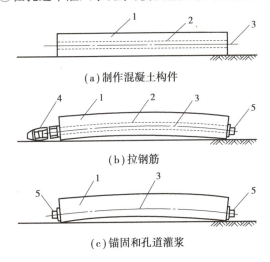

(a)制作混凝土构件

(b)拉钢筋

(c)锚固和孔道灌浆

图9.9　后张法生产示意图

1—混凝土构件;2—预留孔道;3—预应力筋;
4—千斤顶;5—锚具

图9.10　压浆与封锚

2. 材料及机具要求

①预应力筋:预应力用的热处理钢筋、钢丝、钢绞线的品种、规格、直径,必须符合设计要求及国家标准,应有出厂质量证明书及复试报告。冷拉Ⅰ、Ⅱ、Ⅲ级钢筋时,还应有冷拉后的机械性能试验报告。

②锚具、夹具和连接器:其形式应符合设计及应用技术规程的要求,应有出厂合格证,进入施工现场应按《混凝土结构工程施工质量验收规范》(GB 50204—2015)的规定进行验收和组装件的静载试验。

③灌浆用水泥:不得低于42.5级、普通硅酸盐水泥或按设计要求选用,应有出厂合格证书和复试报告单。

④主要机具:液压拉伸机、电动高压油泵、灌浆机具、试模等。

3. 作业条件

①施加预应力的拉伸机已经过校验并有记录。试车检查张拉机具与设备是否正常、可靠,如发现有异常情况,应修理好后才能使用。灌浆机具已准备就绪。

②混凝土构件(或块体)的强度必须达到设计要求,如设计无要求时,则不应低于设计强度的75%。构件(或块体)的几个尺寸、外观质量、预留孔道及埋件应经检查验收合格,要拼装的块体已拼装完毕,并经检查验收合格。

③锚夹具、连接器应准备齐全,并经过检查验收。

④预应力筋或预应力钢丝束已制作完毕。

⑤灌浆用的水泥浆(或砂浆)的配合比以及封端混凝土的配合比已经过试验确定。

⑥张拉场地应平整、通畅,张拉场地的两端应有安全防护措施。

⑦已进行技术交底,并应将预应力筋的张拉吨位与相应的压力表指针读数、钢筋计算伸长值写在牌上,并挂在明显位置处,以便操作时观察掌握。

4.后张法的应用

(1)桥梁建设方面

预制后张法简支空心板在市政桥梁建设中应用广泛,不过其结构存在一定缺陷,部分地区市政桥梁开始采用预制后张法简支矮T形梁以代替预制后张法简支空心板。并且在国内轨道交通中,大部分采用的都是后张法简支U形梁。

(2)大跨度建筑方面

后张法在大跨度建筑中有着广泛应用,随着大跨度大空间建筑的发展,为了减少梁、板截面厚度等,预应力混凝土结构越来越被广泛应用,后张法(包括无黏结和有黏结)是其中重要的施工方法。

(3)土木工程其他方面

为了提高PC后张法轴心受拉构件手算的可靠性,可以采用MATLAB语言编制PC后张法轴心受拉构件相关程序等。

(三)先张法与后张法的区别

1.顺序不同

①先张法:先张拉预应力筋,后浇灌混凝土构件。
②后张法:先浇灌混凝土构件,后张拉预应力筋。

2.施工阶段不同

①先张法施工阶段:张拉预应力筋、浇灌混凝土和养护、放松预应力筋建立预应力。
②后张法施工阶段:构件制作和养护、张拉预应力筋建立预应力、灌浆和锚头处理。

3.所需工具不同

①先张法需要预应力张拉台座。
②后张法需要锚具,不需要张拉台座。

二、预应力混凝土结构的材料

(一)混凝土

预应力混凝土结构构件所用的混凝土,需满足下列要求:

1.强度高

与钢筋混凝土不同,预应力混凝土必须采用强度高的混凝土。因为强度高的混凝土对采用先张法的构件可提高钢筋与混凝土之间的黏结力;对采用后张法的构件,可提高锚固端的局部承压承载力。

2. 收缩、徐变小

收缩、徐变小可减少因收缩、徐变引起的预应力损失。

3. 快硬、早强

快硬、早强可尽早施加预应力,以提高台座、锚具、夹具的周转率,从而加速施工进度。因此,《混凝土结构设计标准》(GB/T 50010—2010)规定,预应力混凝土构件的混凝土强度等级不应低于C30。采用钢绞线、钢丝、热处理钢筋作预应力钢筋的构件,特别是大跨度结构,混凝土强度等级不宜低于C40。

(二)钢材

预应力混凝土的构件所用的钢筋(或钢丝),需满足下列要求:

1. 强度高

混凝土预压力的大小,取决于预应力钢筋张拉应力的大小。考虑到构件在制作过程中会出现各种应力损失,因此需要采用较高的张拉应力,这就要求预应力钢筋具有较高的抗拉强度。

2. 具有一定的塑性

为了避免预应力混凝土构件发生脆性破坏,要求预应力钢筋在拉断前,具有一定的伸长率。当构件处于低温或受冲击荷载作用时,更应注意对钢筋塑性和抗冲击韧性的要求。一般要求极限伸长率大于4%。

3. 良好的加工性能

要求有良好的可焊性,同时要求钢筋"镦粗"后并不影响其原来的物理力学性能。

4. 与混凝土之间能较好地黏结

对于采用先张法的构件,当采用高强度钢丝时,其表面经过"刻痕"或"压波"等措施进行处理。

我国目前用于预应力混凝土构件中的预应力钢材主要有钢绞线、钢丝、热处理钢筋三大类。

(1)钢绞线

常用的钢绞线由直径5~6 mm高强度钢丝捻制而成。用3根钢丝捻制的钢绞线,其结构为1×3,公称直径有8.6 mm、10.8 mm、12.9 mm 3种。用7根钢丝捻制的钢绞线,其结构为1×7,公称直径为9.5~15.2 mm。钢绞线的极限抗拉强度标准值为1 860 N/mm²,在后张法预应力混凝土中采用较多。

钢绞线经最终热处理后以盘或卷供应,每盘钢绞线应由一整根组成。如无特殊要求,每盘钢绞线长度不小于200 m。成品的钢绞线表面不得带有润滑剂、油渍等,以免降低钢绞线与混凝土之间的黏结力。虽然钢绞线表面允许有轻微的浮锈,但不得锈蚀成目视可见的麻坑。

(2)钢丝

预应力混凝土用钢丝可分为冷拉钢丝与消除应力钢丝两种。按外形分有光圆钢丝、螺旋肋钢丝、刻痕钢丝;按应力松弛性能分有普通松弛(即Ⅰ级松弛)及低松弛(即Ⅱ级松弛)两种。钢丝的公称直径为3~9 mm,其极限抗拉强度标准值可达1 770 N/mm²。要求钢丝表面不得有裂纹、小刺、机械损伤、氧化铁皮和油污。

（3）热处理钢筋

热处理钢筋是用热轧螺纹钢筋经淬火和回火调质热处理而成。热处理钢筋按其螺纹外形可分为有纵肋和无纵肋两种。钢筋经热处理后应卷成盘，每盘钢筋由一整根钢筋组成，其公称直径为 6 ~ 10 mm，极限抗拉强度标准值可达 1 470 N/mm²。

热处理钢筋表面不得有肉眼可见的裂纹、结疤、折叠。钢筋表面允许有凸块，但不得超过横肋的高度，钢筋表面不得沾有油污，端部应切割正直。在制作过程中，除端部外，应使钢筋不受切割火花或其他方式造成的局部加热影响。

张拉预应力钢筋一般采用液压千斤顶，但应注意每种锚具都有各种适用的千斤顶，可根据锚具或千斤顶厂家的说明书选用。

三、锚具和夹具

为了阻止被张拉的钢筋发生回缩，必须将钢筋端部进行锚固。锚固预应力钢筋和钢丝的工具分为夹具和锚具两种[图 9.11（a）、（b）]。

夹具是指机械制造过程中用来固定加工对象，使之占有正确的位置，以接受施工或检测的装置，又称为卡具。从广义上说，在工艺过程中的任何工序，用来迅速、方便、安全地安装工件的装置，都可称为夹具。锚具是指在预应力混凝土中所用的永久性锚固装置，是在后张法结构或构件中，为了保持预应力筋的拉力并将其传递到混凝土内部的锚固工具，也称为预应力锚具。

从材料回收角度来看，在构件制作完成后能重复使用的，称为夹具；永久锚固在构件端部，与构件一起承受荷载，不能重复使用的，称为锚具。

锚具、夹具的种类繁多，常用的有锚固钢丝用的套筒式夹具、锚固粗钢筋用的螺丝端杆锚具，锚固直径 12 mm 的钢筋或钢筋绞线束的 JM12 夹片式锚具。

四、千斤顶[图 9.11（c）]

①拉杆式千斤顶：适于张拉带有螺杆式和镦式锚具的单根粗钢筋、钢筋束、钢丝束。

②穿心式千斤顶：常用的为 YC-60 型，适于张拉各种预应力筋，是应用最广泛的张拉机具。

③锥锚式双作用千斤顶：适于张拉以 KT-Z 型锚具的钢筋束、钢绞线束，以钢质锥形锚具为张拉锚具的钢丝束。

　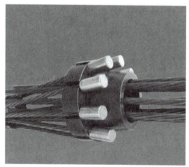　

（a）锚具　　　　　　　　　　（b）夹具　　　　　　　　　　（c）千斤顶

图 9.11　锚具、夹具与千斤顶

同步测试

◆ **拓展提高**

区分锚具和夹具。

任务三　张拉控制应力和预应力损失计算

◆ **学习准备**

①拓展提高成果分享与点评。
②提前认识张拉设备。

◆ **引导问题**

①张拉应力为什么会出现损失？
②先张法和后张法在预应力损失方面有何不同？

张拉控制应力和
预应力损失

◆ **知识储备**

一、张拉控制应力

张拉控制应力是指预应力钢筋在进行张拉时所控制的最大应力值。其值为张拉设备（如千斤顶油压表）所指示的总张拉力除以应力钢筋截面面积而得的应力值，以 σ_{con} 表示。

张拉控制应力的取值，直接影响预应力混凝土的使用效果。如果张拉控制应力取值过低，则预应力钢筋经过各种损失后，对混凝土产生的预压应力过小，不能有效地提高预应力混凝土构件的抗裂度和刚度。如果张拉控制应力取值过高，则可能引起以下问题：

①在施工阶段会使构件的某些部位受到拉力（称为预拉力）甚至开裂，对后张法构件可能造成端部混凝土局部受压破坏。

②构件出现裂缝时的荷载值很接近，使构件在破坏前无明显的预兆，构件的延性较差。

③为了减少预应力损失，有时需进行超张拉，有可能在超张拉过程中使个别钢筋的应力超过它的实际屈服强度，使钢筋产生较大塑性变形或脆断。

张拉控制应力值的大小与施加预应力的方法有关，对于相同的钢种，先张法取值高于后张法。这是由于先张法和后张法建立预应力的方式不同造成的。先张法是在浇筑混凝土之前在台座上张拉钢筋，故在预应力钢筋中建立的拉力就是张拉控制应力 σ_{con}。后张法是在混凝土构件上张拉钢筋，在张拉的同时混凝土被压缩，张拉设备千斤顶所指示的张拉控制应力已扣除混凝土弹性压缩后的钢筋应力。为此，后张法构件的 σ_{con} 值应适当低于先张法。

张拉控制应力值大小的确定，还与预应力钢种有关。由于预应力混凝土采用的都是高强度钢筋，其塑性较差，因此控制应力不能取得太高。

《混凝土结构设计标准》（GB/T 50010—2010）规定，一般情况下，张拉控制应力不宜超过表9.3 的限值。

表 9.3　张拉控制应力限值

钢筋种类	张拉方法	
	先张法	后张法
预应力钢丝、钢绞线	$0.75f_{ptk}$	$0.75f_{ptk}$
热处理钢筋	$0.70f_{ptk}$	$0.65f_{ptk}$

注：①表中 f_{ptk} 为预应力钢筋的强度标准值。

②预应力钢丝、钢绞线、热处理钢筋的张拉控制应力值不应小于 $0.4f_{ptk}$。

③符合下列情况之一时，表9.3 中的张拉控制应力限值可提高 $0.05f_{ptk}$：

a. 要求提高构件在施工阶段的抗裂性能，并在使用阶段受压区内设置预应力钢筋；

b. 要求部分抵消由于应力松弛、摩擦、钢筋分批张拉以及预应力钢筋与张拉台座之间的温差等因素产生的预应力损失。

二、预应力损失

将预应力钢筋张拉到控制应力 σ_{con} 后，出于种种原因，其应力值将逐渐下降，即存在预应力损失，扣除损失后的预应力才是有效预应力。

（一）张拉端锚具变形和钢筋内缩引起的预应力损失 σ_{l_1}

张拉端由于锚具的压缩变形，或因钢筋、钢丝、钢绞线在锚具内的滑移，使钢筋内缩引起的预应力损失值 σ_{l_1} 应按下式计算：

$$\sigma_{l_1} = \frac{a}{l}E_s \tag{9.1}$$

式中　a——张拉端锚具变形和钢筋内缩值，可查《混凝土结构设计标准》（GB/T 50010—2010）；

l——张拉端至锚固端之间的距离，mm；

E_s——预应力钢筋的弹性模量。

对先张法生产的构件，当台座长度超过 100 m 时，σ_{l_1} 可忽略不计。减少此项损失的措施有：选择变形小的锚夹具，尽量少用垫板；增加台座长度。

（二）预应力钢筋与孔道壁之间的摩擦引起的预应力损失 σ_{l_2}

后张法预应力钢筋的预留孔道有直线形和曲线形两种。由于孔道的制作偏差、孔道壁粗糙等原因，张拉预应力钢筋时，钢筋将与孔壁发生接触摩擦，从而使预应力钢筋的拉应力值逐渐减小，这种预应力损失记为 σ_{l_2}。

减少此项损失的措施有：对较长的构件可在两端张拉，则计算孔道长度可减少一半；采用超张拉，张拉程序为：

$$0 \xrightarrow{} 1.1\sigma_{con} \xrightarrow{停2\ min} 0.85\sigma_{con} \xrightarrow{停2\ min} \sigma_{con}\ 或\ 0 \to 1.03\ \sigma_{con}$$

采用电热后张法时，不考虑这项损失。

（三）预应力筋与台座间的温差引起的预应力损失 σ_{l_3}

制作先张法构件时，为了缩短生产周期，常采用蒸汽养护，使混凝土快硬。当新浇筑的混凝土尚未结硬时,加热升温,预应力钢筋伸长,但台座间距离保持不变;而降温时,混凝土已结硬并与预应力钢筋结成整体,钢筋应力不能恢复原值,于是就产生了预应力损失 σ_{l_3}。计算式如下:

$$\sigma_{l_3} = 2\Delta t \tag{9.2}$$

式中　Δt——预应力钢筋与台座间的温差,℃;

　　　σ_{l_3}——以 N/mm^2 计。

由式(9.2)可知,若温度一次升高 75 ~ 80 ℃时,则 σ_{l_3} = 150 ~ 160 N/mm^2,预应力损失很大。通常采用两阶段升温养护来减小温差损失。

(四)预应力钢筋的应力松弛引起的预应力损失 σ_{l_4}

钢筋受力后,在长度不变的条件下,钢筋应力随时间的增长而降低,这种现象称为钢筋的松弛。在钢筋应力保持不变的条件下,应变会随时间的增长而逐渐增加,这种现象称为钢筋的徐变。钢筋的松弛和徐变均将引起预应力钢筋中的应力损失,记为 σ_{l_4}。

根据应力松弛的性质,可以采用超张拉的方法减小松弛损失。钢筋的松弛与初始应力有关,初始应力越高,松弛越大,其松弛速度也越快,在高应力下松弛可在短时间完成。

(五)混凝土的收缩和徐变引起的预应力损失 σ_{l_5}

收缩、徐变会导致预应力混凝土构件的长度缩短,同时预应力钢筋也会随之回缩,从而产生预应力损失 σ_{l_5}。混凝土收缩徐变引起的预应力损失很大,在曲线配筋的构件中,约占总损失的30%,在直线配筋构件中可达60%。

试验表明,混凝土收缩徐变所引起的预应力损失值与构件配筋率、张拉预应力钢筋时混凝土的预压应力值、混凝土的强度等级、预应力的偏心距、受荷时的龄期、构件的尺寸以及环境的温湿度等因素有关,而以前三者为主。

所有能减少混凝土收缩、徐变的措施,相应地都将减少 σ_{l_5}。如采用高等级水泥,减少水泥用量,采用干硬性混凝土;采用级配好的骨料,加强振捣,提高混凝土的密实性;加强养护,以减少混凝土收缩。

(六)预应力筋挤压混凝土引起的预应力损失 σ_{l_6}

对用螺旋式预应力钢筋作配筋的水管、蓄水池等环形构件,施加预应力时,由于张紧的预应力钢筋挤压混凝土,构件的直径将减小,造成预应力的损失 σ_{l_6}。计算式如下:

$$\sigma_{l_6} = \frac{\Delta d}{d} E_s \tag{9.3}$$

其中,Δd 为构件直径减少值。当 d 较大时,这项损失可以忽略不计。《混凝土结构设计标准》(GB/T 50010—2010)中规定:当构件直径 $d \leqslant 3m$ 时,σ_{l_6} = 30 N/mm^2;当构件直径 $d > 3$ m 时,$\sigma_{l_6} = 0$。

三、预应力损失的组合

施加预应力的方法不同,产生的预应力损失也会有所不同。各项预应力损失是分批出现的,不同受力阶段应考虑相应的预应力损失组合。将预应力损失按各受力阶段进行组合,可计算出不同阶段预应力钢筋的有效预拉应力值,进而计算出在混凝土中建立的有效预应力 σ_{pe}。在实际计算中,以"混凝土预压完成"为界,把预应力损失分成两批。预压完成之前的损失称为第一批损失,记为 σ_{l_1},预压完成以后出现的损失称为第二批损失,记为 $\sigma_{l_{II}}$。各阶段预应力损失组合如表9.4所示。

表 9.4　各阶段预应力损失值的组合

预应力损失值的组合	先张法构件	后张法构件
混凝土预压前(第一批)的损失	$\sigma_{l_1}+\sigma_{l_2}+\sigma_{l_3}+\sigma_{l_4}$	$\sigma_{l_1}+\sigma_{l_2}$
混凝土预压后(第二批)的损失	σ_{l_5}	$\sigma_{l_4}+\sigma_{l_5}+\sigma_{l_6}$

先张法构件由钢筋应力松弛引起的损失值 σ_{l_4} 在第一批和第二批损失中所占的比例,如需区分,可根据实际情况确定;一般将 σ_{l_4} 全部计入第一批损失中。

考虑预应力损失计算值与实际值的差异,为了保证预应力混凝土构件具有足够的抗裂度,《混凝土结构设计标准》(GB/T 50010—2010)规定,当计算求得的预应力总损失值 σ_l 小于下列数值时,按下列数值取用:先张法构件,100 N/mm²;后张法构件,80 N/mm²。

◆ **拓展提高**

绘制思维导图,总结对比先张法和后张法对预应力损失的不同。

同步测试

任务四　预应力混凝土轴心受拉构件计算

◆ **学习准备**

①拓展提高成果分享与讨论。
②回顾与复习钢筋混凝土轴心受拉构件计算知识点。

◆ **引导问题**

①为什么本项目侧重研究预应力混凝土轴心受拉构件和受弯构件?
②根据应力状态的不同,预应力混凝土轴心受拉构件的受力可分为哪几个过程?

◆ **知识储备**

一、轴心受拉构件的应力分析

预应力混凝土轴心受拉构件从张拉钢筋开始直到构件破坏,截面中混凝土和钢筋应力的变化可分为两个阶段:施工阶段和使用阶段。每个阶段又包括若干个特征受力过程,因此,在设计预应力混凝土构件时,除应进行荷载作用下的承载力、抗裂度或裂缝宽度计算外,还要对各个特征受力过程的承载力和抗裂度进行验算。先张法预应力混凝土构件是在台座上张拉预应力钢筋至张拉控制应力 σ_{con} 后,经过锚固、浇筑混凝土、养护,混凝土达到预定强度后进行放张。先张法轴心受拉构件各阶段的应力状态见表 9.5。

表 9.5　先张法轴心受拉构件各阶段的应力状态

受力阶段		简图	预应力钢筋应力 σ_p	混凝土应力 σ_{pc}	非预应力钢筋应力 σ_s
施工阶段	a. 张拉预应力钢筋		σ_{con}	—	—
	b. 完成第一批预应力损失 $\sigma_{l\mathrm{I}}$		$\sigma_{con}-\sigma_{l\mathrm{I}}$	0	0
	c. 放松预应力钢筋，预压混凝土	$\sigma_{pc\mathrm{I}}$（压）　　$\sigma_{pc\mathrm{I}}A_p$	$\sigma_{pe\mathrm{I}}=\sigma_{con}-\sigma_{l\mathrm{I}}-\alpha_{E_p}\sigma_{pc\mathrm{I}}$	$\sigma_{pc\mathrm{I}}=(\sigma_{con}-\sigma_{l\mathrm{I}})A_p/A_0$（压）	$\sigma_{s\mathrm{I}}=\alpha_E\sigma_{pc\mathrm{I}}$（压）
	d. 完成第二批预应力损失 $\sigma_{l\mathrm{II}}$	$\sigma_{pc\mathrm{II}}$（压）　　$\sigma_{pc\mathrm{II}}A_p$	$\sigma_{pe\mathrm{II}}=\sigma_{con}-\sigma_l-\alpha_{E_p}\sigma_{pc\mathrm{II}}$	$\sigma_{pc\mathrm{II}}=[(\sigma_{con}-\sigma_l)A_p-\sigma_{l5}A_s]/A_0$（压）	$\sigma_{s\mathrm{II}}=\alpha_E\sigma_{pc\mathrm{II}}+\sigma_{l5}$（压）
使用阶段	e. 加载至混凝土应力为零	N_0　0　N_0	$\sigma_{p0}=\sigma_{con}-\sigma_l$	0	$\sigma_{s0}=\sigma_{l5}$（压）
	f. 加载至混凝土即将开裂	N_{cr}　f_{tk}（拉）　N_{cr}	$\sigma_{pcr}=\sigma_{con}-\sigma_l+\alpha_{Ep}f_{tk}$	f_{tk}	$\sigma_{scr}=\alpha_E f_{tk}-\sigma_{l5}$（拉）
	g. 加载至破坏	N_u　　N_u	f_{py}	0	f_y

（一）施工阶段

1. 张拉预应力钢筋

如表 9.5 中 a 项所示，在台座上放置预应力钢筋，并张拉至张拉控制应力 σ_{con}，这时混凝土尚未浇筑，构件尚未形成，预应力钢筋的总拉力 $\sigma_{con}A_p$（A_p 为预应力钢筋的截面面积）由台座承受。非预应力钢筋不承担任何应力。

2. 完成第一批预应力损失 σ_{l_1}

如表 9.5 中 b 项所示，张拉钢筋完毕，将预应力钢筋锚固在台座上，因锚具变形和钢筋内缩将产生预应力损失 σ_{l1}。而后浇筑混凝土并进行养护，由于混凝土加热养护温差将产生预应力损失 σ_{l3}；由于钢筋应力松弛将产生预应力损失 σ_{l4}（严格地说，此时只完成 σ_{l4} 的一部分，而另一部分将在以后继续完成。为了简化分析，近似认为 σ_{l4} 已全部完成）。目前，预应力钢筋已完成了第一批预应力损失 σ_{l1}。预应力钢筋的拉应力由 σ_{con} 降低到 $\sigma_{pe}=\sigma_{con}-\sigma_l$。此时，由于预应力钢筋尚未放松，混凝土应力为零；非预应力钢筋应力也为零。

3. 放松预应力钢筋,预压混凝土

如表9.5中c项所示,当混凝土达到规定的强度后,放松预应力钢筋,则预应力钢筋回缩,这时钢筋与混凝土之间已有足够的黏结强度,组成构件的3部分(混凝土、非预应力钢筋和预应力钢筋)将共同变形,从而导致混凝土和非预应力钢筋受压。

设此时混凝土所获得的预压应力为 σ_{pcI},非预应力钢筋产生的压应力为 $\sigma_{sI}=\alpha_E\sigma_{pcI}$,由于钢筋与混凝土两者的变形协调,则预应力钢筋的拉应力相应减小了 $\alpha_E\sigma_{pcII}$,即

$$\sigma_{peI} = \sigma_{con} - \sigma_{lI} - \alpha_E\sigma_{pcI} \tag{9.4}$$

式中　α_{E_p}——预应力钢筋的弹性模量与混凝土的弹性模量之比,$\alpha_{E_p}=\dfrac{E_p}{E_c}$;

　　　α_E——非预应力钢筋的弹性模量与混凝土的弹性模量之比,$\alpha_E=\dfrac{E_s}{E_c}$。

混凝土的预压应力为 σ_{pcI} 可根据截面力的平衡条件确定,即

$$A_s\sigma_{peI}A_c = \sigma_{pcI}A_c + \sigma_{sI}A_s \tag{9.5}$$

将 σ_{peI} 和 σ_{sI} 的表达式代入式(9.5),可得:

$$\sigma_{pcI} = \frac{(\sigma_{con}-\sigma_{lI})A_p}{A_c+\alpha_E A_s+\alpha_{E_p}A_p} = \frac{N_{pI}}{A_n+\alpha_{E_p}A_p} = \frac{N_{pI}}{A_0} \tag{9.6}$$

式中　A_c——扣除非预应力钢筋截面面积后的混凝土截面面积;

　　　A_s——非预应力钢筋截面面积,$A_0=A_c+\alpha_{E1}A_p+\alpha_{E2}A_s$;

　　　A_p——预应力钢筋截面面积;

　　　A_0——换算截面面积(混凝土截面面积),即 $A_0=A_c+\alpha_E A_s+\alpha_{E_p}A_p$,对由不同混凝土强度等级组成的截面,应根据混凝土弹性模量比值换算成同一混凝土等级的截面面积;

　　　A_n——净截面面积(扣除孔道、凹槽等削弱部分以外的混凝土截面面积 A_c 加全部纵向非预应力钢筋截面面积换算成混凝土的截面面积之和);

　　　N_{pI}——完成第一批损失后,预应力钢筋的总预拉力,$N_{pI}=(\sigma_{con}-\sigma_{lI})A_p$。

4. 完成第二批预应力损失 σ_{lII}

如表9.5中d项所示,混凝土预压后,随着时间的增长,由于混凝土的收缩、徐变将产生预应力损失 σ_{l5},即预应力钢筋将完成第二批预应力损失 σ_{lII},构件进一步缩短,混凝土压应力 σ_{pcI} 降低至 σ_{pcII},预应力钢筋的拉应力也由 σ_{peI} 降低至 σ_{peII},非预应力钢筋的压应力降至 σ_{sII},于是:

$$\begin{aligned}\sigma_{peII} &= (\sigma_{con}-\sigma_{lI}-\alpha E_p\sigma_{pcI})\sigma_{lII}+\alpha E_p(\sigma_{pcI}-\sigma_{pcII})\\&=\sigma_{con}-\sigma_l-\alpha E_p\sigma_{pcII}\end{aligned} \tag{9.7}$$

式中　$\alpha E_p(\sigma_{pcI}-\sigma_{pcII})$——由于混凝土压应力减少,构件的弹性压缩有所恢复,其差额值所引起的预应力钢筋中拉应力的增加值。

此时,非预应力钢筋所得到的压应力为 σ_{sII},除有 $\alpha E_p\sigma_{pcII}$ 外,考虑到因混凝土收缩、徐变而在非预应力钢筋中产生的压应力 σ_{l5},所以:

$$\sigma_{sII} = \alpha E\sigma_{pcII}+\sigma_{l5} \tag{9.8}$$

混凝土的预压应力为 σ_{pcII} 可根据截面力的平衡条件确定,即

$$\sigma_{peII}A_p = \sigma_{pcII}A_c+\sigma_{sII}A_s \tag{9.9}$$

将 σ_{peII} 和 σ_{sII} 的表达式代入式(9.9),可得:

$$\sigma_{pcII} = \frac{(\sigma_{con} - \sigma_l)A_p - \sigma_{l5}A_s}{A_c + \alpha_E A_s + \alpha_{E_p} A_p} = \frac{N_{pII}A_p - \sigma_{l5}A_s}{A_0} \qquad (9.10)$$

式中　σ_{pcII}——预应力混凝土中所建立的有效预压应力；

　　　σ_{l5}——非预应力钢筋由于混凝土收缩、徐变引起的应力；

　　　N_{pII}——完成全部损失后，预应力钢筋的总预拉力，$N_{pII} = (\sigma_{con} - \sigma_l)A_p$。

(二)使用阶段

1. 加载至混凝土应力为零

如表9.5中 e 项所示，由轴向拉力 N_0 所产生的混凝土拉应力恰好全部抵消混凝土的有效预压应力 σ_{pcII}，使截面处于消压状态，即 $\sigma_{pc} = 0$。这时，预应力钢筋的拉应力 σ_{p0} 是在 σ_{peII} 的基础上增加了 $\alpha E_p \sigma_{pcII}$，即

$$\sigma_{p0} = \sigma_{peII} + \alpha_{E_p}\sigma_{pcII} \qquad (9.11)$$

将式(9.8)代入式(9.11)，可得：

$$\sigma_{p0} = \sigma_{con} - \sigma_l \qquad (9.12)$$

非预应力钢筋的压应力 σ_{s0} 在原来压应力 σ_{sII} 的基础上，增加了一个拉应力 $\alpha_{E_p}\sigma_{pcII}$，因此：

$$\sigma_{s0} = \sigma_{sII} - \alpha_E \sigma_{pcII} = \alpha_E \sigma_{pcII} + \sigma_{l5} - \alpha_E \sigma_{pcII} = \sigma_{l5} \qquad (9.13)$$

由式(9.13)得知，此阶段的非预应力钢筋仍为压应力值等于 σ_{l5}。

轴向拉力 N_0 可根据截面力的平衡条件求得：

$$N_0 = \sigma_{p0}A_p - \sigma_{s0}A_s \qquad (9.14)$$

将 σ_{p0} 和 σ_{s0} 的表达式代入式(9.14)，可得：

$$N_0 = (\sigma_{con} - \sigma_l)A_p - \sigma_{l5}A_s$$

由式(9.14)可知：

$$(\sigma_{con} - \sigma_l)A_p - \sigma_{l5}A_s = \sigma_{pcII}A_0$$

所以

$$N_0 = A_{pcII}A_0 \qquad (9.15)$$

式中　N_0——混凝土应力为零时的轴向拉力。

2. 加载至混凝土即将开裂

如表9.5中 f 项所示，当轴向拉力超过 N_0 后，混凝土开始受拉，随着荷载的增加，其拉应力也不断增长；当荷载加至 N_{cr}，即混凝土拉应力达到混凝土轴心抗拉强度标准值 f_{tk} 时，混凝土即将出现裂缝，这时预应力钢筋的拉应力是在 σ_{p0} 的基础上再增加 $\alpha_{E_p} f_{tk}$，即：

$$\sigma_{pcr} = \sigma_{p0} + \alpha_{E_p} f_{tk} = \sigma_{con} - \sigma_l + \alpha_{E_p} f_{tk}$$

非预应力钢筋的应力 σ_{scr} 由压应力 σ_{l5} 转为拉应力，其值为：

$$\sigma_{scr} = \alpha_E f_{tk} - \sigma_{l5}$$

轴向拉力 N_{cr} 可根据截面力的平衡条件求得：

$$N_{cr} = \sigma_{pcr}A_p + \sigma_{scr}A_s + f_{tk}A_c \qquad (9.16)$$

将 σ_{pcr} 和 σ_{scr} 的表达式代入式(9.16)，可得：

$$\begin{aligned} N_{cr} &= (\sigma_{con} - \sigma_l + \alpha\sigma_{E_p} f_{tk})A_p + (\alpha_E f_{tk} - \sigma_{l5})A_s + f_{tk}A_c \\ &= (\sigma_{con} - \sigma_l)A_p - \sigma_{l5}A_s + f_{tk}(A_c + \alpha_E A_s + \alpha_{E_p} A_p) \end{aligned}$$

$$= (\sigma_{con} - \sigma_l)A_p - \sigma_{l5}A_s + f_{tk}A_0$$

由式(9.14)可知:

$$(\sigma_{con} - \sigma_l)A_p - \sigma_{l5}A_s = \sigma_{pcⅡ}A_0$$

所以

$$N_{cr} = \sigma_{pcⅡ}A_0 + f_{tk}A_0 = (\sigma_{pcⅡ} + f_{tk})A_0 \tag{9.17}$$

可见,由于预压力 $\sigma_{pcⅡ}$ 的作用($\sigma_{pcⅡ}$ 比 f_{tk} 大得多),预应力混凝土轴心受拉构件的 N_{cr} 值比钢筋混凝土轴心受拉构件大很多,这就是预应力混凝土构件抗裂度高的原因。

3. 加载至破坏

如表9.5中的 g 项所示,当轴向拉力超过 N_{cr} 后,混凝土开裂,在裂缝截面上,混凝土不再承受拉力,拉力全部由预应力钢筋和非预应力钢筋承担。破坏时,预应力钢筋及非预应力钢筋的拉应力分别达到抗拉强度设计值 f_{py}、f_y。

轴向拉力 N_u 可根据截面力的平衡条件求得:

$$N_u = f_{py}A_p + f_yA_s \tag{9.18}$$

二、预应力混凝土轴心受拉构件的计算

对于预应力混凝土轴心受拉构件,应进行使用阶段承载力计算、裂缝控制验算及施工阶段张拉(或放松)预应力钢筋时构件的承载力验算,对后张法构件还要进行端部锚固区局部受压的验算。

(一)使用阶段承载力计算

当预应力混凝土轴心受拉构件达到承载力极限状态时,全部轴向拉力由预应力钢筋和非预应力钢筋共同承担。此时,预应力钢筋和非预应力钢筋均已屈服。构件正截面受拉承载力按下式计算:

$$N \leqslant N_u = f_{py}A_p + f_yA_s \tag{9.19}$$

式中　N——轴向拉力设计值;

f_{py},f_y——预应力钢筋、非预应力钢筋的抗拉强度设计值;

A_p,A_s——预应力钢筋、非预应力钢筋的截面面积。

(二)使用阶段裂缝控制验算

根据结构的使用功能及其所处环境不同,对构件裂缝控制要求的严格程度也应不同。因此,对于预应力混凝土轴心受拉构件,应根据《混凝土结构设计标准》(GB/T 50010—2010)规定,采用不同的裂缝控制等级进行验算。

可以看出,如果轴向拉力值 N 不超过 N_{cr},则构件不会开裂。

$$N \leqslant N_{cr} = (\sigma_{pcⅡ} + f_{tk})A_0 \tag{9.20}$$

设 $\sigma_{pcⅡ} = \sigma_{pc}$,式(9.20)用应力形式表达,则可写成:

$$\frac{N}{A_0} \leqslant \sigma_{pc} + f_{tk}$$

$$\sigma_c - \sigma_{pc} \leqslant f_{tk} \tag{9.21}$$

《混凝土结构设计标准》(GB/T 50010—2010)规定,预应力构件按所处环境类别和结构类

别确定相应的裂缝控制等级及最大裂缝宽度限值,并按下列规定进行受拉边缘应力或正截面裂缝宽度验算。

1. 一级——严格要求不出现裂缝的构件

在荷载效应的标准组合下,应符合下列规定:

$$\sigma_{ck} - \sigma_{pc} \leq 0 \tag{9.22}$$

2. 二级——一般要求不出现裂缝的构件

在荷载效应的标准组合下,应符合下列规定:

$$\sigma_{ck} - \sigma_{pc} \leq f_{tk} \tag{9.23}$$

在荷载效应的准永久组合下,宜符合下列规定:

$$\sigma_{cq} - \sigma_{pc} \leq 0 \tag{9.24}$$

式中 σ_{ck}, σ_{cq}——荷载效应的标准组合、准永久组合下抗裂验算边缘混凝土的法向应力。

$$\sigma_{ck} = \frac{N_k}{A_0} \tag{9.25}$$

$$\sigma_{cq} = \frac{N_q}{A_0} \tag{9.26}$$

式中 N_k, N_q——按荷载效应的标准组合、准永久组合计算的轴向力值;

σ_{pc}——扣除全部预应力损失后在抗裂验算边缘混凝土的预压应力;

A_0——换算截面面积,$A_0 = A_c + \alpha_E A_s + \alpha_{E_p} A_p$。

3. 三级——允许出现裂缝的构件

按荷载效应的标准组合并考虑长期作用的影响计算的最大裂缝宽度,应符合下列规定:

$$\omega_{max} \leq \omega_{lim}$$

$$\omega_{max} = \alpha_{cr} \psi \frac{\sigma_{sk}}{E_s} \left(1.9c + 0.08 \frac{d_{eq}}{\rho_{te}} \right) \tag{9.27}$$

$$\psi = 1.1 - 0.65 \frac{f_{tk}}{\rho_{te} \sigma_{sk}}$$

$$\rho_{te} = \frac{A_s + A_p}{A_{te}}$$

式中 ω_{max}——按荷载效应的标准组合并考虑长期作用的影响计算的最大裂缝宽度;

α_{cr}——构件受力特征系数,对轴心受拉构件,取 $\alpha_{cr} = 2.2$;

ψ——裂缝间纵向受拉钢筋应变不均匀系数,当 $\psi < 0.2$ 时,取 $\psi = 0.2$;当 $\psi > 1.0$ 时,取 $\psi = 1.0$;对直接承受重复荷载的构件,取 $\psi = 1.0$;

ρ_{te}——按有效受拉混凝土截面面积计算的纵向受拉钢筋配筋率,在最大裂缝宽度计算中,当 $\rho_{te} < 0.01$ 时,取 $\rho_{te} = 0.01$;

A_{te}——有效受拉混凝土截面面积,对于轴心受拉构件 $A_{te} = bh$;

σ_{sk}——按荷载效应的标准组合计算的预应力混凝土构件纵向受拉钢筋的等效应力,对于轴心受拉构件,$\sigma_{sk} = \frac{N_k - N_{p0}}{A_p + A_s}$;

N_{p0}——混凝土法向应力等于零时,全部纵向预应力和非预应力钢筋的合力;

c——最外层纵向受拉钢筋外边缘至受拉区底边的距离,mm,当 $c<20$ 时,取 $c=20$;当 $c>$ 65 时,取 $c=65$;

A_p,A_s——受拉区纵向预应力、非预应力钢筋的截面面积;

d_{eq}——纵向受拉钢筋的等效直径,mm。

$$d_{eq} = \frac{\sum n_i d_i^2}{\sum n_i \nu_i d_i} \qquad (9.28)$$

式中　d_i——受拉区第 i 种纵向钢筋的公称直径,mm;对钢丝束或钢绞线束,$d_i = 1.6\sqrt{A_p}$;对单根的 7 股钢丝线,$d_i = 1.75 d_w$;对单根的 3 股钢绞线,$d_i = 1.2 d_w$(d_w 为单根钢丝的直径);

n_i——受拉区第 i 种纵向钢筋的根数;

ν_i——受拉区第 i 种纵向钢筋的相对黏结特性系数,可按表9.6取用。

表 9.6　钢筋的相对黏结特性系数

钢筋类别	非预应力钢筋		先张法预应力钢筋			后张法预应力钢筋		
	光圆钢筋	带肋钢筋	带肋钢筋	螺旋肋钢丝	刻痕钢丝钢绞线	带肋钢筋	钢绞线	光面钢丝
ν_i	0.7	1.0	1.0	0.8	0.6	0.8	0.5	0.4

注:①对环氧树脂涂层带助钢筋,其相对黏结特性系数应按表中系数的0.8倍取用。

②ω_{lim} 为最大裂缝宽度限值,按环境类别及规范规定取用,参见《混凝土结构设计标准》(GB/T 50010—2010)表3.4.5。

同步测试

◆拓展提高

收集预应力混凝土轴心受拉构件计算算例,总结计算流程与要点。

任务五　预应力混凝土受弯构件计算

◆学习准备

①分享与讨论拓展提高成果。

②回顾与复习项目四钢筋混凝土受弯构件计算知识点。

◆引导问题

预应力混凝土受弯构件的应力状态分为哪几个阶段?

◆知识储备

一、预应力混凝土受弯构件的应力分析

与预应力轴心受拉构件类似,预应力混凝土受弯构件的受力过程也分两个阶段:施工阶段和使用阶段。每个阶段又包括若干不同的应力过程。

在预应力混凝土受弯构件中,预应力钢筋 A_p 一般都放置在使用阶段的截面受拉区。但是对于梁底受拉区需配置较多预应力钢筋的大型构件,当梁自重在梁顶产生的压力不足以抵消偏心预压力在梁顶受拉区所产生的预拉应力时,往往在梁顶部也需要配置预应力钢筋 A_p'。对于预压力作用下允许预拉区出现裂缝的中小型构件,可不配置 A_p',但需控制其裂缝宽度。为了防止在制作、运输和吊装等施工阶段出现裂缝,在梁的受拉区和受压区通常也配置一些非预应力钢筋 A_s 和 A_s'。

在预应力轴心受拉构件中,预应力钢筋 A_p 和非预应力钢筋 A_s 在截面上是对称布置的,可认为预应力钢筋的总拉力 N_p 作用在截面形心轴上,混凝土受到的预压力是均匀的,即全截面均匀受压。在受弯构件中,如果截面只配置 A_p,则预应力钢筋的总拉力 N_p 对截面是偏心的压力,所以混凝土受到的预应力是不均匀的,上边缘的预应力和下边缘的预应力分别用 σ_{pc}' 和 σ_{pc} 表示,如图 9.12(a)所示。如果同时配置 A_p 和 A_p'(一般 $A_p>A_p'$),则预应力钢筋 A_p 和 A_p' 的张拉力的合力 N_p 位于 A_p 和 A_p' 之间,此时混凝土的预应力图形有两种可能:如果 A_p' 少,应力图形为两个三角形,σ_{pc}' 为拉应力;如果 A_p' 较多,应力图形为梯形,σ_{pc}' 为压应力,其值小于 σ_{pc},如图 9.12(b)所示。

由于对混凝土施加预应力,构件在使用阶段截面不产生拉应力或不开裂。因此,不论哪种应力图形,都可以把预应力钢筋的合力视为作用在换算截面上的偏心压力,并把混凝土看作理想弹性体,按材料力学公式计算混凝土的预应力。

表 9.7、表 9.8 分别给出了仅在截面受拉区配置预应力钢筋的先张法和后张法预应力混凝土受弯构件在各个受力阶段的应力分析。

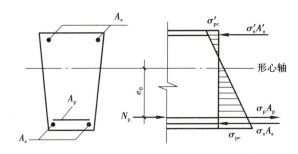

(a)受拉区配置预应力钢筋的截面应力

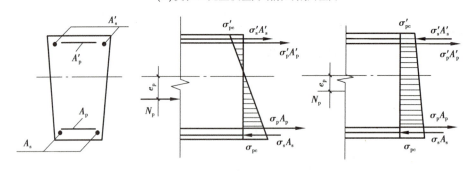

(b)受拉区、受压区都配置预应力钢筋的截面应力

图 9.12 预应力混凝土受弯构件截面混凝土应力

表 9.7 先张法预应力混凝土受弯构件各阶段的应力状态

受力阶段		简 图	预应力钢筋应力 σ_p	混凝土应力 σ_{pc}(截面下边缘)	说 明
施工阶段	a. 张拉预应力钢筋		σ_{con}	—	钢筋被拉长,钢筋拉应力等于张拉控制应力
	b. 完成第一批预应力损失		$\sigma_{con}-\sigma_{lI}$	0	钢筋拉应力降低,减小了 σ_{lI},混凝土尚未受力
	c. 放松预应力钢筋,预压混凝土	σ'_{pcI} σ_{pcI}(压)	$\sigma_{peI}=\sigma_{com}-\sigma_{lI}-\alpha_{E_p}\sigma_{pcI}$	$\sigma_{pcI}=\dfrac{N_{p0I}}{A_0}+\dfrac{N_{p0I}e_{p0I}}{I_0}y_0$ $N_{p0I}=(\sigma_{con}-\sigma_{lI})A_p$	混凝土上边缘受拉伸长,下边缘受压缩短,构件产生反拱,混凝土下边缘压应力为 σ_{pcI},钢筋拉应力减小了 $\alpha_{E_p}\sigma_{pcI}$
	d. 完成第二批预应力损失	σ'_{pcII} σ_{pcII}(压)	$\sigma_{peII}=\sigma_{con}-\sigma_l-\alpha_{E_p}\sigma_{pcII}$	$\sigma_{pcII}=\dfrac{N_{p0II}}{A_0}+\dfrac{N_{p0II}e_{p0II}}{I_0}y_0$ $N_{p0II}=(\sigma_{con}-\sigma_l)A_p-\sigma_{l5}A_s$	混凝土下边缘压应力降低到 σ_{pcII},钢筋拉应力继续减小
使用阶段	e. 加载至受拉区混凝土应力为零	P_0 P_0 0	$\sigma_{p0}=\sigma_{con}-\sigma_l$	0	混凝土上边缘由拉变压,下边缘压应力减小到零,钢筋拉应力增加了 $\alpha_E\sigma_{pcII}$,构件反拱减小,并略有挠度
	f. 加载至受拉区混凝土即将开裂	P_{cr} P_{cr} f_{tk}(拉)	$\sigma_{pcr}=\sigma_{con}-\sigma_l+2\alpha_{E_p}f_{tk}$	f_{tk}	混凝土上边缘压应力增加,下边缘拉应力到达 f_{tk},钢筋拉应力增加了 $2\alpha_{E_p}f_{tk}$。这里的 $2\alpha_{E_p}$ 是考虑到混凝土受拉开裂时,其弹性模量降低了一半,构件挠度增加

227

续表

受力阶段		简　图	预应力钢筋应力 σ_p	混凝土应力 σ_{pc}（截面下边缘）	说　明
使用阶段	g. 加载至破坏		f_{py}	0	截面下部裂缝开展，构件挠度剧增，钢筋拉应力增加到 f_{py}，混凝土上边缘压应力增加到 $\alpha_1 f_c$

表9.8　后张法预应力混凝土受弯构件各阶段的应力状态

受力阶段		简　图	预应力钢筋应力 σ_p	混凝土应力 σ_{pc}（截面下边缘）	说　明
施工阶段	a. 穿钢筋		0	0	—
	b. 张拉预应力钢筋		$\sigma_{con} - \sigma_{l2}$	$\sigma_{pc} = \dfrac{N_p}{A_n} + \dfrac{N_p e_{pn}}{I_n} y_n$ $N_p = (\sigma_{con} - \sigma_{l2}) A_p$	钢筋被拉长，摩擦损失同时产生，钢筋拉应力比张拉控制应力减小了 σ_{l2}，混凝土上边缘受拉伸长，下边缘受压缩短，构件产生反拱
	c. 完成第一批预应力损失		$\sigma_{peI} = \sigma_{con} - \sigma_{lI}$	$\sigma_{pcI} = \dfrac{N_{pI}}{A_n} + \dfrac{N_{pI} e_{pnI}}{I_n} y_n$ $N_{pI} = (\sigma_{con} - \sigma_{lI}) A_p$	混凝土下边缘压应力到 σ_{pcI}，钢筋拉应力减小了 σ_{lI}
	d. 完成第二批预应力损失		$\sigma_{peII} = \sigma_{con} - \sigma_l$	$\sigma_{pcII} = \dfrac{N_{pII}}{A_n} + \dfrac{N_{pII} e_{pnII}}{I_n} y_n$ $N_{pII} = (\sigma_{con} - \sigma_l) A_p$	混凝土下边缘压应力降低到 σ_{pcII}，钢筋拉应力继续减小
使用阶段	e. 加载至受拉区混凝土应力为零		$\sigma_{p0} = \sigma_{con} - \sigma_l + \alpha_{E_p} \sigma_{pcII}$	0	混凝土上边缘由拉变压，下边缘压应力减小到零，钢筋拉应力增加了 $\alpha_{E_p} \sigma_{pcII}$，使构件反拱减小，并略有挠度

续表

受力阶段		简　图	预应力钢筋应力 σ_p	混凝土应力 σ_{pc}（截面下边缘）	说　明
使用阶段	f. 加载至受拉区混凝土即将开裂	f_{tk}（拉）	$\sigma_{con}-\sigma_l+\alpha_{E_p}\sigma_{pcII}+2\alpha_{E_p}f_{tk}$	f_{tk}	混凝土上边缘压应力增加，下边缘拉应力到达 f_{tk}，钢筋拉应力增加了 $2\alpha_{E_p}f_{tk}$，构件挠度增加
	g. 加载至破坏	P_u　P_u	f_{py}	0	截面下部裂缝开展，构件挠度剧增，钢筋拉应力增加到 f_{py}，混凝土上边缘压应力增加到 $\alpha_1 f_c$

　　如图 9.13 所示为配有预应力钢筋 A_p、A'_p 和非预应力钢筋 A_s、A'_s 的不对称截面受弯构件。对照预应力混凝土轴心受拉构件相应各受力阶段的截面应力分析，同理，可得出预应力混凝土受弯构件截面上混凝土法向预应力 σ_{pc}、预应力钢筋的应力 σ_{pe}、预应力钢筋和非预应力钢筋的合力 $N_{p0}(N_p)$ 及其偏心距 $e_{p0}(e_{pp})$ 等的计算公式。

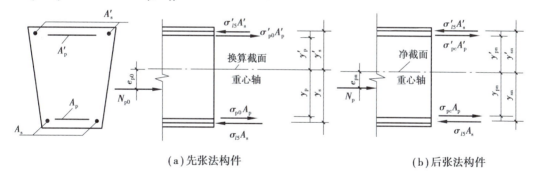

　　（a）先张法构件　　　　　　　　　　　　　　　　　（b）后张法构件

图 9.13　配有预应力钢筋和非预应力钢筋的预应力混凝土受弯构件截面

（一）施工阶段

1. 先张法构件［图 9.14(a)］

按式（9.29）计算求得的 σ_{pc} 值，正号为压应力，负号为拉应力。

$$\sigma_{pc} = \frac{N_{p0}}{A_0} \pm \frac{N_{p0}e_{p0}}{I_0}y_0 \tag{9.29}$$

$$N_{p0} = \sigma_{p0}A_p + \sigma'_{p0}A'_p - \sigma_s A_s - \sigma'_s A'_s \tag{9.30}$$

$$= (\sigma_{con} - \sigma_l)A_p + (\sigma'_{con} - \sigma'_l)A'_p - \sigma_{l5}A_s - \sigma'_{l5}A'_s$$

$$e_{p0} = \frac{(\sigma_{con} - \sigma_l)A_p y_p - (\sigma'_{con} - \sigma'_l)A'_p y'_p - \sigma_{l5}A_s y_s + \sigma'_{l5}A'_s y'_s}{(\sigma_{con} - \sigma_l)A_p + (\sigma'_{con} - \sigma'_l)A'_p - \sigma_{l5}A_s - \sigma'_{l5}A'_s} \tag{9.31}$$

式中　A_0——换算截面面积（包括扣除孔道、凹槽等削弱部分以后的混凝土全部截面面积以及全部纵向预应力钢筋和非预应力钢筋截面面积换算成混凝土的截面面积；对由不同混凝土强度等级组成的截面，应根据混凝土弹性模量比值换算成同一混凝土强度等级的截面面积）；

I_0——换算截面惯性矩；

y_0——换算截面重心至所计算纤维处的距离；

y_p,y'_p——受拉区、受压区的预应力钢筋合力点至换算截面重心的距离；

y_s,y'_s——受拉区、受压区的非预应力钢筋重心至换算截面重心的距离；

σ_{p0},σ'_{p0}——受拉区、受压区的预应力钢筋合力点处混凝土法向应力等于零时的预应力钢筋应力。

相应阶段应力钢筋及非预应力钢筋的应力分别为：

$$\sigma_{pe} = \sigma_{con} - \sigma_l - \alpha_{E_p}\sigma_{pc}, \sigma'_{pe} = \sigma'_{con} - \sigma'_l - \alpha_{E_p}\sigma'_{pc} \tag{9.32}$$

$$\sigma_s = \alpha_E\sigma_{pc} + \sigma_{l5}, \sigma'_s = \alpha_E\sigma'_{pc} + \sigma'_{l5} \tag{9.33}$$

$$\sigma_{p0} = \sigma_{con} - \sigma_l, \sigma'_{p0} = \sigma'_{con} - \sigma'_l \tag{9.34}$$

2. 后张法构件[图9.14(b)]

按式(9.35)计算求得的 σ_{pc} 值，正号为压应力，负号为拉应力。

$$\sigma_{pc} = \frac{N_p}{A_n} \pm \frac{N_p e_{pn}}{I_n} y_n \tag{9.35}$$

$$N_p = \sigma_{pe}A_p + \sigma'_{pe}A'_p - \sigma_s A_s - \sigma'_s A'_s \tag{9.36}$$

$$e_{pn} = \frac{(\sigma_{con} - \sigma_l)A_p y_{pn} - (\sigma'_{con} - \sigma'_l)A'_p y'_{pn} - \sigma_{l5}A_s y_{sn} + \sigma'_{l5}A'_s y'_{sn}}{(\sigma_{con} - \sigma_l)A_p + (\sigma'_{con} - \sigma'_l)A'_p - \sigma_{l5}A_s - \sigma'_{l5}A'_s} \tag{9.37}$$

式中 A_n——混凝土净截面面积（换算截面面积减去全部纵向预应力钢筋截面换算成混凝土的截面面积），即 $A_n = A_0 - \alpha_{E_p}A_p$ 或 $A_n = A_c + \alpha_E A_s$；

I_n——净截面惯性矩；

y_n——净截面重心至所计算纤维处的距离；

y_{pn},y'_{pn}——受拉区、受压区预应力钢筋合力点至净截面重心的距离；

y_{sn},y'_{sn}——受拉区、受压区的非预应力钢筋重心至净截面重心的距离；

σ_{pe},σ'_{pe}——受拉区、受压区的预应力钢筋有效预应力。

相应预应力钢筋及非预应力钢筋的应力分别为：

$$\sigma_{pe} = \sigma_{con} - \sigma_l, \sigma'_{pe} = \sigma'_{con} - \sigma'_l \tag{9.38}$$

$$\sigma_s = \alpha_E\sigma_{pc} + \sigma_{l5}, \sigma'_s = \alpha_E\sigma'_{pc} + \sigma'_{l5} \tag{9.39}$$

如果构件截面中的 $A'_p = 0$，则式(9.29)、式(9.39)中取 $\sigma'_{l5} = 0$。

需要说明的是，在利用上式计算时，均需用施工阶段的有关数值。

(二) 使用阶段

1. 加载至受拉边缘混凝土应力为零

设在荷载作用下，截面承受弯矩 M_0[图9.14(c)]，则截面下边缘混凝土的法向拉应力：

$$\sigma = \frac{M_0}{W_0} \tag{9.40}$$

欲使这一拉应力抵消混凝土的预压应力 σ_{pcII}，即 $\sigma - \sigma_{pcII} = 0$，则有：

$$M_0 = \sigma_{pcII} W_0 \tag{9.41}$$

式中　M_0——由外荷载引起的恰好使截面受拉边缘混凝土预压应力为零时的弯矩；

　　　W_0——换算截面受拉边缘的弹性抵抗矩。

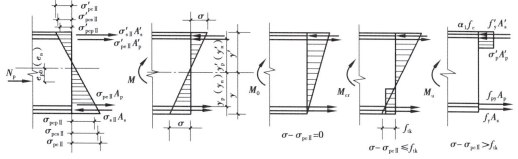

图 9.14　受弯构件截面的应力变化

同理,预应力钢筋合力点处混凝土法向应力等于零时,受拉区及受压区的预应力钢筋的应力 σ_{p0}、σ'_{p0} 分别为:

先张法:

$$\sigma_{p0} = \sigma_{con} - \sigma_l - \alpha_{E_p}\sigma_{pcpII} + \alpha_{E_p}\frac{M_0}{W_0} \approx \sigma_{con} - \sigma_l \tag{9.42}$$

$$\sigma'_{p0} = \sigma'_{con} - \sigma'_l \tag{9.43}$$

后张法:

$$\sigma_{p0} = \sigma_{con} - \sigma_l + \alpha_{E_p}\frac{M_0}{W_0} \approx \sigma_{con} - \sigma_l + \alpha_{E_p}\sigma_{pcII} \tag{9.44}$$

$$\sigma'_{p0} = \sigma'_{con} - \sigma'_l + \alpha_{E_p}\sigma_{pcII} \tag{9.45}$$

式中　σ_{pcpII}——在 M_0 作用下,受拉区预应力钢筋合力处的混凝土法向应力,可近似取等于混凝土截面下边缘的预压应力 σ_{pcII}。

2. 加载到受拉区裂缝即将出现

混凝土受拉区的拉应力达到混凝土抗拉强度标准值 f_{tk} 时,截面上受到的弯矩为 M_{cr},相当于截面在承受弯矩 $M_0 = \sigma_{pcII}W_0$ 后,再增加了钢筋混凝土构件的开裂弯矩 $\overline{M}_{cr}(\overline{M}_{cr} = \gamma f_{tk}W_0)$。

因此,预应力混凝土受弯构件的开裂弯矩为:

$$M_{cr} = M_0 + \overline{M}_{cr} = \sigma_{pcII}W_0 = (\sigma_{pcII} + \gamma f_{tk})W_0$$

即

$$\sigma = \frac{M_{cr}}{W_0} = \sigma_{pcII} + \gamma f_{tk} \tag{9.46}$$

3. 加载至破坏

当受拉区出现垂直裂缝时,裂缝截面上的受拉区混凝土会退出工作,而拉力则全部由钢筋承受。当截面进入第Ⅲ阶段后,受拉钢筋会屈服直至破坏。正截面上的应力状态与项目四讲述的钢筋混凝土受弯构件正截面承载力相似,计算方法也基本相同。

二、预应力混凝土受弯构件的计算

（一）计算简图

仅在受拉区配置预应力钢筋的预应力混凝土受弯构件，当达到正截面承载力极限状态时，其截面应力状态和钢筋混凝土受弯构件相同。因此，其计算简图也相同。

在受压区也配置预应力钢筋时，由于预拉应力（应变）的影响，受压区预应力钢筋的应力 σ'_{pe} 与钢筋混凝土受弯构件中的受压钢筋不同，其状态较复杂。随着荷载的不断增大，在预应力钢筋 A'_p 重心处的混凝土压应力和压应变都有所增加，预应力钢筋 A'_p 的拉应力随之减小。故截面到达破坏时，A'_p 的应力可能仍为拉应力，也可能变为压应力，但其应力值 σ'_{pe} 却达不到抗压强度设计值 f'_{py}，其值可以按平截面假定确定。可按下式计算：

先张法构件：

$$\sigma'_{pe} = (\sigma'_{con} - \sigma'_l) - f'_{py} = \sigma'_{p0} - f'_{py} \tag{9.47}$$

后张法构件：

$$\sigma'_{pe} = (\sigma'_{con} - \sigma'_l) + \alpha_{E_p}\sigma'_{pcpⅡ} - f'_{py} = \sigma'_{p0} - f'_{py} \tag{9.48}$$

预应力混凝土受弯构件正截面受弯破坏时，受拉区预应力钢筋先达到屈服，然后受压区边缘混凝土达到极限压应变而破坏。如果在截面上还有非预应力钢筋 A_s、A'_s，破坏时，其应力也都能达到屈服强度。图 9.15 为矩形截面预应力混凝土受弯构件正截面受弯承载力计算简图。

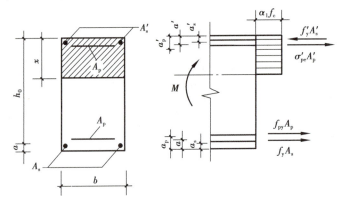

图 9.15 矩形截面预应力混凝土受弯构件正截面受弯承载力计算简图

（二）正截面受弯承载力计算

对于矩形截面或翼缘位于受拉区的倒 T 形截面预应力混凝土受弯构件，其正截面受弯承载力计算的基本公式为：

$$\alpha_1 f_c bx = f_y A_s - f'_y A'_s + f_{py} A_p + (\sigma'_{p0} - f'_{py}) A'_p \tag{9.49}$$

$$M \leqslant \alpha_1 f_c bx\left(h_0 - \frac{x}{2}\right) + f'_y A'_s(h_0 - a'_s) - (\sigma'_{p0} - f'_{py})A'_p(h_0 - a'_p) \tag{9.50}$$

混凝土受压区高度应符合下列条件：

$$x \leqslant \xi_b h_0 \tag{9.51}$$

$$x \geqslant 2a' \tag{9.52}$$

式中　M——弯矩设计值；

　　　A_s，A'_s——受拉区、受压区纵向非预应力钢筋的截面面积；

A_{p},A_{p}'——受拉区、受压区纵向预应力钢筋的截面面积;

h_{0}——截面的有效高度;

b——矩形截面的宽度或倒 T 形截面的腹板宽度;

α_{1}——系数:当混凝土强度等级不超过 C50 时,$\alpha_{1}=1.0$,当混凝土强度等级为 C80 时,
　　　$\alpha_{1}=0.94$,其间按直线内插法确定;

a'——受压区全部纵向钢筋合力点至截面受压边缘的距离,当受压区未配置纵向预应力
　　　钢筋或受压区纵向预应力钢筋应力($\sigma_{p0}'-f_{py}'$)为拉应力时,则式(9.52)中的 a' 用
　　　a_{s}' 代替;

a_{s}',a_{p}'——受压区纵向非预应力钢筋合力点、受压区纵向预应力钢筋合力点至截面受压
　　　　边缘的距离;

σ_{p0}'——受压区纵向预应力钢筋合力点处混凝土法向应力等于零时的预应力钢筋应力。

当 $x<2a'$ 时,正截面受弯承载力可按下式计算:

$$M \leqslant f_{py}A_{p}(h-a_{p}-a_{s}') + f_{y}A_{s}(h-a_{s}-a_{s}') + (\sigma_{p0}'-f_{py}')A_{p}'(a_{p}'-a_{s}') \tag{9.53}$$

式中　a_{s},a_{p}——受拉区纵向非预应力钢筋、受拉区纵向预应力钢筋至受拉边缘的距离。

当 σ_{pe}' 为拉应力时,取 $x<2a_{s}'$,如图 9.16 所示。

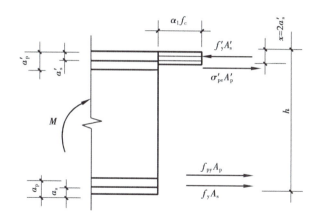

图 9.16　矩形截面预应力混凝土受弯构件
($x<2a'$ 时的正截面受弯承载力计算简图)

(三)受弯构件斜截面受剪承载力计算

预应力混凝土梁的斜截面受剪承载力比钢筋混凝土梁大些,主要是由于预应力抑制了斜裂缝的出现和发展,增加了混凝土剪压区高度,从而提高了混凝土剪压区的受剪承载力。

因此,计算预应力混凝土梁的斜截面受剪承载力可在钢筋混凝土梁计算公式的基础上增加一项由预应力而提高的斜截面受剪承载力设计值 V_{p}。根据矩形截面有箍筋预应力混凝土梁的试验结果,V_{p} 的计算式为:

$$V_{p} = 0.05N_{p0} \tag{9.54}$$

为此,对矩形、T 形及工形截面的预应力混凝土受弯构件,当仅配置箍筋时,其斜截面的受剪承载力按下式计算:

$$V = V_{cs} + V_{p}$$

$$V_{cs} = 0.7f_{t}bh_{0} + 1.25f_{yv}\frac{A_{sv}}{s}h_{0}$$

$$V_p = 0.05N_{p0} \tag{9.55}$$

式中　A_{sv}——配置在同一截面内箍筋各肢的全部截面面积：$A_{sv} = nA_{sv1}$，其中，n 为同一截面内箍筋的肢数，A_{sv1} 为单肢箍筋的截面面积；

　　　f_t——混凝土抗拉强度设计值；

　　　f_{yv}——箍筋抗拉强度设计值；

　　　N_{p0}——计算截面上混凝土法向应力等于零时的预应力钢筋及非预应力钢筋的合力，按式(9.30)和式(9.37)计算；当 $N_{p0} > 0.3f_cA_0$ 时，取 $N_{p0} = 0.3f_cA_0$。

对于刻痕钢丝及钢绞线配筋的先张法预应力混凝土构件，如果斜截面受拉区始端在预应力传递长度 l_{tr} 范围内，则预应力钢筋的合力取 $\sigma_{p0}\dfrac{l_a}{l_{tr}}A_p$，如图9.17所示。$l_a$ 为斜裂缝与预应力钢筋交点至构件端部的距离。

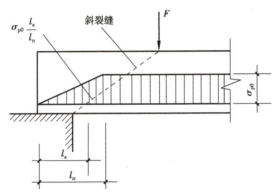

图9.17　预应力钢筋的预应力传递长度范围内有效预应力值的变化

当混凝土法向预应力等于零时，预应力钢筋及非预应力钢筋的合力 N_{p0} 引起的截面弯矩与由荷载产生的截面弯矩方向相同时，以及对于预应力混凝土连续梁和允许出现裂缝的预应力混凝土简支梁，均取 $V_p = 0$。

当配有箍筋和预应力弯起钢筋时，其斜截面受剪承载力按下式计算：

$$V = V_{cs} + V_p + 0.8f_yA_{sb}\sin\alpha_s + 0.8f_{py}A_{pb}\sin\alpha_p \tag{9.56}$$

式中　V——配置弯起钢筋处的剪力设计值，当计算第一排（对于支座而言）弯起钢筋时，取用支座边缘处的剪力设计值；当计算以后的每一排弯起钢筋时，取用前一排（对于支座而言）弯起钢筋弯起点处的剪力设计值；

　　　V_{cs}——构件斜截面上混凝土和箍筋的受剪承载力设计值，按式(9.47)计算；

　　　V_p——按式(9.55)计算的由施加预应力所提高的截面的受剪承载力设计值，但在计算 N_{p0} 时不考虑预应力弯起钢筋的作用；

　　　A_{sb}, A_{pb}——同一弯起平面内非预应力弯起钢筋、预应力弯起钢筋的截面面积；

　　　α_s, α_p——斜截面上非预应力弯起钢筋、预应力弯起钢筋的切线与构件纵向轴线的夹角。

对集中荷载作用下的独立梁（包括作用有多种荷载，且其中集中荷载对支座截面或节点边缘所产生的剪力值占总剪力的75%以上的情况），其斜截面受剪承载力按下式计算：

$$V_{cs} = \frac{1.75}{\lambda + 1.0}f_tbh_0 + f_{yv}\frac{A_{sv}}{s}h_0 \tag{9.57}$$

式中　λ——计算截面的剪跨比，可取 $\lambda = \dfrac{a}{h_0}$，a 为计算截面至支座截面或节点边缘距离，计算截面取集中荷载作用点处的截面;当 $\lambda<1.5$ 时,取 $\lambda=1.5$;当 $\lambda>3$ 时,取 $\lambda=3$;计算截面至支座之间的箍筋应均匀配置。

为了防止斜压破坏,受剪截面应符合下列条件:

当 $\dfrac{h_{\mathrm{w}}}{b}\leqslant 4$ 时:

$$V \leqslant 0.25\beta_{\mathrm{c}}f_{\mathrm{c}}bh_0 \tag{9.58}$$

当 $\dfrac{h_{\mathrm{w}}}{b}\geqslant 6$ 时:

$$V \leqslant 0.2\beta_{\mathrm{c}}f_{\mathrm{c}}bh_0 \tag{9.59}$$

当 $4<\dfrac{h_{\mathrm{w}}}{b}<6$ 时,按直线内插法取用。

式中　V——剪力设计值;

　　　b——矩形截面宽度、T 形截面或工形截面的腹板宽度;

　　　h_{w}——截面的腹板高度,矩形截面取有效高度 h_0,T 形截面取有效高度扣除翼缘高度,工形截面取腹板净高;

　　　β_{c}——混凝土强度影响系数,当混凝土强度等级不超过 C50 时,取 $\beta_{\mathrm{c}}=1.0$;当混凝土强度等级为 C80 时,取 $\beta_{\mathrm{c}}=0.8$;其间按直线内插法取用。

对于矩形、T 形、工形截面的一般预应力混凝土受弯构件,当符合下式要求时,则可不进行斜截面受剪承载力计算,仅需按构造要求配置箍筋。

$$V \leqslant 0.7f_{\mathrm{t}}bh_0 + 0.05N_{\mathrm{p0}} \tag{9.60}$$

或

$$V \leqslant \frac{1.75}{\lambda+1.0}f_{\mathrm{t}}bh_0 + 0.05N_{\mathrm{p0}} \tag{9.61}$$

前述斜截面受剪承载力计算公式的适用范围和计算位置与钢筋混凝土弯构件的相同。

(四)受弯构件使用阶段正截面裂缝控制验算

预应力混凝土受弯构件,在使用阶段按其所处环境类别和结构类别确定相应的裂缝控制等级及最大裂缝宽度限值,并按下列规定进行受拉边缘应力或正截面裂缝宽度验算。

1.一级——严格要求不出现裂缝的构件

在荷载效应的标准组合下,应符合下列规定:

$$\sigma_{\mathrm{ck}} - \sigma_{\mathrm{pc}} \leqslant 0 \tag{9.62}$$

2.二级——一般要求不出现裂缝的构件

在荷载效应的标准组合下,应符合下列规定:

$$\sigma_{\mathrm{ck}} - \sigma_{\mathrm{pc}} \leqslant f_{\mathrm{tk}} \tag{9.63}$$

在荷载效应的准永久组合下,宜符合下列规定:

$$\sigma_{\mathrm{cq}} - \sigma_{\mathrm{pc}} \leqslant 0 \tag{9.64}$$

式中　$\sigma_{\mathrm{ck}},\sigma_{\mathrm{cq}}$——荷载效应的标准组合、准永久组合下抗裂验算边缘混凝土的法向应力:

$$\sigma_{\mathrm{ck}} = \frac{M_{\mathrm{k}}}{W_0} \tag{9.65}$$

$$\sigma_{cq} = \frac{M_q}{W_0} \qquad (9.66)$$

M_k, M_q——按荷载效应的标准组合、准永久组合计算的弯矩值；

σ_{pc}——扣除全部预应力损失后在抗裂验算边缘混凝土的预压应力，按式（9.29）和式（9.35）计算；

W_0——换算截面受拉边缘的弹性抵抗矩；

f_{tk}——混凝土抗拉强度标准值。

在施工阶段预拉区出现裂缝的区段，式（9.62）—式（9.64）中的 σ_{pc} 应乘以系数0.9。

3. 三级——允许出现裂缝的构件

按荷载效应的标准组合并考虑长期作用的影响计算的最大裂缝宽度 ω_{max} 按式（9.46）计算，但此时应取 $\alpha_{cr} = 1.7$，$A_{te} = 0.5bh + (b_f - b)h_f$。按荷载效应的标准组合计算的预应力混凝土构件纵向受拉钢筋的等效应力 σ_{sk} 按下式计算：

$$\sigma_{sk} = \frac{M_k - N_{p0}(z - e_p)}{(A_p + A_s)z} \qquad (9.67)$$

式中　z——受拉区纵向预应力钢筋和非预应力钢筋合力点至受压区压力合力点的距离，如图9.18所示。

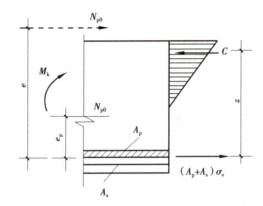

图9.18　预应力钢筋和非预应力钢筋合力点至受压区压力合力点的距离

$$z = \left[0.87 - 0.12(1 - \gamma_f')\left(\frac{h_0}{e}\right)^2 \right] h_0 \qquad (9.68)$$

$$e = \frac{M_k}{N_{p0}} + e_p \qquad (9.69)$$

γ_f'——受压翼缘截面面积与腹板有效截面面积的比值，$\gamma_f' = \frac{(b_f' - b)h_f'}{bh_0}$，其中，$b_f', h_f'$ 为受压区翼缘的宽度、高度，当 $h_f' > 0.2h_0$ 时，取 $h_f' = 0.2h_0$；

e_p——混凝土法向预应力等于零时，全部纵向预应力和非预应力钢筋的合力 N_{p0} 作用点至受拉区纵向预应力和非预应力受拉钢筋合力点的距离。

（五）受弯构件斜截面抗裂度验算

《混凝土结构设计标准》（GB/T 50010—2010）规定，预应力混凝土构件斜截面的抗裂度验算，主要是验算截面上的主拉应力 σ_{tp} 和主压应力 σ_{cp} 不超过一定的限值。

1. 斜截面抗裂度验算的规定

（1）混凝土主拉应力

对严格要求不出现裂缝的构件，应符合下列规定：

$$\sigma_{tp} \leqslant 0.85 f_{tk} \tag{9.70}$$

对一般要求不出现裂缝的构件，应符合下列规定：

$$\sigma_{tp} \leqslant 0.95 f_{tk} \tag{9.71}$$

（2）混凝土主压应力

对严格要求和一般要求不出现裂缝的构件，均应符合下列规定：

$$\sigma_{tp} \leqslant 0.6 f_{ck} \tag{9.72}$$

式中　σ_{tp}, σ_{cp}——混凝土的主拉应力和主压应力；

　　　0.85,0.95——考虑张拉时的不准确性和构件质量变异影响的经验系数；

　　　0.6——主要防止腹板在预应力和荷载作用下压坏，并考虑到主压应力过大会导致斜截面抗裂能力降低的经验系数。

2. 混凝土主拉应力 σ_{tp} 和主压应力 σ_{cp} 的计算

预应力混凝土构件在斜截面开裂前，基本上处于弹性工作状态，所以主应力可按材料力学方法计算。如图 9.19 所示为一预应力混凝土简支梁，构件中各混凝土微元体除承受由荷载产生的正应力和剪应力外，还承受由预应力钢筋所引起的预应力。

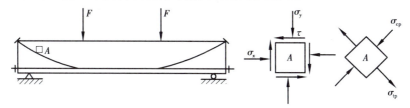

图 9.19　配置预应力弯起钢筋 A_{pb} 的受弯构件中微元件 A 的应力情况

荷载作用下截面上任一点的正应力和剪应力分别为：

$$\sigma_q = \frac{M_k y_0}{I_0}, \tau_q = \frac{V_k S_0}{b I_0} \tag{9.73}$$

如果梁中仅配置预应力纵向钢筋，则将产生预应力 $\sigma_{pcⅡ}$。在预应力和荷载的联合作用下，计算纤维处产生沿 x 方向的混凝土法向应力为：

$$\sigma_x = \sigma_{pc} ╎ \upsilon_q - \sigma_{pc} + \frac{M_k y_0}{I_0} \tag{9.74}$$

如果梁中还配有预应力弯起钢筋，则不仅产生平行于梁纵轴方向（x 方向）的预应力 $\sigma_{pcⅡ}$，而且要产生垂直于梁纵轴方向（y 方向）的预应力 σ_y 以及预剪应力 τ_{pc}，其值分别按下式确定：

$$\sigma_y = \frac{0.6 F_k}{bh} \tag{9.75}$$

$$\tau_{pc} = \frac{\left(\sum \sigma_{pe} A_{pb} \sin \alpha_p \right) S_0}{b I_0} \tag{9.76}$$

所以，计算纤维处的剪应力为：

$$\tau = \tau_{\mathrm{q}} + \tau_{\mathrm{pc}} = \frac{\left(V_{\mathrm{k}} - \sum \sigma_{\mathrm{pe}} A_{\mathrm{pb}} \sin \alpha_{\mathrm{p}}\right) S_0}{b I_0} \tag{9.77}$$

混凝土主拉应力 σ_{tp} 和主压应力 σ_{cp} 按下式计算：

$$\begin{cases} \sigma_{\mathrm{tp}} \\ \sigma_{\mathrm{cp}} \end{cases} = \frac{\sigma_x + \sigma_y}{2} \pm \sqrt{\left(\frac{\sigma_x - \sigma_y}{2}\right)^2 + \tau^2} \tag{9.78}$$

式中　σ_x——由预应力和弯矩值 M_{k} 在计算纤维处产生的混凝土法向应力；

　　　σ_y——由集中荷载标准值 F_{k} 产生的混凝土竖向压应力；

　　　τ——由剪力值 V_{k} 和预应力弯起钢筋的预应力在计算纤维处产生的混凝土剪应力；

　　　F_{k}——集中荷载标准值；

　　　M_{k}——按荷载标准组合计算的弯矩值；

　　　V_{k}——按荷载标准组合计算的剪力值；

　　　σ_{pe}——预应力弯起钢筋的有效预应力；

　　　S_0——计算纤维以上部分的换算截面面积对构件换算截面重心的面积矩；

　　　σ_{pc}——扣除全部预应力损失后，在计算纤维处由于预应力产生的混凝土法向应力，按式（9.29）和式（9.35）计算；

　　　y_0, I_0——换算截面重心到所计算纤维处的距离和换算截面惯性矩；

　　　A_{pb}——计算截面上同一弯起平面内的预应力弯起钢筋的截面面积；

　　　α_{p}——计算截面上预应力弯起钢筋的切线与构件纵向轴线的夹角。

前述公式中 σ_x、σ_y、σ_{pc} 和 $\dfrac{M_{\mathrm{k}} y_0}{I_0}$，当为拉应力时，以正号代入；当为压应力时，以负号代入。

3.斜截面抗裂度验算位置

计算混凝土主应力时，应选择跨度范围内不利位置的截面，如弯矩和剪力较大的截面或外形有突变的截面，并且在沿截面高度上，应选择该截面的换算截面重心处和截面宽度有突变处，如工形截面上、下翼缘与腹板交接处等主应力较大的部位。

对先张法预应力混凝土构件端部进行斜截面受剪承载力计算以及正截面、斜截面抗裂验算时，应考虑预应力钢筋在其预应力传递长度 l_{tr} 范围内实际应力值的变化。预应力钢筋的实际预应力按线性规律增大，在构件端部为零，在其传递长度的末端取有效预应力值 σ_{pe}。

（六）受弯构件的挠度与反拱验算

预应力受弯构件的挠度由两部分叠加而成：一部分是由荷载产生的挠度 f_{1l}，另一部分是预加应力产生的反拱 f_{2l}。

1.荷载作用下构件的挠度 f_{1l}

挠度 f_{1l} 可按一般材料力学的方法计算，即

$$f_{1l} = S \frac{M l^2}{B} \tag{9.79}$$

其中，截面弯曲刚度 B 应分别按下列情况计算：

①按荷载效应的标准组合下的短期刚度，可由下式计算：

对于使用阶段要求不出现裂缝的构件：

$$B_s = 0.85 E_c I_0 \tag{9.80}$$

式中　E_c——混凝土的弹性模量；

$\quad\quad I_0$——换算截面惯性矩；

$\quad\quad 0.85$——刚度折减系数，考虑混凝土受拉区开裂前出现的塑性变形。

对于使用阶段允许出现裂缝的构件：

$$B_s = \frac{0.85 E_c I_0}{\kappa_{cr} + (1 - \kappa_{cr})\omega} \tag{9.81}$$

$$\kappa_{cr} = \frac{M_{cr}}{M_k} \tag{9.82}$$

$$\omega = \left(1 + \frac{0.21}{\alpha_E \rho}\right)(1 + 0.45\gamma_f) - 0.7 \tag{9.83}$$

$$M_{cr} = (\sigma_{pc\text{II}} + \gamma f_{tk}) W_0 \tag{9.84}$$

式中　κ_{cr}——预应力混凝土受弯构件正截面的开裂弯矩 M_{cr} 与荷载标准组合弯矩 M_k 的比值，当 $\kappa_{cr} > 1.0$ 时，取 $\kappa_{cr} = 1.0$；

$\quad\quad \gamma$——混凝土构件的截面抵抗矩的塑性影响系数，$\gamma = \left(0.7 + \dfrac{120}{h}\right)\gamma_m$，$\gamma_m$ 按附录取用，对矩形截面，$\gamma_m = 1.55$；

$\quad\quad \sigma_{pc\text{II}}$——扣除全部预应力损失后在抗裂验算边缘的混凝土预压应力；

$\quad\quad \alpha_E$——钢筋弹性模量与混凝土弹性模量的比值，$\alpha_E = \dfrac{E_s}{E_c}$；

$\quad\quad \rho$——纵向受拉钢筋配筋率，$\rho = \dfrac{A_p + A_s}{bh_0}$；

$\quad\quad \gamma_f$——受拉翼缘面积与腹板有效截面面积的比值，$\gamma_f = \dfrac{(b_f - b) h_f}{bh_0}$，其中，$b_f$，$h_f$ 为受拉区翼缘的宽度、高度。

对预压时预拉区出现裂缝的构件，B_s 应降低 10%。

②按荷载效应标准组合并考虑预加应力长期作用影响的刚度，其中 B_s 按式（9.80）或式（9.81）计算。

2. 预加应力产生的反拱 f_{2l}

预应力混凝土构件在偏心距为 e_p 的总预压力 N_p 作用下将产生反拱 f_{2l}，其值可按结构力学公式计算，即按两端有弯矩（等于 $N_p e_p$）作用的简支梁计算。设梁的跨度为 l，截面弯曲刚度为 B，则：

$$f_{2l} = \frac{N_p e_p l^2}{8B} \tag{9.85}$$

式中的 N_p，e_p 及 B 等按下列不同的情况取用不同的数值，具体规定如下：

①荷载标准组合下的反拱值。荷载标准组合时的反拱值由构件施加预应力引起，按 $B = 0.85 E_c I_0$ 计算，此时的 N_p 及 e_p 均按扣除第一批预应力损失值后的情况计算，先张法构件为 $N_{p0\text{I}}$，$e_{p0\text{I}}$，后张法构件为 $N_{p\text{I}}$，$e_{pn\text{I}}$。

②考虑预加应力长期影响下的反拱值。预加应力长期影响下的反拱值是由在使用阶段预应力的长期作用引起的,预压区混凝土的徐变变形使梁的反拱值增大,故使用阶段的反拱值可按刚度 $B = 0.425 E_c I_0$ 计算,此时 N_p 及 e_p 应按扣除全部预应力损失后的情况计算,先张法构件为 $N_{p0Ⅱ}$,$e_{p0Ⅱ}$,后张法构件为 $N_{pⅡ}$,$e_{pnⅡ}$。

③挠度计算。由荷载标准组合下构件产生的挠度扣除预应力产生的反拱,即为预应力受弯构件的挠度:

$$f = f_{1l} - f_{2l} \leqslant [f] \tag{9.86}$$

式中 $[f]$——允许挠度值,参见《混凝土结构设计标准》(GB/T 50010—2010)中表 3.3.2。

(七)受弯构件施工阶段验算

预应力受弯构件在制作、运输及安装等施工阶段的受力状态,与使用阶段是不同的。在制作时,截面上受到偏心压力,导致截面下边缘受压,上边缘受拉,如图 9.20(a)所示。而在运输、安装时,搁置点或吊点通常离梁端有一段距离,两端悬臂部分因自重引起的负弯矩,与偏心预压力引起的负弯矩相叠加,如图 9.20(b)所示。

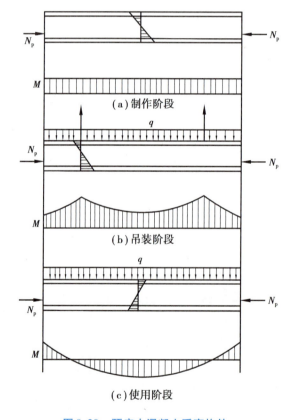

图 9.20 预应力混凝土受弯构件

在截面上边缘(或称预拉区),或混凝土的拉应力超过了混凝土的抗拉强度时,预拉区将出现裂缝,并随时间的增长裂缝不断开展。在截面下边缘(预压区),若混凝土的压应力过大,也会产生纵向裂缝。试验表明,预拉区的裂缝虽可在使用荷载下闭合,对构件的影响不大,但会使构件在使用阶段的正截面抗裂度和刚度降低。因此,必须对构件制作阶段的抗裂度进行验算。《混凝土结构设计标准》(GB/T 50010—2010)采用了限制边缘纤维混凝土应力值的方法,以满足预拉区不允许或允许出现裂缝的要求,同时保证预压区的高压强度。

1. 制作、运输及安装等施工阶段

除进行承载能力极限状态验算外,对不允许出现裂缝的构件或预压时全截面受压的构件,在预加应力、自重及施工荷载作用下(必要时应考虑动力系数)截面边缘的混凝土法向应力应符合下列规定(图 9.21):

$$\sigma_{ct} \leqslant 1.0 f'_{tk} \tag{9.87}$$

$$\sigma_{cc} \leqslant 0.8 f'_{ck} \tag{9.88}$$

式中　σ_{ct}, σ_{cc}——相应施工阶段计算截面边缘纤维的混凝土拉应力和压应力;

　　　　f'_{tk}, f'_{ck}——与各施工阶段混凝土立方体抗压强度 f'_{cu} 相应的抗拉强度标准值、抗压强度标准值,用线性内插法取用。

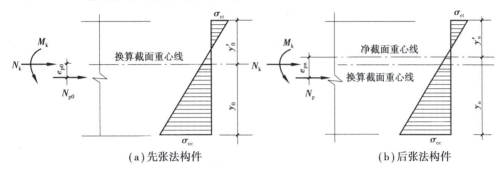

图 9.21　预应力混凝土受弯构件施工阶段验算

2. 制作、运输及安装等施工阶段

除进行承载能力极限状态验算外,对预拉区允许出现裂缝的构件,预拉区不配置预应力钢筋时,截面边缘的混凝土法向应力应符合下列条件:

$$\sigma_{ct} \leqslant 2.0 f'_{tk} \tag{9.89}$$

$$\sigma_{cc} \leqslant 0.8 f'_{ck} \tag{9.90}$$

截面边缘的混凝土法向应力 σ_{ct}、σ_{cc} 可按下式计算:

$$\begin{cases} \sigma_{cc} \\ \sigma_{ct} \end{cases} = \sigma_{pc} + \frac{N_k}{A_0} \pm \frac{M_k}{W_0} \tag{9.91}$$

式中　σ_{pc}——由预加应力产生的混凝土法向应力,当 σ_{pc} 为压应力时,取正值;当 σ_{pc} 为拉应力时,取负值;

　　　　N_k, M_k——构件自重及施工荷载的标准组合在计算截面产生的轴向力值、弯矩值,当 N_k 为轴向压力时,取正值;当 N_k 为轴向拉力时,取负值;对由 M_k 产生的边缘纤维应力,压应力取正号,拉应力取正号,拉应力取负号;

　　　　W_0——验算边缘的换算截面弹性抵抗矩。

其余符号都按先张法或后张法构件的截面几何特征代入。

◆拓展提高

预应力混凝土受弯构件算例收集。

同步测试

任务六　明确预应力混凝土构件的构造要求

◆学习准备

①考察学校工地,课前收集预应力混凝土受弯构件图片,上传并分享。
②提前学习规范关于预应力混凝土受弯构件的构造要求。

◆引导问题

预应力混凝土构件的构造要求,除应满足钢筋混凝土结构的有关规定外,还应满足哪些要求?

◆知识储备

预应力混凝土构件的构造要求,除应满足钢筋混凝土结构的有关规定外,还应根据预应力张拉工艺、锚固措施及预应力钢筋种类的不同,满足有关的构造要求。

一、一般规定

(一)截面形式和尺寸

预应力轴心受拉构件通常采用正方形或矩形截面。预应力受弯构件可采用 T 形、工形及箱形等截面。为了便于布置预应力钢筋以及预压区在施工阶段有足够的抗压能力,可设计成上、下翼缘不对称的工形截面,其下部受拉翼缘的宽度可比上翼缘小些,但高度比上翼缘大。

截面形式沿构件纵轴也可以变化,如跨中为工形。近支座处为了承受较大的剪力并能有足够位置布置锚具,在两端往往做成矩形。

预应力构件的抗裂度和刚度较大,其截面尺寸可比钢筋混凝土构件小一些。对于预应力混凝土受弯构件,其截面高度 $h=\left(\dfrac{1}{20}\sim\dfrac{1}{14}\right)l$,最小可为 $\dfrac{l}{35}$(l 为跨度),大致可取为普通钢筋混凝土梁高的 70% 左右。翼缘宽度一般可取 $\dfrac{h}{3}\sim\dfrac{h}{2}$,翼缘厚度一般可取 $\dfrac{h}{10}\sim\dfrac{h}{6}$;腹板宽度尽可能小些,可取 $\dfrac{h}{15}\sim\dfrac{h}{8}$。

(二)预应力纵向钢筋

1. 直线布置

当荷载和跨度不大时,直线布置最为简单,如图 9.22(a)所示,施工时用先张法或后张法均可。

2. 曲线布置、折线布置

当荷载和跨度较大时,可布置成曲线形[图 9.22(b)]或折线形[图 9.22(c)]。施工时一般用后张法,如预应力混凝土屋面梁、吊车梁等构件。为了承受支座附近区段的主拉应力及防止由于施加预应力而在预拉区产生裂缝和在构件端部产生沿截面中部的纵向水平裂缝,在靠近支座部位,宜将一部分预应力钢筋弯起,弯起的预应力钢筋沿构件端部均匀布置。

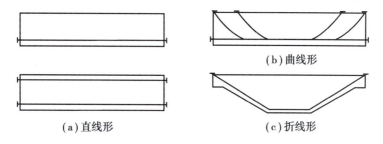

(b)曲线形

(a)直线形　　　　　　　　　　　(c)折线形

图 9.22　预应力钢筋布置

《混凝土结构设计标准》(GB/T 50010—2010)规定,预应力混凝土受弯构件中的纵向钢筋最小配筋率应符合下列要求:

$$M_{u} \geq M_{cr} \tag{9.92}$$

式中　M_{u}——构件的正截面受弯承载力设计值;

　　　M_{cr}——构件的正截面开裂弯矩值。

(三)非预应力纵向钢筋的布置

预应力构件中,除配置预应力钢筋外,为了防止施工阶段因混凝土收缩和温差及施加预应力过程中引起预拉区裂缝以及防止构件在制作、堆放、运输、吊装时出现裂缝或减小裂缝宽度,可在构件截面(即预拉区)设置足够的非预应力钢筋。

在后张法预应力混凝土构件的预拉区和预压区,应设置纵向非预应力构造钢筋。在预应力钢筋弯折处,应加密箍筋或沿弯折处内侧布置非预应力钢筋网片,以加强在钢筋弯折区段的混凝土。

对预应力钢筋在构件端部全部弯起的受弯构件或直线配筋的先张法构件,当构件端部与下部支承结构焊接时,应考虑混凝土的收缩、徐变及温度变化所产生的不利影响,宜在构件端部可能产生裂缝的部位设置足够的非预应力纵向构造钢筋。

二、先张法构件的构造要求

(一)钢筋、钢丝、钢绞线净间距

先张法预应力钢筋之间的净间距应根据浇筑混凝土、施加预应力及钢筋锚固要求确定。预应力钢筋之间的净距不应小于其公称直径或有效直径的 1.5 倍,且应符合下列规定:

①对热处理钢筋和钢丝,不应小于 15 mm。

②对 3 股钢绞线,不应小于 20 mm。

③对 7 股钢绞线,不应小于 25 mm。

当先张法预应力钢丝按单根方式配筋困难时,可采用相同直径钢丝并筋的配筋方式。对并筋的等效直径,双并筋应取为单筋直径的 1.4 倍,三并筋应取为单筋直径的 1.7 倍。

并筋的保护层厚度、锚固长度、预应力传递长度及正常使用极限状态验算均应按等效直径考虑。等效直径为与钢丝束截面面积相同的等效圆截面直径。

当预应力钢绞线、热处理钢筋采用并筋方式时,应有可靠的构造措施(图 9.23)。

图 9.23　预应力钢丝与钢绞线

(二)构件端部加强措施

对先张法构件,在放松预应力钢筋时,端部有时会产生裂缝,因此,对端部预应力钢筋周围的混凝土应采取下列加强措施:

①对单根配置的预应力钢筋,其端部宜设置长度不小于 150 mm 且不少于 4 圈螺旋筋;当有可靠经验时,也可利用支座垫板的插筋代替螺旋筋,但插筋数量不应少于 4 根,其长度不宜小于120 mm,如图 9.24 所示。

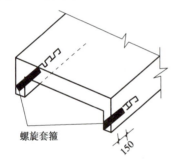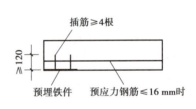

图 9.24　端部附加钢筋的插筋

②对分散配置的多根预应力钢筋,在构件端部 $10d$(d 为预应力钢筋的公称直径或等效直径)范围内应设置 3~5 片与预应力钢筋垂直的钢筋网。

③对采用预应力钢丝配筋的薄板,在板端 100 mm 范围内应适当加密横向钢筋。

三、后张法构件的构造要求

(一)预留孔道

孔道的布置应考虑张拉设备和锚具的尺寸以及端部混凝土局部受压承载力等要求。后张法预应力钢丝束、钢绞线束的预留孔道应符合下列规定:

①对预制构件,孔道之间的水平净间距不宜小于 50 mm,孔道至构件边缘的净间距不宜小于 30 mm,且不宜小于孔道直径的一半。

②在框架梁中,预留孔道在竖直方向的净间距不应小于孔道外径,水平方向的净间距不应小于 1.5 倍孔道外径;从孔壁算起的混凝土保护层厚度,梁底不宜小于 50 mm,梁侧不宜小于40 mm。

③预留孔道的内径应比预应力钢丝束或钢绞线束外径及需穿过孔道的连接器外径大 10～15 mm。

④在构件两端及跨中应设置灌浆孔或排气孔,其孔距不宜大于 12 m。

⑤凡制作时需要起拱的构件,预留孔道宜随构件同时起拱。

(二)构件端部加强措施

1.端部附加竖向钢筋

当构件端部的预应力钢筋需集中布置在截面的下部或集中布置在上部和下部时,则应在构件端部 0.2h(h 为构件端部的截面高度)范围内设置附加竖向焊接钢筋网、封闭式箍筋或其他形式的构造钢筋。其中,附加竖向钢筋宜采用带肋钢筋,其截面面积应符合下列规定:

当 $e \leqslant 0.1h$ 时:

$$A_{sv} \geqslant 0.3 \frac{N_p}{f_y} \tag{9.93}$$

当 $0.1h < e \leqslant 0.2h$ 时:

$$A_{sv} \geqslant 0.15 \frac{N_p}{f_y} \tag{9.94}$$

式中　N_p——作用在构件端部截面重心线上部或下部预应力钢筋的合力,可按式(9.38)计算,但应乘以预应力分项系数 1.2,此时,仅考虑混凝土预压前的预应力损失值;

　　e——截面重心线上部或下部预应力钢筋的合力点至截面近边缘的距离;

　　f_y——竖向附加钢筋的抗拉强度设计值。

当 $e > 0.2h$ 时,可根据实际情况适当配置构造钢筋。

当端部截面上部和下部均有预应力钢筋时,附加竖向钢筋的总截面面积应按上部和下部的预应力合力 N_p 分别计算的面积叠加后采用。

当构件在端部有局部凹进时,为了防止在预加应力过程中端部转折处产生裂缝,应增设折线构造钢筋,如图 9.25 所示,或其他有效的构造钢筋。

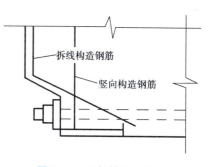

图 9.25　端部转折处构造

2.端部混凝土的局部加强

对于构件端部尺寸,应考虑锚具的布置、张拉设备的尺寸和局部受压的要求,必要时应适当加大。

在预应力钢筋锚具下及张拉设备的支承处,应设置预埋垫板及构造横向钢筋网片或螺旋式钢筋等局部加强措施。

对外露金属锚具应采取可靠的防锈措施。

后张法预应力混凝土构件的曲线预应力钢丝束、钢绞线束的曲率半径不宜小于 4 m。

对于折线配筋的构件,在预应力钢筋弯折处的曲率半径可适当减小。

在局部受压间接配筋配置区以外,在构件端部长度 l 不小于 $3e$(e 为截面重心线上部或下部预应力钢筋的合力点至邻近边缘的距离),但不大于 $1.2h$(h 为构件端部截面高度)。在高度为

245

$2e$ 的附加配筋区范围内,应均匀配置附加箍筋或网片,其体积配筋率不小于 0.5% ,如图 9.26 所示。

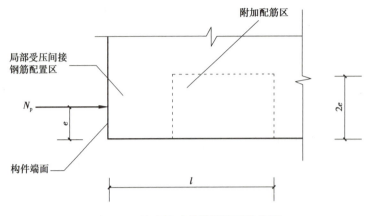

图 9.26　防止沿孔道劈裂的配筋范围

◆拓展提高

总结对比预应力混凝土构件与钢筋混凝土构件对构造要求的不同。

同步测试

任务七　无黏结预应力混凝土认知

◆学习准备

①收集无黏结预应力混凝土图片,上传并分享。
②厘清本任务的学习重难点。

◆引导问题

①什么是无黏结预应力混凝土?
②无黏结预应力混凝土有哪些优点?

◆知识储备

无黏结预应力
的施工

一、基本概念

预应力混凝土构件中,预应力钢筋与混凝土之间是有黏结的。对先张法,预应力筋张拉后直接浇筑在混凝土内;对后张法,在张拉之后要在预留孔道中压入水泥浆,以使预应力筋与混凝土黏结在一起。这类预应力混凝土构件被称为有黏结预应力混凝土构件。与之对应,无黏结预应力混凝土构件是指预应力钢筋与混凝土之间不存在黏结的预应力混凝土构件。

无黏结预应力钢筋一般由钢绞线、高强钢丝或粗钢筋外涂防腐油脂并设外包层组成(图9.27)。目前使用较多的是钢绞线外涂油脂并外包 PE 层的无黏结预应力钢筋(图 9.28)。

图 9.27   无黏结预应力筋的组成

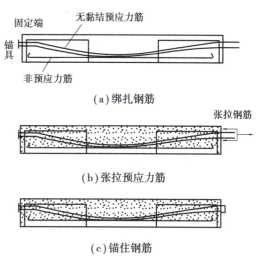

图 9.28   后张法无黏结预应力混凝土工序

二、特点及分类

无黏结预应力混凝土最显著的特点是施工简便。施工时,可将无黏结预应力钢筋像普通钢筋那样埋设在混凝土中,混凝土硬结后即可进行预应力筋的张拉和锚固。由于在钢筋和混凝土之间有涂层和外包层隔离,因此两者之间能产生相对滑移。省去了后张法有黏结预应力混凝土的预留通道、穿预应力钢筋、压浆等工艺,有利于节约设备和缩短工期。但是,在无黏结预应力混凝土中,预应力筋完全依靠锚具来锚固,一旦锚具失效,整个结构将会发生严重破坏,因此对锚具的要求较高。

无黏结预应力混凝土也分为两类:一类是纯无黏结预应力混凝土构件;另一类是混合配筋无黏结部分预应力混凝土构件。前者指受力主筋全部采用无黏结预应力钢筋;而后者指受力主筋既采用无黏结预应力钢筋,也采用有黏结预应力钢筋,两者混合配筋。

无黏结预应力混凝土的特点是:钢筋与混凝土之间允许相对滑移。如果忽略摩擦的影响,则无黏结筋中的应力沿全长是相等的。外荷载在任一截面处产生的应变将分布在预应力筋的整个长度上。因此,无黏结预应力筋中的应力比有黏结预应力筋的应力要低。构件受弯破坏时,无黏结筋中的极限应力小于最大弯矩截面处有黏结筋中的极限应力,所以无黏结预应力混凝土梁的极限强度低于有黏结预应力混凝土梁。试验表明,前者一般比后者低 10% ~ 30%。

三、无黏结预应力混凝土施工

无黏结预应力混凝土施工是一种特殊的混凝土施工技术,它在预应力构件中的预应力筋与混凝土没有黏结力,预应力筋张拉力完全靠构件两端的锚具传递给构件。这种施工方法具有工序简单、施工速度快、摩擦力小且易弯成多跨曲线型等优点,特别适用于大跨度的单、双向连续多跨曲线配筋梁板结构和屋盖。

(一)无黏结预应力混凝土施工工艺

无黏结预应力混凝土施工工艺主要包括以下 6 个步骤:

①混凝土基础处理:在进行无黏结预应力混凝土施工前,必须先对混凝土基础进行处理。

②搭设锚具:进行无黏结预应力混凝土施工的重要步骤。施工前,必须根据设计要求进行布置,然后搭设锚具,并在锚具上加工出一定的锚配制。

③配制无黏结预应力混凝土:配制无黏结预应力混凝土时,应根据设计要求和规范进行配比。掺加剂应符合要求,同时按要求掺入防水剂和增塑剂等助剂,确保混凝土的强度和耐久性。

④现浇无黏结预应力混凝土:现浇无黏结预应力混凝土时,应采用顺序浇注法或有助于混凝土内部质量均匀的振捣、振动机等方法。施工过程中,应保持适宜的混凝土流动性,确保混凝土的充实度和密实度。同时在施工间隔时间内进行后张拉,可以保证混凝土的承载能力。

⑤后张拉:无黏结预应力混凝土施工中最重要的环节之一。它是通过钢束的外力作用,在混凝土达到规定强度的条件下施加预应力,提高混凝土的力学性能和承载能力。施工中应注意张拉力的大小、钢丝绳的数量、长度、布置和张拉路线的合理设置等因素。

⑥设计和施工验收:在无黏结预应力混凝土施工过程中,应根据设计要求和规范进行验收和检测。施工中应注意混凝土质量、锚固质量、后张拉质量等要素,同时对各项参数进行监测和检验,以确保最终的工程质量。

(二)无黏结预应力混凝土施工要点

①工艺掌握:无黏结预应力混凝土施工是一项高精度的技术工艺。

②质量控制:在无黏结预应力混凝土施工过程中,应始终坚持"质量第一"的原则,严格控制混凝土质量、锚固质量、后张拉质量等要素,同时对各项参数进行监测和检验,确保最终工程质量。

③生命周期控制:无黏结预应力混凝土施工后应进行生命周期的掌控,包括财务生命周期、技术生命周期、经营生命周期和社会生命周期等方面。

④施工人员:无黏结预应力混凝土施工需要高素质的施工人员,施工人员应具备高精密度的操作技能和严格的工作纪律,同时具备丰富的施工经验和专业知识,对施工现场质量问题进行及时检查和处理。

◆ 拓展提高

无黏结预应力混凝土施工工艺与普通预应力混凝土施工工艺对比。

同步测试

项目小结

1.预应力混凝土构件是指在结构承受外荷载之前,预先对外荷载作用下的受拉区混凝土施加压应力的构件。采用预应力混凝土构件的主要原因在于它既能很好地满足裂缝控制的要求,又能充分地利用高强度材料,减小了截面尺寸与自重,同时还能提高构件的刚度、减小构件的变形,使得其应用场合广泛。

2.预加应力的方法一般有两种,即先张法和后张法。它们的差别在于张拉钢筋与浇筑混凝土的先后次序不同。先张法是通过放张后钢筋的回弹对混凝土施加预压应力的,后张法是在张拉钢筋的同时对混凝土施加预压应力的。

3.张拉控制应力是指张拉预应力钢筋时钢筋所达到的最大应力,其取值既不能过高,又不能过低,应按规范要求取值。

4.预应力损失是指由于张拉工艺和材料特性等,预应力钢筋从张拉开始直至使用的整个过程中,预应力钢筋的应力逐渐降低的现象。同时,混凝土的预压应力也随之降低。构件中预应力损失的存在,会使构件达不到预期的效果。因此,应采取各种有效措施来减少各项预应力损失。

5.预应力混凝土轴心受拉构件的计算,包括使用阶段和施工阶段两部分。在使用阶段应进行承载力计算和抗裂度验算或裂缝宽度验算,在施工阶段应进行承载力验算和后张法局部受压承载力验算。预应力混凝土受弯构件的计算方法与其类似。

6.构造要求是保证设计意图顺利实现的重要措施,必须按规定执行。预应力构件中,非预应力钢筋的作用应得到高度重视。

◆思考练习题

9.1 对长线台座张拉完成的钢丝怎么检验其预应力?对于先张法预应力混凝土来说,为什么需要达到一定强度后才能放松钢筋?

9.2 什么是后张法?

9.3 什么是应力损失?为什么要超拉和重复张拉?

9.4 为什么要进行孔道灌注?对水泥浆有何要求?应如何进行?

9.5 试述预应力钢筋混凝土电热法的施工特点及其优缺点。

9.6 什么是预应力混凝土?简述预应力混凝土的优点、缺点及应用范围。

9.7 预应力筋张拉时,主要应注意哪些问题?

项目十　圬工结构简介

◆ 项目导入

案例一：墙体开裂

某办公楼采用砌体结构，由于设计时未充分考虑荷载大小和分布情况，墙体承受过大压力而产生裂缝。分析发现，设计人员未考虑实际使用情况，导致结构设计不合理。防范措施：加强设计审查，在砌体结构设计时，应充分考虑实际使用情况，合理分布荷载，确保结构设计符合安全要求。

案例二：砌体强度不足

某民居采用砌体结构，由于使用了低标号水泥和不合格砂浆，砌体强度不足。在使用过程中，由于地基不均匀下沉，墙体开裂。分析发现，施工方为了节约成本，使用了不合格的材料导致结构设计不符合实际使用要求，荷载分布不均匀、砌体强度不足。防范措施：加强材料质量控制，禁止使用低标号水泥、不合格砂浆等不合格材料，应选用合格的材料，包括水泥、砂浆、钢筋等，确保砌体强度达到设计要求。

案例三：墙体脱落

某学校教学楼采用砌体结构，由于长期受风雨侵蚀和人为破坏，部分墙体脱落。分析发现，施工单位未对砌体进行有效的保护和维护，同时缺乏相应的维护保养措施。防范措施：加强施工现场管理，应制定相应的施工规范和安全操作规程，加强施工现场管理，确保施工质量。同时，应定期对砌体结构进行维护保养，及时修复损坏部分。

与钢筋混凝土、预应力混凝土、钢结构不同，圬工结构是由纯混凝土或砖石砌体材料建造的。由于圬工结构取材的便易性，起步较早、发展已久且应用范围较广，学习中注意多对比总结圬工结构与钢筋混凝土、预应力混凝土结构在构造上与设计计算的不同。

◆ 学习目标

能力目标：能判断圬工结构的不同类别。

知识目标：明确圬工结构的概念；熟悉圬工结构的特点；明确砌体受压破坏特征、应力状态；厘清影响圬工结构抗压强度的主要因素；了解砌体的抗拉、抗弯、抗剪的破坏模式。

素质目标：增强学生的专业使命感；引导学生从实践中来到实践中去；培养学生的职业道德感。

学习重点：砌体受压破坏特征、应力状态以及抗压强度的主要因素。

◆**思维导图**

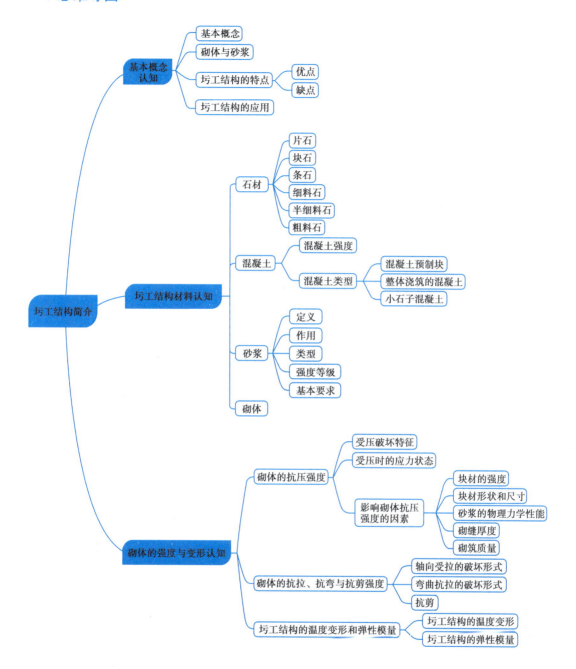

◆**项目实施**

任务一　基本概念认知

◆**学习准备**

①考察学校工地,收集圬工结构图片,上传并分享。

②熟悉项目结构知识点。

◆ **引导问题**

①什么是圬工结构?
②圬工结构有哪些特点?

◆ **知识储备**

一、基本概念

圬工结构是指以砖、石材作为建筑材料,通过将其与砂浆或小石子混凝土砌筑而成的砌体所建成的结构为砖石结构;用砂浆砌筑混凝土预制块、整体浇注的混凝土或片石混凝土等构成的结构,通常将这两种结构统称为圬工结构,如图 10.1 所示。

(a)混凝土预制块　　　　(b)现浇混凝土楼板　　　　(c)片石混凝土挡墙

图 10.1　圬工结构

二、砌体与砂浆

砌体是用砂浆将具有一定规格的块材按要求的砌筑规则砌筑而成,并满足构件既定尺寸和形状要求的受力整体。

砂浆是由一定比例的胶结料(如水泥、石灰等)、细骨料(砂)及水配制而成的砌筑材料。它在砌体结构中的作用是将块材黏结成整体,并在铺砌时抹平块材不平的表面,使块材在砌体受压时能比较均匀地受力,此外,砂浆填满了块材间隙,减少了砌体的透气性。

《砌筑砂浆配合比设计规程》(JGJ/T 98—2010)规定,水泥砂浆及预拌砌筑砂浆的强度等级可分为 M5、M7.5、M10、M15、M20、M25、M30;水泥混合砂浆的强度等级可分为 M5、M7.5、M10、M15。

三、圬工结构的特点

(一)优点

①原材料分布广,易于就地取材,价格低廉。
②有较强的耐久性、耐火性及稳定性,维护费用低。
③施工简便,不需特殊设备,易于掌握。
④具有较强的抗冲击性能及较大的超载性能。

(二)缺点

①自重大,材料用量多。

②施工周期长,机械化程度低。

③抗拉、抗弯强度很低,抗震能力差。

四、圬工结构的应用

圬工拱桥是我国传统且富有文化特色的桥梁结构形式,在铁路桥梁中占有很大比例,大多数属于铁路上的土木工程遗产。但部分修建年代久远的圬工拱桥难以承受现今日益繁重的交通流量,存在设计荷载等级较低、病害情况以及承载能力不足等问题,需要进行加固提级处理等措施,如采用 FRP 加固、增大截面法、拱背减载加固法、压浆加固法等。

此外,圬工结构还应用于桥的重力式墩台及扩大基础、涵洞及重力式挡土墙等,如图 10.2 所示。

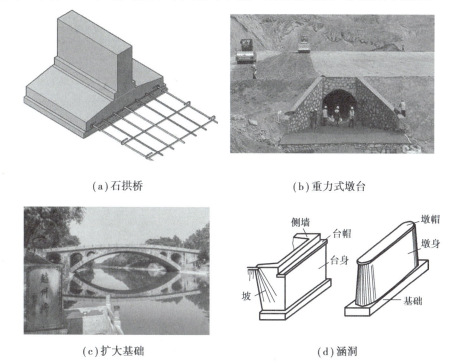

(a)石拱桥　　　　　　　　　　(b)重力式墩台

(c)扩大基础　　　　　　　　　　(d)涵洞

图 10.2　圬工结构的应用

◆拓展提高

圬工结构的应用范围有哪些? 有哪些优缺点?

同步测试

任务二　圬工结构材料认知

◆学习准备

课前考察学校工地,梳理圬工结构用到的材料。

◆引导问题

圬工结构的组成材料有哪些？

◆知识储备

一、石材

石材是指无明显风化的天然岩石经过人工开采和加工后的外形规则的建筑用材。其优点是强度高、抗冻与抗气性能好。它广泛用于建造桥梁基础、墩台、挡土墙等。桥涵结构所用石材应选择质地坚硬、均匀、无裂纹且不易风化的石料。

根据开采方法、形状、尺寸及表面粗糙度的不同，石材可分为5类（表10.1）。

表10.1　不同类型的石材对比

类　　型	开采方法	技术要求
片石	由爆破或楔劈法开采的不规则石块	1. 形状不受限制； 2. 刃厚度不得小于150 mm； 3. 卵形和薄片不得采用
块石	按岩石层理放炮或楔劈而成的石材	1. 形状大致方正，上下面大致平整； 2. 厚度为200～300 mm，宽度为厚度的1.0～1.5倍，长度为厚度的1.5～3.0倍； 3. 块石一般不修凿，但应敲去尖角突出部分
细料石	由岩层或大块石材开劈并经修凿而成形状规则的石材	1. 要求外形方正，成六面体，表面凹陷深度不大于10 mm； 2. 厚度为200～300 mm，宽度为厚度的1.0～1.5倍，长度为厚度的2.5～4.0倍
半细料石	同细料石	同细料石，表面凹陷深度不大于15 mm
粗料石	同细料石	同细料石，表面凹陷深度不大于20 mm

注：①抗压强度取3块的平均值。

②试件采用规定的其他尺寸时，应乘以规定的换算系数。强度换算系数详见有关规范。

①片石：由爆破或楔劈法开采的不规则石块。

②块石：一般是按岩石层理放炮或楔劈而成的石材。

③条石：不是一种特定的岩石种类，而是对石材加工状态的一种描述。它可以从各种不同类型的岩石（如沉积岩、岩浆岩、变质岩等）中开采出来，并经过一定程度的加工，使其具有一定的形状和表面平整度。

④细料石：由岩层或大块石材开劈并经修凿而成。要求外形方正，成六面体，表面凹陷深度不大于10 mm。

⑤半细料石：同细料石，但表面凹陷深度不大于15 mm。

⑥粗料石：同细料石，但表面凹陷深度不大于20 mm。

石材强度等级包括MU30、MU40、MU50、MU60、MU80、MU100和MU120。其中，符号MU表示石材强度等级。后面的数字是边长为70 mm的含水饱和试件立方体的抗压强度，以MPa为计量单位。

二、混凝土

(一)混凝土强度

混凝土强度等级有 C20、C25、C30、C35 和 C40。

(二)混凝土类型

1. 混凝土预制块

①节省石料的开采加工工作,加快施工进度。
②由于混凝土预制块形状和尺寸统一,砌体表面整齐美观。

2. 整体浇筑的混凝土

①混凝土收缩变形较大,施工期间容易产生混凝土收缩裂缝或温度收缩裂缝。
②浇筑时耗费木材较多,工期长,质量较难控制。

3. 小石子混凝土

小石子混凝土是由胶结料(水泥)、粗骨料(细卵石或碎石,粒径不大于 20 mm)、细粒料(砂)加水拌和而成,如图 10.3 所示。

图 10.3　小石子混凝土

特点:同强度等级砂浆砌筑的片石和块石砌体的抗压极限强度高,可以节省水泥和砂,在一定条件下是水泥砂浆的代用品。

三、砂浆

(一)定义

砂浆是由一定比例的胶结料(水泥、石灰等)、细骨料(砂)及水配制而成的砌筑材料。

(二)作用

①将块材黏结成整体。
②铺砌时抹平块材不平的表面,使块材在砌体受压时能比较均匀地受力。
③砂浆填满了块材间隙,减少了砌体的透气性,提高密实度、保温性与抗冻性。

(三)类型

①无塑性掺料的(纯)水泥砂浆:由一定比例的水泥和砂加水配制而成的砂浆,强度较高

（桥涵中应用较广），如图10.4(a)所示。

②有塑性掺料的混合砂浆：由一定比例的水泥、石灰和砂加水配制而成的砂浆，又称水泥石灰砂浆，如图10.4(b)所示。

③石灰（石膏、黏土）砂浆：胶结料为石灰（石膏、黏土）的砂浆，强度较低，如图10.4(c)所示。

（a）水泥砂浆　　　　　　（b）混合砂浆　　　　　　（c）石膏砂浆

图10.4　不同类型的砂浆

（四）强度等级

砂浆强度等级有M5、M7.5、M10、M15和M20，其中符号M表示砂浆强度等级，后面的数字是边长为70.7 mm的标准立方体试块的抗压强度，以MPa为计量单位。

（五）基本要求

①砂浆应满足砌体强度、耐久性的要求，并与块材间有良好的黏结力。

②砂浆的可塑性应保证砂浆在砌筑时能很容易且较均匀地铺开，以提高砌体强度和施工效率。

③砂浆应具有足够的保水性。

注意：提高水泥砂浆的强度，抗渗透性提高，但砌筑质量却有所下降，故可掺入塑化剂，保证砌筑质量。

四、砌体

根据选材的不同，常用砌体有片石砌体、块石砌体、粗料石砌体、半细料石砌体、细料石砌体和混凝土预制块砌体6类。

◆拓展提高

规范中关于砂浆强度等级和混凝土强度等级是如何规定与测定的？

同步测试

任务三　砌体的强度与变形认知

◆学习准备

走访校园，收集砌体应用场合与破坏案例，上传并分享。

◆引导问题

①砌体在结构受力中，主要承担哪类荷载？

②砌体的破坏形式有哪些？

砌体结构
施工工艺

◆ **知识储备**

一、砌体的抗压强度

（一）受压破坏特征

砌体轴心受压从荷载作用开始受压到破坏大致分为以下 3 个阶段：

①第 I 阶段为整体工作阶段：从砌体开始加载到个别单块块材内第一批裂缝出现的阶段。作用荷载大致为砌体极限荷载的 50% ~ 70%，此时，如外荷载作用不增加，裂缝也不再发展。

②第 II 阶段为带裂缝工作阶段：砌体随荷载再继续增大，单块块材内裂缝不断发展，并逐渐连接起来形成连续的裂缝。此时，外荷载不增加，而已有裂缝会缓慢继续发展。

③第 III 阶段为破坏阶段：当荷载再稍微增加时，裂缝急剧发展，并连成几条贯通的裂缝，将砌体分成若干压柱，各压柱受力极不均匀，最后柱被压碎或丧失稳定导致砌体的破坏。

（二）受压时的应力状态

砌体受压的一个重要的特征是单块材料先开裂，在受压破坏时，砌体的抗压强度低于所使用块材的抗压强度。这主要是因为砌体即使承受轴向均匀压力，砌体中的块材实际上也不是均匀受压，而是处于复杂应力状态。

（三）影响砌体抗压强度的因素

①块材的强度：这是主要因素。

②块材形状和尺寸：块材形状规则，砌体抗压强度高；砌体强度随块材厚度的增大而增加。

③砂浆的物理力学性能：砂浆的强度等级、砂浆的可塑性和流动性、砂浆的弹性模量。

④砌缝厚度：砂浆水平砌缝越厚，砌体强度越低，以 10 ~ 12 mm 为宜。

⑤砌筑质量。

二、砌体的抗拉、抗弯与抗剪强度

试验表明，在多数情况下，砌体的受拉、受弯及受剪破坏一般发生于砂浆与块材的连接面上。砌体的抗拉、抗弯与抗剪强度取决于砌缝强度，即取决于砌缝间块材与砂浆的黏结强度。因此，只有在砂浆与块材间的黏结强度很大时，才可能产生对块材本身的破坏。

（一）轴向受拉的破坏形式

①在平行于水平灰缝的轴心拉力作用下，砌体可能沿齿缝截面发生破坏，强度取决于灰缝的法向及切向黏结强度［图 10.5(a)］。

②当拉力作用方向与水平灰缝垂直时，砌体可能沿截面发生破坏，强度取决于灰缝法向黏结强度［图 10.5(b)、(c)］。

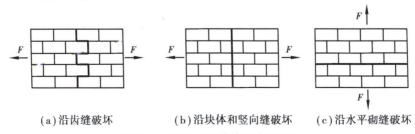

　　(a)沿齿缝破坏　　　　(b)沿块体和竖向缝破坏　　(c)沿水平砌缝破坏

图 10.5　轴心受拉墙体的破坏形式

(二)弯曲抗拉的破坏形式

弯曲抗拉的破坏形式如图 10.6 所示。

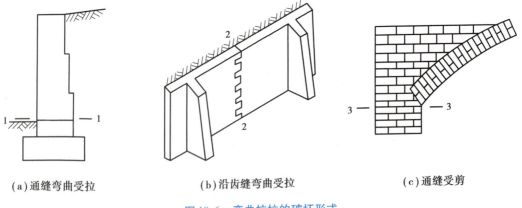

(a)通缝弯曲受拉   (b)沿齿缝弯曲受拉   (c)通缝受剪

图 10.6　弯曲抗拉的破坏形式

(三)抗剪

砌体受剪破坏形式如图 10.7 所示。

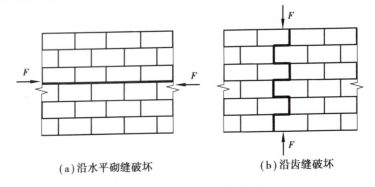

(a)沿水平砌缝破坏   (b)沿齿缝破坏

图 10.7　砌体受剪破坏形式

三、圬工结构的温度变形和弹性模量

(一)圬工结构的温度变形

①线膨胀系数:温度每升高 1 ℃ 单位长度砌体的线形伸长称为该砌体的温度膨胀系数。

②收缩变形:一般通过砌体收缩试验确定干缩变形的大小。

③摩擦系数:砌体摩擦系数的大小取决于接触砌体摩擦面的材料种类和干湿情况等。

(二)圬工结构的弹性模量

①弹性模量取值:受压应力上限为抗压强度平均值的 40% ~ 50% 时,此时的割线模量简称为弹性模量。

②设计中取值:取应力为 0.43 倍的砌体抗压强度的割线模量。

③《公路桥规》取值:按不同等级的砂浆,以砌体弹性模量与砌体抗压强度成正比的关系确定。

◆ **拓展提高**

绘制砌体破坏类型思维导图。

同步测试

项目小结

1. 圬工结构是用砂浆砌筑混凝土预制块、整体浇筑的混凝土结构或片石混凝土等构成的结构。常用的材料有石材、混凝土、砂浆及砌体。

2. 根据选材的不同,常用砌体有片石砌体、块石砌体、粗料石砌体、半细料石砌体、细料石砌体、混凝土预制块砌体。

3. 砌体结构以抗压为主,抗压强度主要取决于块材的强度;而受拉、受弯及受剪破坏一般发生于砂浆与块材的连接面上。因此,砌体的抗拉、抗弯与抗剪强度取决于砌缝强度,即取决于砌缝间块材与砂浆的黏结强度。

◆ **思考练习题**

10.1　什么是圬工结构?

10.2　什么是砌体? 根据选用块材的不同,常用的砌体有哪几类?

10.3　石材是如何分类的? 有哪几类?

10.4　什么是砂浆? 砂浆在砌体结构中的作用是什么? 砂浆按其胶结材料的不同分为哪几类?

附　录

混凝土强度标准值

强度等级	C25	C30	C35	C40	C45	C50	C55	C60	C65	C70	C75	C80
f_{ck}/MPa	16.7	20.1	23.4	26.8	29.6	32.4	35.5	38.5	41.5	44.5	47.4	50.2
f_{tk}/MPa	1.78	2.01	2.20	2.40	2.51	2.65	2.74	2.85	2.93	3.00	3.05	3.10

混凝土强度设计值

强度等级	C25	C30	C35	C40	C45	C50	C55	C60	C65	C70	C75	C80
f_{cd}/MPa	11.5	13.8	16.1	18.4	20.5	22.4	24.4	26.5	28.5	30.5	32.4	34.6
f_{cd}/MPa	1.23	1.39	1.52	1.65	1.74	1.83	1.89	1.96	2.02	2.07	2.10	2.14

混凝土的弹性模量   单位：$\times 10^4$ MPa

混凝土强度等级	C25	C30	C35	C40	C45	C50	C55	C60	C65	C70	C75	C80
E_c	2.80	3.00	3.15	3.25	3.35	3.45	3.55	3.60	3.65	3.70	3.75	3.80

注：当采用引气剂及较高砂率的泵送混凝土且无实测数据时，表中 C50～C80 的 E_c 值乘以折减系数0.95。

混凝土的疲劳变形模量   单位：$\times 10^4$ MPa

强度等级	C30	C35	C40	C45	C50	C55	C60	C65	C70	C75	C80
E	1.30	1.40	1.50	1.55	1.60	1.65	1.70	1.75	1.80	1.85	1.90

普通钢筋抗拉强度标准值

钢筋种类	符号	公称直径 d/mm	F_{sk}/MPa
HPB300		6～22	300
HRB400、HRBF400、RRB400		6～50	400
HRB500		6～50	500

预应力钢筋抗拉强度标准值

钢筋种类		符号	公称直径 d/mm	f_{pk}/MPa
钢绞线	1×7		9.5、12.7、15.2、17.8	1 720、1 860、1 960
			21.6	1 860
消除应力钢丝	光面螺旋肋		5	1 570、1 770、1 860
			7	1 570
			9	1 470、1 570
预应力螺纹钢筋			18、25、32、40、50	785、930、1 080

注:抗拉强度标准值为 1 960 MPa 的钢绞线作为预应力钢筋使用时,应有可靠工程经验或充分试验验证。

普通钢筋抗拉、抗压强度设计值

钢筋种类	f_{sd}/MPa	f'_{sd}/MPa
HPB300	250	250
HRB400、HRBF400、RRB400	330	330
HRB500	415	400

注:①钢筋混凝土轴心受拉和小偏心受拉构件的钢筋抗拉强度设计值大于 330 MPa 时,应按 330 MPa 取用;在斜截面抗剪承载力、受扭承载力和冲切承载力计算中垂直于纵向受力钢筋的箍筋或间接钢筋等横向钢筋的抗拉强度设计值大于 330 MPa 时,应取 330 MPa。
②构件中配有不同种类的钢筋时,每种钢筋应采用各自的强度设计值。

预应力钢筋抗拉、抗压强度设计值

钢筋种类	f_{pk}/MPa	f_{pd}/MPa	f'_{pd}/MPa
钢绞线 1×7(七股)	1 720	1 170	
	1 860	1 260	390
	1 960	1 330	
消除应力钢丝	1 470	1 000	
	1 570	1 070	410
	1 770	1 200	
	1 860	1 260	
预应力螺纹钢筋	785	650	
	930	770	400
	1 080	900	

钢筋的弹性模量

钢筋种类	弹性模量 $E_s/10^5$ MPa	钢筋种类	弹性模量 $E_p/10^5$ MPa
HPB300	2.10	钢绞线	1.95
HRB400、HRB500、HRBF400、RRB400	2.00	消除应力钢丝	2.05
		预应力螺纹钢筋	2.00

普通钢筋疲劳应力幅限值　　　　　　　　单位:N/mm²

疲劳应力比值 p	疲劳应力幅限值 Δf
	HRB400
0	175
0.1	162
0.2	156
0.3	149
0.4	137
0.5	123
0.6	106
0.7	85
0.8	60
0.9	31

注:当纵向受拉钢筋采用闪光接触对焊连接时,其接头处的钢筋疲劳应力幅限值应按表中数值乘以 0.8 取用。

预应力筋疲劳应力幅限值　　　　　　　　单位:N/mm²

疲劳应力比值 ρ_p^f	钢绞线 $f_{ptk}=1\,570$	消除应力钢丝 $f_{ptk}=1\,570$
0.7	144	240
0.8	118	168
0.9	70	88

注:①当 ρ_p^f 不小于 0.9 时,可不作预应力筋疲劳验算;
②当有充分依据时,可对表中规定的疲劳应力幅限值作适当调整。

钢筋的公称直径、公称截面面积及理论质量

公称直径 /mm	不同根数钢筋的公称截面面积/mm²									单根钢筋理论质量 /(kg·m⁻¹)
	1	2	3	4	5	6	7	8	9	
6	28.3	57	85	113	142	170	198	226	255	0.222
8	50.3	101	151	201	252	302	352	402	453	0.395
10	78.5	157	236	314	393	471	550	628	707	0.617
12	113.1	226	339	452	565	678	791	904	1 017	0.888
14	153.9	308	461	615	769	923	1 077	1 231	1 385	1.21
16	201.1	402	603	804	1 005	1 206	1 407	1 608	1 809	1.58
18	254.5	509	763	1 017	1 272	1 527	1 781	2 036	2 290	2.00(2.11)
20	314.2	628	942	1 256	1 570	1 884	2 199	2 513	2 827	2.47
22	380.1	760	1 140	1 520	1 900	2 281	2 661	3 041	3 421	2.98
25	490.9	982	1 473	1 964	2 454	2 945	3 436	3 927	4 418	3.85(4.10)
28	615.8	1 232	1 847	2 463	3 079	3 695	4 310	4 926	5 542	4.83
32	804.2	1 609	2 413	3 217	4 021	4 826	5 630	6 434	7 238	6.31(6.65)
36	1 017.9	2 036	3 054	4 072	5 089	6 107	7 125	8 143	9 161	7.99
40	1 256.6	2 513	3 770	5 027	6 283	7 540	8 796	10 053	11 310	9.87(10.34)
50	1 963.5	3 928	5 892	7 856	9 820	11 784	13 748	15 712	17 676	15.42(16.28)

注:括号内为预应力螺纹钢筋的数值。

钢筋混凝土板每米宽的钢筋面积表

单位:mm²

钢筋 间距/mm	钢筋直径/mm											
	3	4	5	6	6/8	8	8/10	10	10/12	12	12/14	14
70	101.0	180.0	280.0	404.0	561.0	719.0	920.0	1 121.0	1 369.0	1 616.0	1 907.0	2 199.0
75	94.2	168.0	262.0	377.0	524.0	671.0	859.0	1 047.0	1 277.0	1 508.0	1 780.0	2 052.0
80	88.4	157.0	245.0	354.0	491.0	629.0	805.0	981.0	1 198.0	1 414.0	1 669.0	1 924.0
85	83.2	148.0	231.0	333.0	462.0	592.0	758.0	924.0	1 127.0	1 331.0	1 571.0	1 811.0
90	78.5	140.0	218.0	314.0	437.0	559.0	716.0	872.0	1 064.0	1 257.0	1 483.0	1 710.0
95	74.5	132.0	207.0	298.0	414.0	529.0	678.0	826.0	1 008.0	1 190.0	1 405.0	1 620.0
100	70.6	126.0	196.0	283.0	393.0	503.0	644.0	785.0	958.0	1 131.0	1 335.0	1 539.0
110	64.2	114.0	178.0	257.0	357.0	457.0	585.0	714.0	871.0	1 028.0	1 214.0	1 399.0
120	58.9	105.0	163.0	236.0	327.0	419.0	537.0	654.0	798.0	942.0	1 113.0	1 283.0
125	56.5	101.0	157.0	226.0	314.0	402.0	515.0	628.0	766.0	905.0	1 068.0	1 231.0
130	54.4	96.6	151.0	218.0	302.0	387.0	495.0	604.0	737.0	870.0	1 027.0	1 184.0
140	50.5	89.8	140.0	202.0	281.0	359.0	460.0	561.0	684.0	808.0	954.0	1 099.0

续表

钢筋间距/mm	钢筋直径/mm											
	3	4	5	6	6/8	8	8/10	10	10/12	12	12/14	14
150	47.1	83.8	131.0	189.0	262.0	335.0	429.0	523.0	639.0	754.0	890.0	1 026.0
160	44.1	78.5	123.0	177.0	246.0	314.0	403.0	491.0	599.0	707.0	834.0	962.0
170	41.5	73.9	115.0	166.0	231.0	296.0	379.0	462.0	564.0	665.0	785.0	905.0
180	39.2	69.8	109.0	157.0	218.0	279.0	358.0	436.0	532.0	628.0	742.0	855.0
190	37.2	66.1	103.0	149.0	207.0	265.0	339.0	413.0	504.0	595.0	703.0	810.0
200	35.3	62.8	98.2	141.0	196.0	251.0	322.0	393.0	479.0	505.0	668.0	770.0
220	32.1	57.1	89.2	129.0	179.0	229.0	293.0	357.0	436.0	514.0	607.0	700.0
240	29.4	52.4	81.8	118.0	164.0	210.0	268.0	327.0	399.0	471.0	556.0	641.0
250	28.3	50.3	78.5	113.0	157.0	201.0	258.0	314.0	383.0	452.0	534.0	616.0
260	27.2	48.3	75.5	109.0	151.0	193.0	248.0	302.0	369.0	435.0	513.0	592.0
280	25.2	44.9	70.1	101.0	140.0	180.0	230.0	280.0	342.0	404.0	477.0	550.0
300	23.6	41.9	65.5	94.2	131.0	168.0	215.0	262.0	319.0	377.0	445.0	513.0
320	22.1	39.3	61.4	88.4	123.0	157.0	201.0	245.0	299.0	353.0	417.0	481.0

预应力钢筋公称截面面积和公称质量

钢筋种类及公称直径/mm		公称截面面积/mm^2	公称质量/(kg·m^{-1})
钢绞线	1×7 9.5	54.8	0.432
	12.7	98.7	0.774
	15.2	139.0	1.101
	17.8	191.0	1.500
	21.6	285.0	2.237
钢丝	5	19.63	0.154
	7	38.48	0.302
	9	63.62	0.499
预应力螺纹钢筋	18	254.5	2.11
	25	490.9	4.10
	32	804.2	6.65
	40	1 256.6	10.34
	50	1 963.5	16.28

构件的挠度限值

构件类型		挠度限值
吊车梁	手动吊车	$l_0/500$
	电动吊车	$l_0/600$
屋盖、楼盖及楼梯构件	当 $l_0 < 7$ m 时	$l_0/200(l_0/250)$
	当 7 m $\leq l_0 \leq 9$ m 时	$l_0/250(l_0/300)$
	当 $l_0 > 9$ m 时	$l_0 300(l_0/400)$

注:①表中 l_0 为构件的计算跨度;计算悬臂构件的挠度限值时,其计算跨度 l_0 按实际悬臂长度的 2 倍取用。
②表中括号内的数值适用于使用上对挠度有较高要求的构件。
③如果构件制作时预先起拱,且使用上也允许,则在验算挠度时,可将计算所得的挠度值减去起拱值;对预应力混凝土构件。尚可减去预加力所产生的反拱值。
④构件制作时的起拱值和预加力所产生的反拱值,不宜超过构件在相应荷载组合作用下的计算挠度值。

最大裂缝宽度限值

环境类别	最大裂缝宽度限值/mm	
	钢筋混凝土构件、采用预应力螺纹钢筋的 B 类预应力混凝土构件	采用钢丝或钢绞线的 B 类预应力混凝土构件
Ⅰ 类一般环境	0.20	0.10
Ⅱ 类-冻融环境	0.20	0.10
Ⅲ 类-近海或海洋氯化物环境	0.15	0.10
Ⅳ 类-除冰盐等其他氯化物环境	0.15	0.10
Ⅴ 类-盐结晶环境	0.10	禁止使用
Ⅵ 类-化学腐蚀环境	0.15	0.10
Ⅵ 类-磨蚀环境	0.20	0.10

混凝土保护层的最小厚度 c

单位:mm

环境类别	板、墙、壳	梁、柱、杆
一	15	20
二 a	20	25
二 b	25	35
三 a	30	40
三 b	40	50

注:混凝土强度等级不大于 C25 时,表中保护层厚度数值应增加 5 mm。

参考文献

[1] 中华人民共和国交通运输部.公路桥涵通用设计规范:JTG D60—2015[S].北京:人民交通出版社,2015.

[2] 中华人民共和国交通运输部.公路圬工桥涵设计规范:JTG D61—2005[S].北京:人民交通出版社,2005.

[3] 中华人民共和国交通运输部.公路钢筋混凝土及预应力混凝土桥涵设计规范:JTG 3362—2018[S].北京:人民交通出版社,2018.

[4] 叶见曙.结构设计原理[M].3版.北京:人民交通出版社,2014.

[5] 李九宏.混凝土结构[M].2版.北京:化学工业出版社,2013.

[6] 李乔.混凝土结构设计原理[M].3版.北京:中国铁道出版社,2013.

[7] 梁兴文,史庆轩.混凝土结构设计原理[M].4版.北京:中国建筑工业出版社,2019.

[8] 黄平明,梅葵花,王蒂.混凝土结构设计原理[M].北京:人民交通出版社,2006.

[9] 王海彦,刘训臣.混凝土结构设计原理习题集[M].成都:西南交通大学出版社,2018.

[10] 邵永健,夏敏,翁晓红.混凝土结构设计原理习题集[M].北京:北京大学出版社,2019.

[11] 李冬松,徐刚,王东.桥梁工程技术[M].北京:人民交通出版社,2019.

[12] 中华人民共和国住房和城乡建设部.预应力混凝土结构设计规范:JGJ 369—2016[S].北京:中国建筑工业出版社,2016.

[13] 中华人民共和国住房和城乡建设部.混凝土结构设计标准:GB/T 50010—2010[S].北京:中国建筑工业出版社,2011.